教育部高等学校材料类专业教学指导委员会规划教材

国家级一流本科专业建设成果教材

固体物理基础

潘安练 等 编著

FUNDAMENTALS OF SOLID STATE PHYSICS

化学工业出版社

·北 京·

内容简介

《固体物理基础》是教育部高等学校材料类专业教学指导委员会规划教材。本书系统介绍了材料的晶体结构、晶格振动和声子、金属自由电子气模型、能带理论、电子在电场和磁场中的运动、半导体电子论、材料的光学性质、材料的磁学性质等内容，涵盖固体材料的电、磁、光、热等物理性能的基本原理，重点讲述如何通过能带结构理解材料的物理性能。

本书注重物理概念的讲解，以及如何通过这些基本概念理解固体材料的不同物理性能及其调控。书中减少对公式的推导，增加图表和实例讲解，同时大量引入了前沿材料新颖的晶体结构和能带结构表征手段，将理论知识与前沿科学研究紧密联系，帮助学生通过实例更深入地学习抽象的理论知识。考虑到材料类专业学生的培养计划，书中删减了与其他专业课重复的知识点，如晶体缺陷对材料物性的影响、晶体化学键等内容。

本书是高等学校材料类相关专业本科、研究生的教材，也可供从事材料研究的科研人员参考。

图书在版编目（CIP）数据

固体物理基础／潘安练等编著. —北京：化学工业出版社，2024.6
ISBN 978-7-122-45007-4

Ⅰ.①固… Ⅱ.①潘… Ⅲ.①固体物理学-高等学校-教材 Ⅳ.①O48

中国国家版本馆 CIP 数据核字（2024）第 102027 号

责任编辑：陶艳玲　　装帧设计：史利平
责任校对：宋　夏

出版发行：化学工业出版社
（北京市东城区青年湖南街 13 号　邮政编码 100011）
印　　装：河北延风印务有限公司
787mm×1092mm　1/16　印张 12½　字数 301 千字
2024 年 9 月北京第 1 版第 1 次印刷

购书咨询：010-64518888　　售后服务：010-64518899
网　　址：http://www.cip.com.cn
凡购买本书，如有缺损质量问题，本社销售中心负责调换。

定　　价：39.00 元

前言

随着科技的迅速发展对高性能新材料的需求日益迫切，如集成电路产业需要高性能电子材料，航空航天领域需要高性能结构材料和功能材料等，材料领域基础研究人才的培养成为重中之重。材料学科是一门多学科交叉的基础与应用相结合的学科，其基础研究人才的培养需要物理、化学等基础学科强有力的支撑。对于材料类专业学生，尤其是有志于从事新一代集成电路和新型光电信息领域相关工作的学生，“固体物理”是一门必不可少的基础课程。

大部分高校的材料类专业开设有“固体物理”课程，基本采用物理专业的教材，该类教材对“量子力学”“数学物理方法”等先修课程的基础要求较高，而材料类专业的本科生基本不学习这两门物理专业的基础课或者讲授得较为简单，因而学习传统固体物理教材的内容比较吃力，教材内容的编排顺序与深度等均抬高了材料类专业学生的学习门槛。此外，传统固体物理教材侧重于原子和电子运动的基本规律和通用的一些物理概念，很少涉及具体材料体系及其应用，导致材料类专业的学生使用传统教材时对该门课程的学习兴趣不高，缺乏学习动力。因此亟需一本适合材料类专业本科生学习使用的固体物理教材，在讲授物理基础知识的同时，融入具体的材料体系以及目前的研究进展，以达到更好的教学效果。

本书作者所负责的教学团队多年来一直为材料科学与工程专业本科生讲授“材料物理基础”课程，相关内容多与固体物理知识相关。为进一步加强材料类本科生的物理基础，作者所在高校在新版的培养方案中将该课程名称更改为《固体物理基础》，对教学大纲和课程内容也相应进行了修订，比如对晶体结构部分的内容进行了简化，增加了半导体电子论、固体的光学性质和磁学性质等内容，以进一步加深学生对不同固体材料物理性能的理解。本次编写的《固体物理基础》教材，基于前期的课程讲义，减少了对公式的推导，增加了图表和实例讲解，使材料类专业的学生更容易理解。同时，书中大量引用了前沿材料新颖的晶体结构和能带结构表征手段，将理论知识与前沿科学研究紧密联系，帮助学生通过实例更深入地学习抽象的理论知识，提高学生的学习兴趣和动力。另外，考虑到材料类专业学生的整体培养方案，教材删减了与其他材料类专业课程重复的知识点，如晶体缺陷对材料物性的影响、晶体化学键等内容。

全书分为 8 章，包含有晶体结构、晶格振动和声子、金属自由电子气模型、能带理论、电子在电场和磁场中的运动、半导体电子论、固体材料的光学性质、固体材料的磁学性质。内容涵盖固体材料的电、磁、光、热等物理性能的基本原理，重点讲述如何通过能带结构理解材料的物理性能。

本书由课程团队成员共同编写完成，其中第 1 章由陈旭丽和李梓维编写；第 2 章由王晓霞编写；第 3 章由林陈昉编写；第 4 章由潘安练和李思宇编写；第 5 章由向立编写；第 6 章由潘安练和李东编写；第 7 章由王晓霞和杨雷编写；第 8 章由陈舒拉和马超编写。潘安练和马超对全文进行了多次修改，全书由潘安练统稿。在本书编写过程中，也得到了湖南大学材料科学与工程学院许多同事和研究生的关心与帮助，谨向他们表示衷心的感谢。

由于作者水平有限，书中难免有不妥之处，敬请读者批评指正，并提出宝贵意见和建议，以便在再版时修改和完善。

编著者

2024 年 4 月

目 录

第1章 晶体结构

第2章 晶格振动和声子

第3章　金属自由电子气模型

第4章　能带理论

第6章　半导体电子论

第7章　固体材料的光学性质

第1章 晶体结构

固体材料是由大量的原子以一定方式排列组成的，其排列方式称为固体的结构。固体材料的物理和化学性能与其微观结构密切相关，因此了解固体中的原子排列方式是研究材料宏观性质和微观过程的基础。根据固体材料中原子排列的周期性，固体材料主要分为晶体和非晶体两大类，其中原子排列具有周期性（即长程有序）的称为晶体，而原子排列不具有周期性的无序排列结构称为非晶体。除晶体和非晶体外，1984 年 Daniel Shechtman 等在实验中发现了一种具有旋转对称性但不具有平移对称性的金属相，称为准晶体。

早在 18 世纪末期，Hauy 就从理论上提出，晶体中原子、分子的规则排列使晶体具有规则的几何外形。到 20 世纪，Laue 等通过 X 射线衍射从实验上验证了晶体中原子的周期性排列，该方法也成为表征固体材料晶体结构的最主要的实验方法。本章将主要讲述如何描述晶体中原子排列方式、不同原子排列方式所具有的特征（对称操作）以及如何对其进行分类（晶系、布拉菲格子、点群、空间群），最后介绍在衍射技术和电子结构中经常用到的倒格子和布里渊区等基本概念。

1.1 晶体结构的周期性

晶体是其内部质点（可能是原子、离子或分子，在以下晶体结构的介绍中统称原子）在三维空间呈周期性重复排列的固体。这种质点在三维空间周期性的重复排列也称为格子构造，即晶体格子，简称晶格。不同晶体中原子规则排列的具体形式可能不同，即具有不同的晶格结构；也有些晶体（例如 Cu 和 Ag、Ge 和 Si 等）的原子规则排列形式完全相同，只是原子间的距离不同，则认为它们仍具有相同的晶格结构。晶体中原子长程有序的周期性排列使其具有一定的共同宏观性质，如各向异性、固定熔点、结构稳定等特征。此外，实际晶体中往往因存在空位、位错、层错等缺陷而具有一定程度的不完整性。

1.1.1 晶体的周期性结构

为便于理解晶格的结构，可以把周期性排列的质点抽象成一个几何点，该几何点在三维空间的重复排列，形成点阵结构，即点阵。点阵中的每一个点称为点阵点，即阵点，是抽象后只有数学几何意义的点。根据晶体结构的周期性，所有阵点的配位环境和性质都是完全一样的。每一个阵点所代表的空间重复排列具体单元即为基元，是有物理意义的具体原子、离子或分子，可能只包含一个原子，也可能包含多个原子或者两种以上的不同原子。由此，晶体结构、基元、点阵的关系可以概括为在点阵中用基元替换阵点来描述晶体结构。

下面以典型的 NaCl 晶体结构为例，通过图形辅助理解晶体结构周期性。对于最简单的一维原子链，如图 1-1(a) 所示，沿某一方向 Na^+ 和 Cl^- 相互间隔周期性排列成一条线，二者的周期相同。将相邻的一个 Na^+ 和一个 Cl^- 的组合抽象成一个几何点，即阵点，该几何点与 Na^+ 和 Cl^- 的重复结构相同。对于二维空间情形，在某一平面内，Na^+ 和 Cl^- 相互间隔周期性排列，如图 1-1(b）所示，可以看出 Na^+ 和 Cl^- 分别排列成相同的重复结构。由此，可以将相邻的一个 Na^+ 和一个 Cl^- 的组合抽象成一个几何点，如图 1-1(c）所示，该几何点与 Na^+ 和 Cl^- 的重复结构相同。再将该结构扩展至如图 1-1(d）所示的三维结构，也可以得出类似的结论，即 Na^+ 和 Cl^- 分别排列成两个相同、互相嵌套的面心立方结构。将相邻的一个 Na^+ 和一个 Cl^- 的组合抽象成一个几何点，该几何点与 Na^+ 和 Cl^- 一样排列成相同的面心立方结构，如图 1-1(e）所示。每一个几何点对应一个基元，即 NaCl 晶体的基元由一个 Na^+ 和一个 Cl^- 组成。

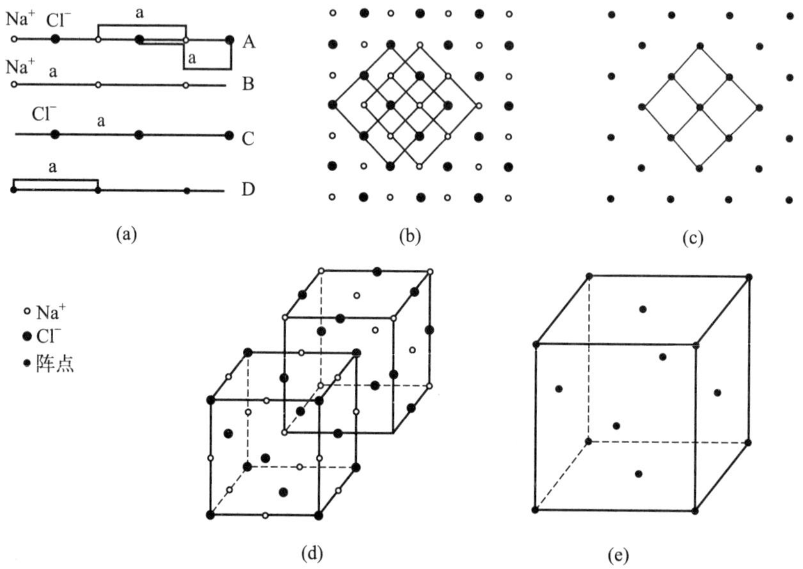

图 1-1　NaCl 晶体中的 Na^+ 和 Cl^- 周期性排列结构及其点阵结构

(a）一维原子排列及点阵结构；(b）二维原子排列；(c）二维点阵结构；(d）三维原子排列；(e）三维点阵结构

从以上例子可以看出，由于晶体结构的长程有序性，晶格的排列具有周期性，可以通过原胞和基矢对晶格的周期性进行描述。原胞是指一个晶格最小的周期性重复单元，而基矢是描述该最小周期性单元的边矢量。在二维空间中，最小的周期性单元为平行四边形，如图 1-2 中的实线平行四边形，均为最小周期性重复单元，即原胞，其选择并不唯一。$\boldsymbol{a}_1$、$\boldsymbol{a}_2$ 为对应原胞的基矢，通过这两个矢量可以描述该二维空间中任意格点的位置 $\boldsymbol{R}=l_1\boldsymbol{a}_1+l_2\boldsymbol{a}_2$，其中 l_1 和 l_2 为整数。需要注意的是，图 1-2 中虚线平行四边形也为周期性重复单元，但不是最小的，故不是原胞。虽然原胞的选取并不唯一，但为便于描述，实际上各种晶格结构中均有习惯的原胞选取方式，即通常选取基矢最短的原胞，即图 1-2 中的原胞Ⅰ和Ⅱ。

将二维空间扩展至三维空间，三维晶格的原胞则为一个平行六面体。在三维空间中，需要通过三个矢量来描述格点位置，如图 1-3 所示。晶格基矢用 $\boldsymbol{a}_1$、$\boldsymbol{a}_2$、$\boldsymbol{a}_3$ 表示，则空间任意格点位置可表示为 $\boldsymbol{R}=l_1\boldsymbol{a}_1+l_2\boldsymbol{a}_2+l_3\boldsymbol{a}_3$，其中 l_1、l_2 和 l_3 为整数。需要注意的是，为了更好地描述晶体结构的对称性，通常会选取包含一个或多个原胞的周期性重复单元，即晶体学单胞（或称晶胞、惯用单胞）。晶胞可能是上述物理学的原胞，也可能是原胞的整数倍。相应地，基矢也用晶胞的边矢量，其长度 a、b 和 c 称为晶格常数。原胞中只包含一个基元，而惯用单胞中则可能包含两个或多个基元。

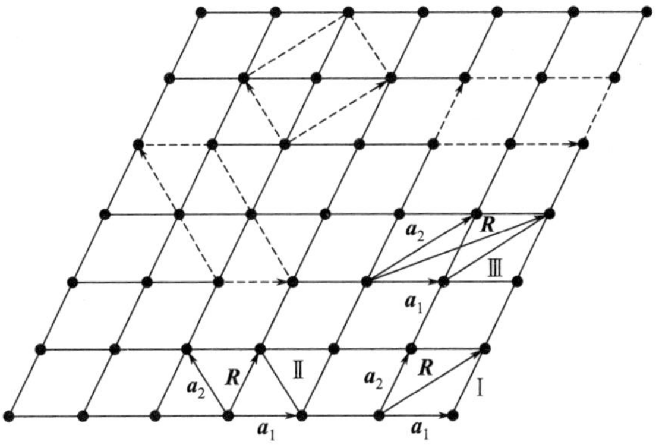

图 1-2　二维空间点阵的原胞和基矢

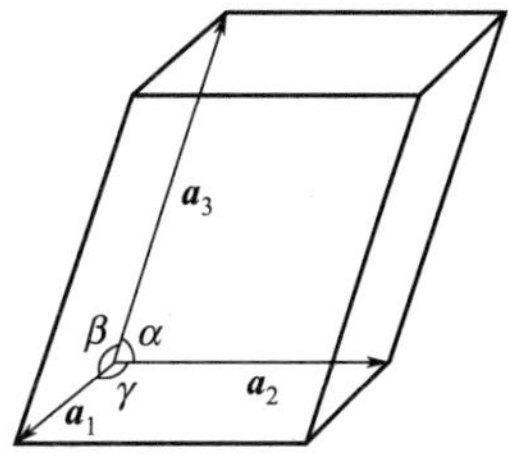

图 1-3　三维空间点阵的原胞和基矢

以高对称性的立方晶格为例，a 为立方单元的边长，$\boldsymbol{i}$、$\boldsymbol{j}$、$\boldsymbol{k}$ 分别为 x、y、z 轴方向的单位矢量。简单立方晶格中，通常将原胞取为其立方体单元，晶格基矢沿三个立方边，长短相等均为 a，方向相互垂直，如图 1-4(a) 所示。三个基矢可以写成：$\boldsymbol{a}_1=a\boldsymbol{i}$、$\boldsymbol{a}_2=a\boldsymbol{j}$、$\boldsymbol{a}_3=a\boldsymbol{k}$，此时原胞和单胞的选取相同。

而对于面心立方晶格和体心立方晶格，其晶胞都不是最小的周期性单元，而是原胞的整数倍，如图 1-4(b) 和图 1-4(c) 所示。在面心立方晶格中，原胞为以一个立方体顶点到三个近邻面心的矢量 $\boldsymbol{a}_1$、$\boldsymbol{a}_2$、$\boldsymbol{a}_3$ 为基矢构成的平行六面体，三个基矢分别为：$\boldsymbol{a}_1=a(\boldsymbol{j}+\boldsymbol{k})/2$、$\boldsymbol{a}_2=a(\boldsymbol{k}+\boldsymbol{i})/2$、$\boldsymbol{a}_3=a(\boldsymbol{i}+\boldsymbol{j})/2$。因此面心立方晶格原胞的体积为 $a^3/4$，为单胞体积的 1/4。由于原胞中只包含一个基元，故可以采用数基元的方法判断一个晶胞是否为最小周期性单元。例如，上述面心立方晶格的一个立方单元中，8 个顶角处的每个阵点为共顶点的 8 个立方单元所共有，则实际相当于 $8\times1/8=1$ 个基元，6 个面心处的每个阵点为共面的两个立方单元所共有，则实际相当于 $6\times1/2=3$ 个基元，因而该面心立方晶胞中实际包含 4 个基元，不是最小周期性单元。而所选原胞中只有 8 个顶角处的阵点，为共顶点的 8 个平行六面体所共有，则实际相当于该平行六面体中只有 $8\times1/8=1$ 个基元，是最小周期性单元。

在体心立方晶格中，原胞是一个立方体体心到最近三个顶点的矢量 $\boldsymbol{a}_1$、$\boldsymbol{a}_2$、$\boldsymbol{a}_3$ 为基矢的平行六面体，如图 1-4(c) 所示。三个晶格基矢可以写成：$\boldsymbol{a}_1=a(\boldsymbol{i}+\boldsymbol{j}-\boldsymbol{k})/2$、$\boldsymbol{a}_2=a(\boldsymbol{i}+\boldsymbol{k}-\boldsymbol{j})/2$、$\boldsymbol{a}_3=a(\boldsymbol{k}+\boldsymbol{j}-\boldsymbol{i})/2$。采用与面心立方同样的方法，可以证明这个原胞的体积是 $a^3/2$，为立方单元体积的一半，故体心立方晶格的一个晶胞中包含有 2 个基元。由三个基失 $\boldsymbol{a}_1$、$\boldsymbol{a}_2$、$\boldsymbol{a}_3$ 描述的长方体是最小周期性单元，只包含一个基元。

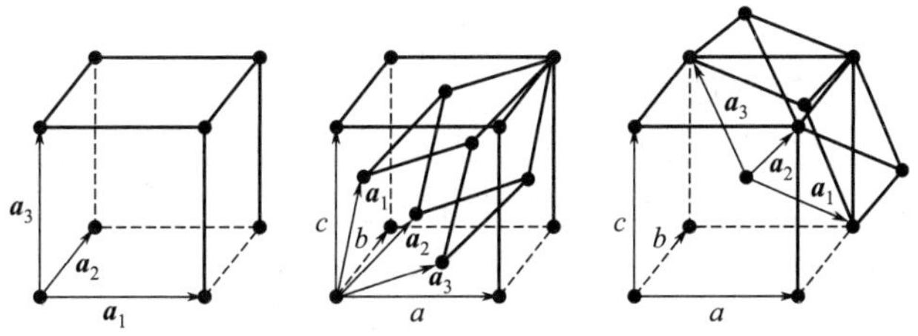

(a)　(b)　(c)

图 1-4　立方晶系的晶胞与原胞

(a) 简单立方晶格；(b) 面心立方晶格；(c) 体心立方晶格

晶格分为简单晶格和复式晶格两类。简单晶格中，一个原胞只有一个原子，即基元就是一个原子。碱金属的晶体结构为具有体心立方结构的简单晶格，Au、Ag、Cu 的晶体结构为具有面心立方结构的简单晶格。简单晶格中所有原子是完全“等价”的，它们不仅化学性质相同，而且在晶格中处于完全等价的地位。复式晶格中，一个原胞包含两个或多个原子，可能是不同的原子，也可能是相同但不等价的原子。例如，NaCl 晶格包含 Na^+ 和 Cl^-，两者显然不同，但所有 Na^+ 是等价的，所有 Cl^- 也是等价的，所以说 NaCl 晶格包含有两种等价离子。单质晶体由同种原子组成，但也可以是复式晶格，这是因为虽然是同种原子，但它们在晶格中占据的位置在几何上不等价。例如，金刚石为单质碳，但其中碳原子有两种不等价的几何位置，如图 1-5(a) 所示。金刚石中每个碳原子与周围 4 个碳原子成键，其晶格结构可以看成是 2 个相对位移为四分之一体对角线的面心立方嵌套而成，2 套碳原子与周围最近邻的 4 个碳原子成键形成的四面体在空间分别具有不同的方位，即金刚石晶格包含有两种等价原子，为复式晶格。除金刚石外，具有金刚石结构的 Si 和 Ge 也是复式晶格。另外，具有六角密排晶格结构的 Be、Mg、Zn 也是复式晶格。六角密排晶格是密排面按 ABABA…方式堆积而成，如图 1-5(b) 所示。A 层中的原子和 B 层中的原子几何环境不同，也是不等价的。

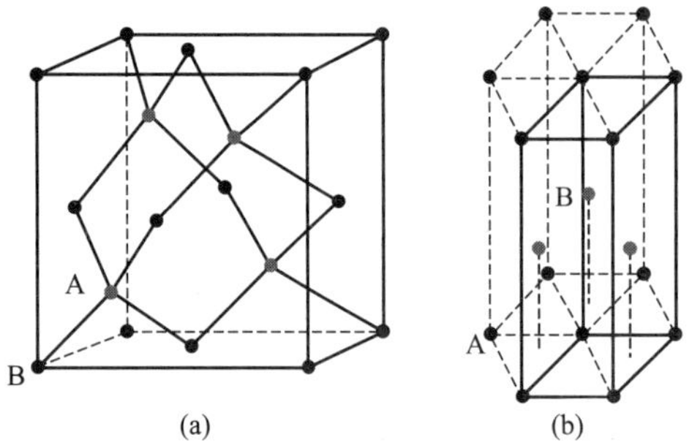

图 1-5　复式晶格

(a) 金刚石结构；(b) 六角密排结构

对于简单晶格，阵点选在原子的位置，则每个原子的坐标也可以写成 $l_1\boldsymbol{a}_1+l_2\boldsymbol{a}_2+l_3\boldsymbol{a}_3$ 的形式，其中坐标原点选在某一原子位置处，$\boldsymbol{a}_1$、$\boldsymbol{a}_2$、$\boldsymbol{a}_3$ 为晶格基矢，并根据晶体结构的周期性，l_1、l_2、l_3 为一组整数。对于复式晶格，每个原子的位置坐标可以写成 $\boldsymbol{r}_n+l_1\boldsymbol{a}_1+l_2\boldsymbol{a}_2+l_3\boldsymbol{a}_3$（$n=1，2，3\cdots，N$，设有 N 种不等价原子）的形式，其中 $\boldsymbol{r}_n$ 表示原胞内各种等价原子之间的相对位移。仍以金刚石晶格结构为例，若把图 1-5(a) 中在面心立方位置的 B 原子表示为 $l_1\boldsymbol{a}_1+l_2\boldsymbol{a}_2+l_3\boldsymbol{a}_3$，则体对角线上的 A 原子表示为 $\boldsymbol{\tau}+l_1\boldsymbol{a}_1+l_2\boldsymbol{a}_2+l_3\boldsymbol{a}_3$，其中 $\boldsymbol{\tau}$ 为 $1/4(\boldsymbol{a}_1+\boldsymbol{a}_2+\boldsymbol{a}_3)$，即 $\boldsymbol{r}_1=0$，$\boldsymbol{r}_2=\boldsymbol{\tau}$。

1.1.2　晶体的分类

根据晶胞基矢大小以及基矢间夹角的关系特征，可以将晶体分为七大晶系：立方晶系、六方晶系、四方晶系、三方晶系、正交晶系、单斜晶系和三斜晶系。对于七大晶系的形状特征，总结如下（其中 a、b、c 为晶胞三个基矢方向的晶格常数，α、β、γ 为三个基矢间的夹角）：

① 三斜晶系，晶胞参数满足 $a\neq b\neq c$，$\alpha\neq\beta\neq\gamma$；

② 单斜晶系，晶胞参数满足 $a\neq b\neq c$，$\alpha=\gamma=90°$，$\beta\neq 90°$；

③ 正交晶系（亦称斜方晶系），晶胞参数满足 $a\neq b\neq c$，$\alpha=\beta=90°$；

④ 三方晶系，晶胞参数满足 $a=b=c$，$\alpha=\beta=\gamma\neq 90°$；

⑤ 四方晶系，晶胞参数满足 $a=b\neq c$，$\alpha=\beta=\gamma=90°$；

⑥ 六方晶系，晶胞参数满足 $a=b\neq c$，$\alpha=\beta=90°$，$\gamma=120°$；

⑦ 立方晶系（亦称等轴晶系），晶胞参数满足 $a=b=c$，$\alpha=\beta=\gamma=90°$。

在七大晶系的基础上，通过在晶胞的特殊位置加入阵点，即加心（面心、体心），可在保持晶体点对称性的基础上得到新的空间格子，即布拉菲格子。根据是否加心及加心的位置不同，晶体的点阵可分为以下四种类型：

① 原始格子（记为 P） 只有平行六面体的 8 个顶点处有阵点。

② 底心格子（A、B、C） 若除了平行六面体 8 个顶点处的阵点，在平行于 $\boldsymbol{c}$ 方向的一对平面的中心也存在阵点，则称为 C 心格子（记为 C）。同样的，若阵点位于平行 $\boldsymbol{a}$ 或 $\boldsymbol{b}$ 方向的一对平面的中心，则对应的称为 A 心或 B 心格子，分别记为 A 或 B。这些格子通常统称为底心格子。

③ 体心格子（I） 阵点分布于平行六面体的 8 个顶点和体心位置。

④ 面心格子（F） 阵点分布于平行六面体的 8 个顶点和三对平面的中心。

根据点阵对称性，且加心后单胞不变，即不改变对称性、晶系的原则，共有 14 种布拉菲格子，见表 1-1。

表 1-1 七大晶系中的 14 种布拉菲格子

类型	原始格子（P）	底心格子（C）	体心格子（I）	面心格子（F）
三斜晶系		C=P	I=P	F=P
单斜晶系		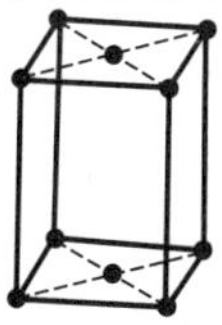	I=C	F=C
正交晶系	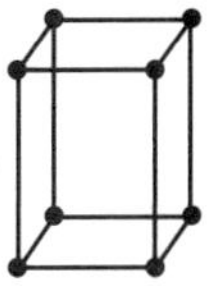	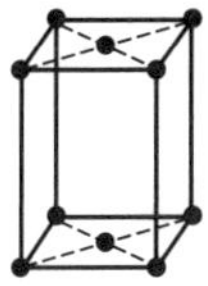	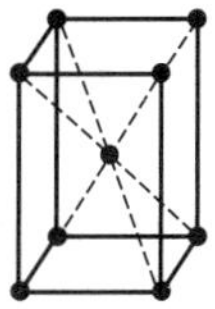	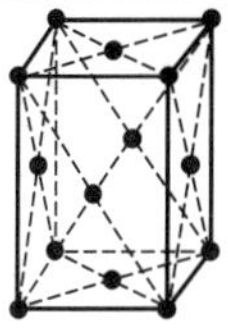
四方晶	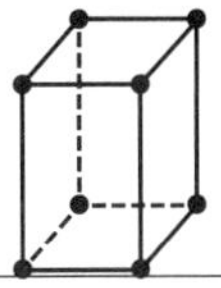	C=P	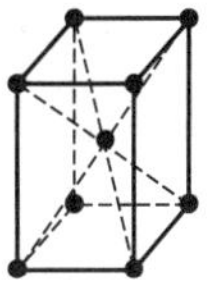	F=I
三方晶系	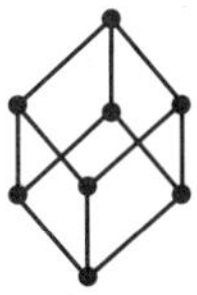	与本晶系对称性不符	I=R	F=R
六方晶系	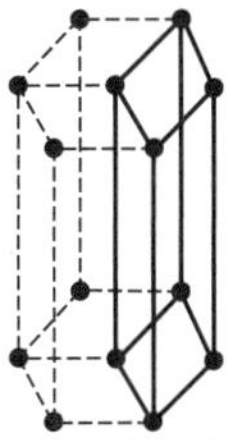	与本晶系对称性不符	与本晶系对称性不符	与本晶系对称性不符

类型	原始格子（P）	底心格子（C）	体心格子（I）	面心格子（F）
立方晶系	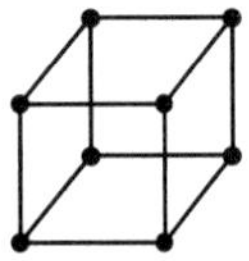	与本晶系对称性不符	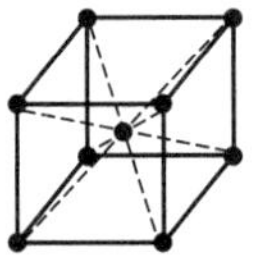	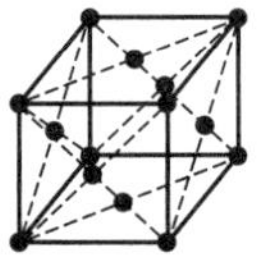

注：R 指菱面体格子，相当于立方体沿对角线压缩，其晶面几何常数为：$a=b=c$，$\alpha=\beta\neq 60°\neq 90°\neq 109°28'16''$。

1.1.3 晶体中的原子堆积

为便于理解，可以将组成晶体结构的质点看作球体，这些球体通过一定形式的堆积形成晶体结构。首先看原子球在二维空间中的堆积，即一层原子球的堆积，则原子球各行列之间错位排列成如图 1-6 所示形式时更为稳定。A 为该层中一个球的中心位置，该球与周围 6 个球相邻，同时形成 6 个空隙。这 6 个空隙可分为图中 B 和 C 所示两种，且两种空隙相间排列。进一步扩展至三维空间，假想在这层球上再放第二层原子球，显然第二层原子球的中心正对第一层球的中心（即 A 位置）是不稳定的，只能在 B 或 C 位置，且 B 和 C 不能同时占据，则第二层球要么在 B 位置，要么在 C 位置。同理，第三层也不能与第二层正对，若第二层为 B 位置，则第三层只能是 C 位置或 A 位置，第四层也不能与第三层正对……由此，周期性排列方可形成最紧密、稳定的堆积。两种典型的最紧密堆积结构为以两层为周期的 ABABAB… 和以三层为周期的 ABCABC… 也有四层及更长周期的。下面主要介绍 ABABAB…和 ABCABC…两种常见情形，其中以两层为周期的 ABABAB…结构为六角密堆积，属于六方晶系，每个原子最近邻的原子个数为 12 个（层内 6 个，上下两层各 3 个），即配位数为 12。配位数是指原子球的最近邻原子数，如果是离子晶体，则为离子的近邻异性离子数。由于六角密堆积结构中两个顶角的原子沿 a 轴方向紧邻排列（两原子球相切），即晶胞参数满足 $a=b=2r$（r 为原子球半径）。根据几何关系可以证明 $c=1.633a$，原子球的体积占有率（即致密度）为 74.05%。例如石墨以及 Be、Mg、Zn 等都是这种六角密堆积结构。

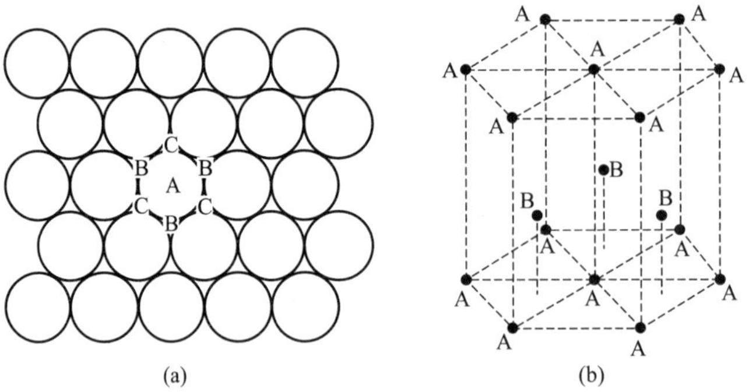

图 1-6 原子球的密堆积模型

（a）二维空间的原子球最密堆积；（b）两层周期的 ABABAB…六角密堆积结构

以三层为周期的 ABCABC…结构为立方密堆积，其密排面垂直方向相当于面心立方的体对角线方向，如图 1-7 所示。该结构的配位数也为 12 个，即三维方向上每个平面内 4 个，三个平面内共 12 个。面心立方结构中面对角线方向上 2 个顶点、1 个面心共 3 个原子紧邻排列，即晶胞参数满足 $a=b=c=4r/\sqrt{2}$。同样可以证明，面心立方的致密度也为 74.05%，为最密堆积，如 Cu、Ag、Au、Al 等单质金属为面心立方结构。

立方晶系中，除面心立方外，体心立方也是一种常见的结构，如图 1-8 所示。除 8 个顶角有原子外，体心位置也有 1 个原子。体对角线方向上 2 个顶点与 1 个体心共 3 个原子紧邻排列，即晶胞参数 $a=b=c=4r/\sqrt{3}$，因此体心立方的致密度为 68.02%，比面心立方和六角密堆积要小，其密排面为 {110}。体心立方结构中原子配位数为 8，即体心位置原子的最近邻为立方体 8 个顶角的原子。例如 Li、Na、K 等碱金属多为体心立方结构。

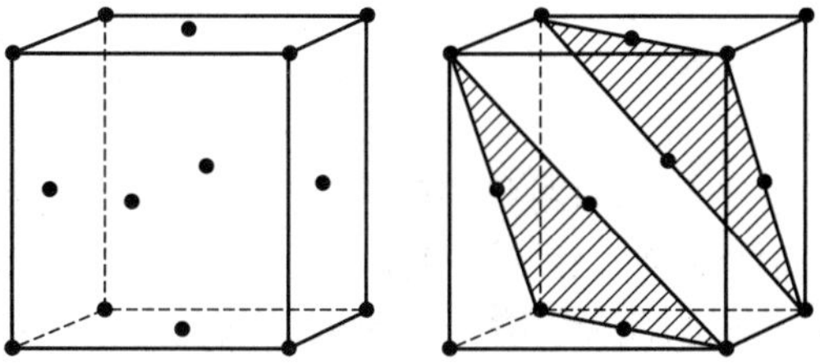

(a)　　(b)

图 1-7　立方密堆积

(a) 面心立方结构；(b) 面心立方结构的密排面

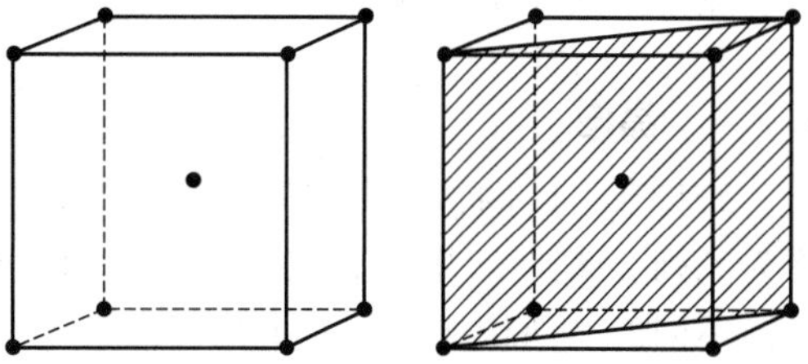

(a)　　(b)

图 1-8　体心立方结构

(a) 体心立方结构；(b) 体心立方结构的密排面

另外还有一种常见的结构为金刚石结构，如图 1-9 所示。该结构相当于 2 个面心立方晶胞沿体对角线位移 1/4 长度进行嵌套而得，其中每个碳原子与另外 4 个碳原子成键，即配位数为 4。2 个碳原子之间的距离为体对角线的 1/4，即晶胞参数 $a=b=c=8r/\sqrt{3}$，因而致密度为 34.01%。例如 Si、Ge 等都是这种金刚石结构。

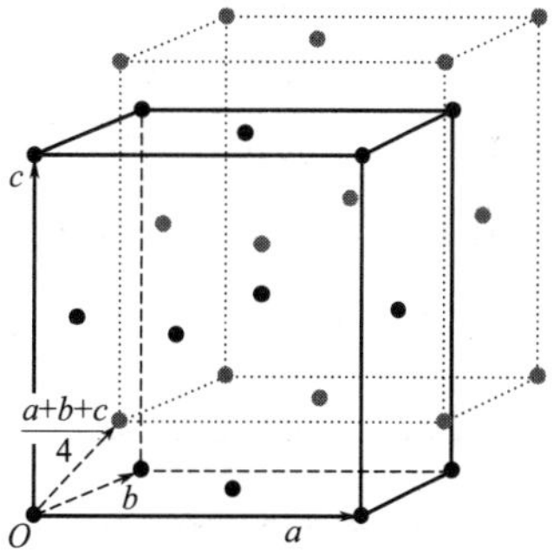

图 1-9　2 个面心立方晶胞嵌套而成的金刚石结构

以上讨论的结构均为单质晶体，而化合物的结构则涉及不同原子的堆积。例如离子晶体，不同半径的原子堆积时，其原子位置会与堆积结构的空隙大小和位置相关。面心立方结构中 6 个面心形成一个八面体，体心位置即为一个八面体空隙。该空隙可放入 1 个较小的原子，其半径可以根据相切关系计算得 $r_O=0.414r$，其棱心位置为同样大小八面体间隙，因此每个面心立方晶胞有 4 个八面体间隙。此外，面心立方的顶点与相邻三个面的面心形成正四面体，则在其体对角线的 1/4 和 3/4 处分别有一个正四面体间隙，其半径可以根据相切关系计算得 $r_T=0.225r$，一个面心立方结构中有 8 个四面体间隙。同理可得体心立方、六角密排、金刚石结构中也有一定数量大小不一的四面体间隙和八面体间隙。六角密排中四面体、八面体间隙可填充的离子大小与立方密排一样。体心立方结构中，$r_O=0.155r$、$r_T=0.291r$。金刚石结构中，由于致密度仅为 34.01%，其八面体间隙、四面体间隙均较大，可以填充等大甚至更大的原子。

另外，不存在仅 8 个顶点有同种原子的简单立方结构，因为致密度太小，结构不稳定。但可以顶点是一种原子，体心为另一种原子，该体心原子在空间上也呈简单立方结构，即两种原子均为简单立方结构，相互间位移 1/2 体对角线进行嵌套，则形成的结构仍是简单立方晶格，如图 1-10 所示的 CsCl 即为简单立方结构。

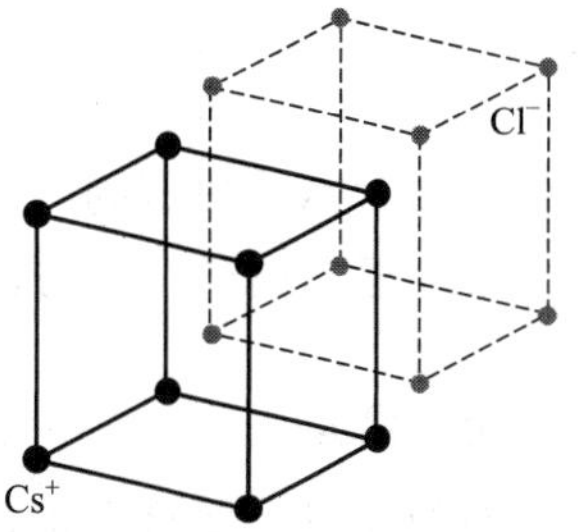

图 1-10　CsCl 简单立方结构

1.2 晶向和晶面

晶体通常具有比较规则的宏观外形，这是因为其内部原子结构具有方向性，从而导致了沿晶格的不同方向晶体性质不同，即各向异性。为了区别和标志晶格中的不同方向，引入晶向、晶面及其标定指数。

1.2.1 晶向

布拉菲格子的格点可以看成是分列在一系列相互平行、间距相等的直线上，这些直线系称为晶列。图 1-11 中用实线和虚线表示出两个不同的晶列，由此可见，同一个格子可以由方向不同的晶列构成。每一个晶列定义了一个方向，称为晶向，任一组平行晶列都可以无遗漏地包含所有的格点。可以用晶列中某一直线上两个格点位置的相对位移方向来定义晶列的方向，如果一个原子沿晶向到最近原子的位移矢量为 $l_1\boldsymbol{a}_1+l_2\boldsymbol{a}_2+l_3\boldsymbol{a}_3$，则晶向就用 l_1、l_2、l_3 加中括号表示，即 $[l_1\ l_2\ l_3]$，标志晶向的这组数称为晶向指数。以简单立方晶格为例（如图 1-12 所示），显然立方边 OA 的晶向为 [1 0 0]，面对角线 OB 的晶向为 [1 1 0]，体对角线 OC 的晶向为 [1 1 1]。当然，立方体的边、面对角线、体对角线都不止一个，其他晶向指数的确定方法也是一样的。在晶向指数中，l_1、l_2、l_3 不一定同时为正数，涉及负值时在该指数上方加一横表示即可，如 [1 0 0] 的反向为 $[\bar{1}\ 0\ 0]$，在 xy 平面内与 [1 1 0] 垂直的晶向为 $[\bar{1}\ 1\ 0]$ 和 $[1\ \bar{1}\ 0]$。

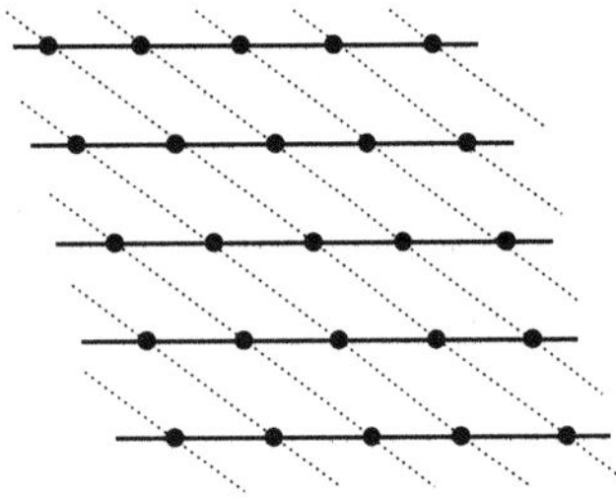

图 1-11　晶列

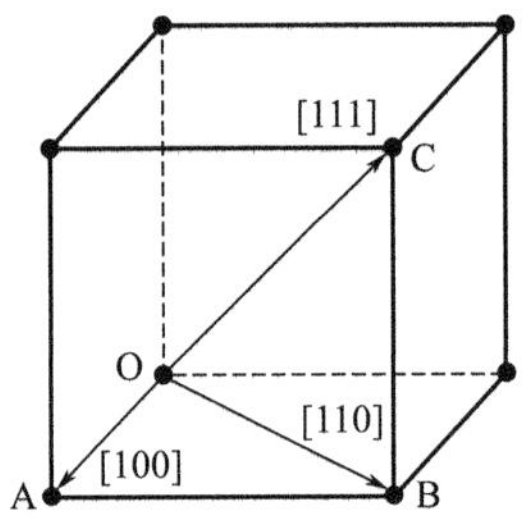

图 1-12　立方晶格中的 [1 0 0]、[1 1 0]、[1 1 1] 晶向

由于晶体结构具有对称性，一些晶列虽然方向不同，但其性质完全相同，即原子的种类及其排列间距完全相同，则称这些晶向为等效晶向，用晶向族 $\langle l_1\ l_2\ l_3\rangle$ 表示。例如，立方边共有 x、y、z 轴正反方向共 6 个不同的晶向，立方晶系在这些方向上的性质是完全相同的，这些等效的晶向写成 $\langle 1\ 0\ 0\rangle$。同理，立方晶系的 8 条体对角线的晶向也是等效的，即晶向族 $\langle 1\ 1\ 1\rangle$。等效的面对角线晶向有 12 个，即晶向族 $\langle 1\ 1\ 0\rangle$。不同晶向之间是否等效是由对称性决定的（这一点将在学习晶体结构的对称性后再介绍）。需指出，晶向有正反之分，但晶向的正反方向互为等效晶向。

1.2.2 晶面

布拉菲格子的格点可以看成是分布在一系列相互平行、间距相等的平面上，这些平面称为晶面。与晶列的情况相似，同一个格子可以有无穷多方向不同的晶面系，任一组平行晶面都可以无遗漏地包含所有的格点。为准确描述不同的晶面，引入晶面指数（又称密勒指数）。以图 1-13 为例来说明晶面指数的标定方法：建立以晶轴 a、b、c 为坐标轴的坐标系，不过原点的晶面 ABC 与 3 个晶轴分别相交于 A、B、C 三点，对应的截距分别为 OA、OB 和 OC；若计算出 OA$=n_1a$、OB$=n_2b$、OC$=n_3c$（这里的 a、b、c 分别为晶体三个方向的晶格常数），那么晶面在 3 个晶轴上的截距系数的倒数比为 $1/n_1:1/n_2:1/n_3$；化成最小的简单整数比 h_1、h_2、h_3，使 $h_1:h_2:h_3=1/n_1:1/n_2:1/n_3$，则晶面指数表示为（$h_1\ h_2\ h_3$）。与晶向指数类似，如有某一数为负值，则将负号标注在该数字的上方。例如图 1-13 中 n_1、n_2、n_3 分别为 2、3、6，则 $1/n_1:1/n_2:1/n_3=3:2:1$，所以该晶面的晶面指数为（3 2 1）。

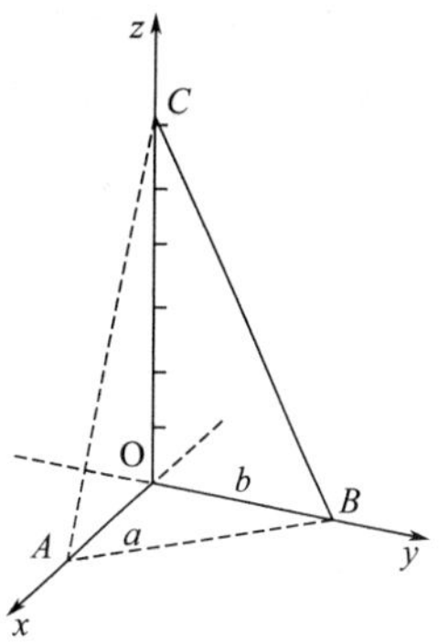

图 1-13　晶面指数的标定

如果晶面系和某一个轴平行，则对应该轴的指数为 0。简单立方晶格中，一个晶面的密勒指数与该晶面法线的晶向指数完全相同，这给确定晶面指数提供了一个简便途径。例如，与立方边 [1 0 0]、面对角线 [1 1 0] 和体对角线 [1 1 1] 垂直的晶面就分别为（1 0 0）面、（1 1 0）面、（1 1 1）面。与等效晶向类似，以其他立方边、面对角线和体对角线为法向的晶面与以上晶面是等效的，称为晶面族，分别用 {1 0 0}、{1 1 0}、{1 1 1} 表示。

与等效晶向类似，不同晶面之间是否等效同样是由对称性决定的。由对称元素联系着的一组等效晶面组成一个晶面族，用 $\{h_1\ h_2\ h_3\}$ 表示。晶向有正反之分，将晶向指数全体加负号得到其反向，与原来的晶向是等效晶向。但由于符号相反的晶面指数所标志的晶面是相互平行的，是相同晶面，因此晶面指数全体加负号不产生新的晶面。

晶向和晶面对理解与晶体结构相关的实际问题是非常重要的。例如金刚石（111）面为一个双层密排面，双层面内部相互作用强，两个相邻双层面之间相互作用弱。在晶体生长、晶面解理、化学腐蚀等情况下，晶体表面往往倾向于（111）面。

1.3 晶体的宏观对称性

晶体的几何外形往往会表现出立方、六角等一定的对称性。其实，这些对称特征不仅表现在几何外形上，还表现在其光学、力学和电学等宏观物理性质中，而这些对称特征都源于晶体结构的对称性。因此，研究晶体结构的对称性对研究晶体的性质有非常重要的意义。

1.3.1 宏观对称元素

在晶体的宏观对称性研究中，可以不考虑其基元的微观结构，仍将晶体结构抽象成点阵结构进行研究。晶体的宏观对称性表现为通过一定的对称操作后，晶体的结构与原来的结构重合。宏观对称操作不改变晶体内部任何两点间的距离，只是经过一定的对称操作后，互换位置并恢复原状。将在进行对称操作中所凭借的辅助几何要素（点、线、面）称为对称元素。晶体的宏观对称性是在晶体原子的周期排列基础上产生的，不同的周期排列具有不同的对称操作。晶体宏观对称中可能出现的对称操作和对称元素共有五类：反演操作和对称心、反映操作和对称面、旋转操作和对称轴、旋转-反演操作和旋转-反演轴（反轴）、旋转-反映操作和旋转-反映轴（映轴）。旋转-反演操作和旋转-反映操作分别是旋转与反演和反映的复合操作。实际上，旋转-反映操作与一定的旋转-反演操作等价，反演操作和反映操作也等价于一定的旋转-反演操作，故晶体的宏观对称元素可以概括为 1、2、3、4、6（旋转轴）和 $\bar{1}$、$\bar{2}$、$\bar{3}$、$\bar{4}$、$\bar{6}$（反轴）共 10 种。

对称操作会引起格点位置几何坐标的变化。对于坐标为（x，y，z）的点，经过某对称操作后，其坐标变换为（X，Y，Z）。

$$X=a_{11}x+a_{12}y+a_{13}z \tag{1-1}$$

$$Y=a_{21}x+a_{22}y+a_{23}z \tag{1-2}$$

$$Z=a_{31}x+a_{32}y+a_{33}z \tag{1-3}$$

可以表示为

$$\begin{pmatrix} X \\ Y \\ Z \end{pmatrix}=\Delta\begin{pmatrix} x \\ y \\ z \end{pmatrix} \tag{1-4}$$

其中，Δ 表示该对称操作，其矩阵形式为

$$\Delta=\begin{pmatrix} a_{11} & a_{12} & a_{13} \\ a_{21} & a_{22} & a_{23} \\ a_{31} & a_{32} & a_{33} \end{pmatrix} \tag{1-5}$$

对任一对称操作，都有唯一的对称变换矩阵与之对应。

对称心较容易理解，为一几何点 O，通过该点作连接任意格点的直线，则在此直线等距离的另一端也必定存在相同格点。对称心对应的对称操作为反演操作，习惯符号记作 C，国际符号记作 $\bar{1}$。设对称心在原点处，则坐标为（x，y，z）的点经过反演对称操作后变为（$-x$，$-y$，$-z$），即反演操作对应的变换矩阵为

$$\Delta=\begin{pmatrix} -1 & 0 & 0 \\ 0 & -1 & 0 \\ 0 & 0 & -1 \end{pmatrix} \tag{1-6}$$

具有对称心的图形，其相对应的面、棱、角都体现为反向平行。

对称面为一假想平面，对应的对称操作为反映操作，习惯符号记作 P，国际符号记作 m。设想对称面为 xy 平面，则坐标为（x，y，z）的点经过反映对称操作后变为（x，y，$-z$），即反映操作对应的变换矩阵为

$$\Delta=\begin{pmatrix} 1 & 0 & 0 \\ 0 & 1 & 0 \\ 0 & 0 & -1 \end{pmatrix} \tag{1-7}$$

若对称面为 xz 平面，则反映操作对应的变换矩阵为

$$\Delta=\begin{pmatrix} 1 & 0 & 0 \\ 0 & -1 & 0 \\ 0 & 0 & 1 \end{pmatrix} \tag{1-8}$$

若对称面为 yz 平面，则反映操作对应的变换矩阵为

$$\Delta=\begin{pmatrix}-1 & 0 & 0\\ 0 & 1 & 0\\ 0 & 0 & 1\end{pmatrix} \tag{1-9}$$

对称面将图形平分为互为镜像的两个相等部分。

对称轴（又称旋转轴）为一假想的直线，相应的对称变换为围绕此直线的旋转，每转过一定角度，各等同部分就发生一次重复。旋转重合的次数为该旋转轴的轴次，用 n 表示，整个物体复原需要的最小转角则称为基转角 θ，满足

$$n=\frac{2\pi}{\theta} \tag{1-10}$$

对称轴的习惯符号用 L^n 表示，国际符号为 n。

晶体的宏观对称性要求经历对称操作后晶体本身不变，那么周期性的布拉菲格子经历对称操作后也必须和原来的结构重合。因此，晶体旋转轴的轴次受到严格限制。假设晶体有某一旋转轴，其基转角为 θ，画出布拉菲格子中垂直旋转轴的晶面，如图 1-14 所示。

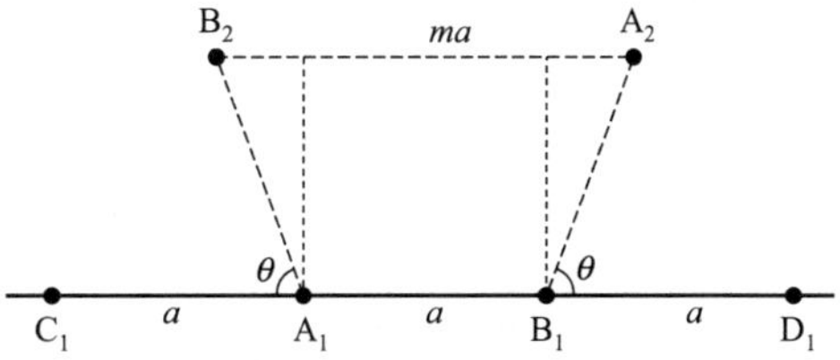

图 1-14 晶体旋转轴轴次证明

设 A_1、B_1、C_1、D_1 为单胞某一方向间隔为周期 a 的阵点，有一 n 次轴通过阵点 A_1，绕阵点 A_1 顺时针转动 θ 角度（$\theta=2\pi/n$），C_1 转动至 B_2，则 B_2 处必有一阵点。每个阵点都是等价的，则也可以绕 B_1 阵点转动，逆时针转动 θ 角度，D_1 到达 A_2，则 A_2 处也必有一阵点。根据晶体结构的周期性，B_2 与 A_2 间的距离必为周期 a 的整数倍，记为 ma（m 为正整数）。根据如图几何关系，可得如下关系式

$$a+2a\cos\theta=ma$$

则

$$\cos\theta=(m-1)/2$$

根据余弦值的取值范围，则

$$-1\leqslant\frac{m-1}{2}\leqslant 1$$

因 m 为整数，则可得 m、θ 和 n 的可能值见表 1-2。

表 1-2 不同旋转轴对应的不同基转角

m	3	2	1	0	-1
$\cos\theta$	1	1/2	0	$-1/2$	-1
θ	0	$\pi/3$	$\pi/2$	$2\pi/3$	π
n	1	6	4	3	2

因此，晶体点阵结构中旋转轴的轴次只可能是 1、2、3、4 次和 6 次，没有 5 次轴，也没有高于 6 次的旋转轴。如果晶体在某一方向上有多个不同轴次的对称轴，那么只取轴次最高的轴。例如，一个晶体在某一方向上有 6 次轴，那么在该方向上也有 2 次和 3 次轴，此时只取轴次最高、基转角最小的 6 次轴。对称轴的对称变换矩阵（设旋转轴沿单胞的 c 轴方

向）可以表示为

$$\Delta=\begin{pmatrix}\cos\theta & \sin\theta & 0\\ -\sin\theta & \cos\theta & 0\\ 0 & 0 & 1\end{pmatrix} \tag{1-11}$$

旋转-反演轴，也叫反演轴、倒反轴、倒转轴，又称反轴，是旋转和反演的复合对称操作。假想有一根直线且此直线上有一个定点，旋转-反演操作就是围绕此直线旋转一定的角度，然后再次基于此定点的反演。旋转-反演轴同样不存在 5 次和高于 6 次的轴次，只有 1、2、3、4 次和 6 次，国际符号分别记为 $\bar{n}$（$\bar{1}$、$\bar{2}$、$\bar{3}$、$\bar{4}$ 和 $\bar{6}$），习惯符号为 L_i^n，n 为轴次。旋转-反演操作的对称变换矩阵为对称心变换矩阵［式(1-6)］和对称轴变换矩阵［式(1-11)］之积，即

$$\Delta=\begin{pmatrix}-\cos\theta & -\sin\theta & 0\\ \sin\theta & -\cos\theta & 0\\ 0 & 0 & -1\end{pmatrix} \tag{1-12}$$

可以看出，当 θ 为 0 时，式(1-12) 等价于式(1-6)，即反演操作等价于 $\bar{1}$ 的旋转-反演操作。假设该旋转-反演轴在 z 轴方向，当 θ 为 π 时，式(1-12) 等价于式(1-7)，即垂直 z 轴方向晶面的反映操作等价于 $\bar{2}$ 的旋转-反演操作。类似地，若该旋转-反演轴在 x、y 轴方向，垂直 x、y 轴方向晶面的反映操作也等价于相应的 $\bar{2}$ 旋转-反演操作。因此，对称心和对称面相当于 $\bar{1}$ 和 $\bar{2}$。

旋转-反映轴，也叫反映轴、映转轴，又称映轴，是旋转和反映的复合对称操作。假想有一根直线且垂直于此直线有一个平面，旋转-反映操作就是围绕此直线旋转一定的角度然后对于此平面的反映。旋转-反映轴同样不存在 5 次和高于 6 次的轴次，只有 1、2、3、4 次和 6 次，国际符号分别记为 $\tilde{n}$（$\tilde{1}$、$\tilde{2}$、$\tilde{3}$、$\tilde{4}$ 和 $\tilde{6}$），习惯符号为 L_s^n，n 为轴次。假设旋转-反映轴在 z 轴方向上，则旋转-反映操作的对称变换矩阵为式(1-7) 和式(1-11) 之积，即

$$\Delta=\begin{pmatrix}\cos\theta & \sin\theta & 0\\ -\sin\theta & \cos\theta & 0\\ 0 & 0 & -1\end{pmatrix} \tag{1-13}$$

同理可得旋转-反映轴在 x、y 轴方向上时旋转-反映操作的对称变换矩阵。假设旋转-反映轴和旋转-反演轴均在 z 轴方向上，式(1-13) 中 θ 为 0 时等价于式(1-11) 中 θ 为 π 时，即 $\tilde{1}$ 等价于 $\bar{2}$，同理可得，$\tilde{2}$、$\tilde{3}$、$\tilde{4}$ 和 $\tilde{6}$ 分别等价于 $\bar{1}$、$\bar{6}$、$\bar{4}$ 和 $\bar{3}$，即旋转-反映操作等价于一定的旋转-反演操作。

经过上述讨论可以发现，对称心、反映面、旋转-反映轴均可以用一定的旋转-反演轴表示，故晶体的宏观对称元素可概括为这 10 种，即 1、2、3、4、6、$\bar{1}$、$\bar{2}$、$\bar{3}$、$\bar{4}$、$\bar{6}$。

1.3.2 点群

以上讨论的对称元素的对称操作都是点式对称操作，即至少有一个点是不动的。在晶体中，对称元素的存在往往不是孤立的。如果一个晶体有多种对称元素，这些宏观对称元素都

相交于一个公共点，即晶体的中心，该中心点在进行对称操作的时候是不动的。这些相交于一个公共点的各种对称元素可以进行一定的组合，构成的集合符合数学中群的概念，所以对称元素的组合也叫点群，也称对称型。由对称元素组合成群时，对称轴之间的夹角和对称轴的数目受到严格的限制，需遵守对称元素组合定理。例如，若有两个二重轴，它们之间的夹角只能是 30°、45°、60°、90°。再如，若存在一个 n 重轴和与之垂直的二重轴，就一定存在 n 个与之垂直的二重轴。

在这里不详细介绍对称元素组合定理，仅通过下面的例子做简单说明。如图 1-15 所示，设想一个群包含两个二重轴 2 和 2′，它们之间的夹角用 θ 表示。考虑先后绕 2 和 2′转动 π，称它们为 A 操作和 B 操作。显然，与它们垂直的轴上的任意一点 N，先转到 N'，最后又转回到原来位置 N，这表明 B、A 相乘得到的操作 C＝BA，为一个绕垂直于 2 和 2′的轴的转动。C 的转角可以这样求出：2 轴在操作 A 中保持未动，经过操作 B 将转到图 1-15 中所示的 2″的位置，2′和 2″的夹角也是 θ，表明 C 的转角是 2θ。因为 C 也必须是点群操作之一，2θ 需满足轴次定律 $2\theta=2\pi/n$（n＝1、2、3、4、6），所以任何点群中两个二重轴之间的夹角只能是 30°、45°、60°、90°。以上的论证显然同样适用于四重轴和四重旋转-反演轴，即一个点群所包含的对称元素 2、4 和 $\bar{4}$ 相互夹角都必须符合上列要求。

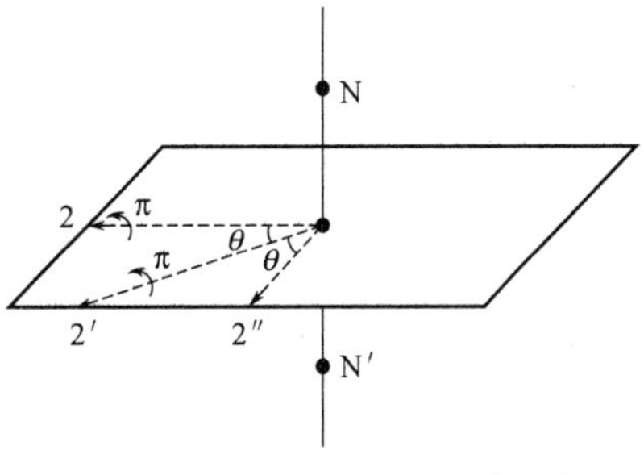

图 1-15　两个二重轴之间的夹角

由于对称元素组合时受到严格限制，因此由十种对称元素只能组成 32 个不同的点群。这就是说，晶体的宏观对称只有 32 种不同类型，分别由 32 个点群来概括。点群的常用表示方法包括国际符号（也称 Hermann-Mauguin 符号，或 H-M 符号）和圣弗利斯（Schonflies）符号。表 1-3 列出了 32 种点群的国际符号及其简化形式、圣弗利斯符号和各点群对应的对称元素，其中国际符号中三个符号的方向约定列于表 1-4。国际符号中除以上所述对称元素 1、2、3、4、6、$\bar{1}$、$\bar{2}$、$\bar{3}$、$\bar{4}$、$\bar{6}$ 外，m 表示反映面，n/m（n 为旋转轴或反轴，如 $2/m$、$6/m$ 等）表示在该方向存在一个 n 重轴，且在垂直于该方向上存在一个反映面 m。

圣弗利斯符号虽在表达对称元素方面没有国际符号直观，但该标记方法与晶体对称性的分类更相关，其规则如下。

① 最简单的点群只含一个元素（不动操作），即没有任何对称性的晶体，国际符号用 1 表示，也可以用圣弗利斯符号 C_1 标记。

② 只包含一个旋转轴的点群称为回转群，国际符号为 2、3、4、6；圣弗利斯符号为 C_2、C_3、C_4、C_6，共 4 个，即用 n 或 C_n 表示，表示有一个 n 重旋转轴。

③ 包含一个 n 重旋转轴和 n 个与之垂直的二重轴的点群称为双面群，圣弗利斯符号为 D_n，这样的点群有 D_2、D_3、D_4、D_6 共 4 个。

由上述点群增加反演中心或一些镜面，可以组成新的点群。

④ C_1 群加上中心反演组成 C_i 群；C_1 群加上反映面组成 C_s 群。

⑤ C_n 群加上与 n 重轴垂直的反映面组成 C_{nh} 群，共有 4 个；C_n 群加上 n 个含 n 重轴的反映面组成 C_{nv} 群，也有 4 个。

⑥ D_n 群加上与 n 重轴垂直的反映面组成 D_{nh} 群，共有 4 个。D_n 群加上通过 n 重轴及

2 根二重轴角平分线的反映面组成 D_{nd} 群，但根据对称元素组合定理，此处 n 只能取 2 与 3，即有 D_{2d}、D_{3d} 群 2 个。还可以有只包含旋转反演轴的点群，标记为 S_n 群，但其中 $S_1=C_i$，$S_2=C_s$，$S_3=C_{3h}$，因此只有 S_4、S_6 归入 S_n 群，共有 2 个。

以上已经介绍了 27 个点群，这些点群中最多只包含有一个高阶对称轴（$n\geqslant3$），余下的 5 个点群则是高阶轴多于 1 个。立方体具有 48 个对称操作，其点群称为立方点群，用 O_h 标记。正四面体具有 24 个对称操作，其点群称为正四面体点群，用 T_d 标记。另外三个点群是：O_h 群中的 24 个纯转动操作组成 O 群、T_d 群中的 12 个纯转动操作组成 T 群、T 群加上中心反演组成 T_h 群。

表 1-3　点群的国际符号和圣弗利斯符号

点群编号	对称元素总和	完整形式的国际符号	简化形式的国际符号	圣弗利斯符号
1	L^1	1	1	C_1
2	C	$\bar{1}$	$\bar{1}$	C_i
3	L^2	2	2	C_2
4	P	m	m	C_h
5	L^2PC	$\frac{2}{m}$	$2/m$	C_{2h}
6	$3L^2$	222	222	D_2
7	L^22P	$mm2$	$mm2$（mm）	C_{2v}
8	$3L^23PC$	$\frac{2}{m}\frac{2}{m}\frac{2}{m}$	mmm	D_{2h}
9	L^4	4	4	C_4
10	L_i^4	$\bar{4}$	$\bar{4}$	S_4
11	L^4PC	$\frac{4}{m}$	$4/m$	C_{4h}
12	L^44L^2	422	422（42）	D_4
13	L^44P	$4mm$	$4mm$（$4m$）	C_{4v}
14	$L_i^42L^22P$	$\bar{4}2m$	$\bar{4}2m$	D_{2d}
15	L^44L^25PC	$\frac{4}{m}\frac{2}{m}\frac{2}{m}$	$4/mmm$	D_{4h}
16	L^3	3	3	C_3
17	L_i^3	$\bar{3}$	$\bar{3}$	C_{3i}
18	L^33L^2	32	32	D_3
19	L^33P	$3m$	$3m$	C_{3v}
20	L^33L^23PC	$\bar{3}\frac{2}{m}$	$\bar{3}m$	D_{3d}
21	L^6	6	6	C_6
22	L_i^6	$\bar{6}$	$\bar{6}$	C_{3h}
23	L^6PC	$\frac{6}{m}$	$6/m$	C_{6h}

续表

点群编号	对称元素总和	完整形式的国际符号	简化形式的国际符号	圣弗利斯符号
24	$L^6 6L^2$	622	622	D_6
25	$L^6 6P$	$6mm$	$6mm$（$6m$）	C_{6v}
26	$L_i^6 3L^2 3P$	$\bar{6}m2$	$\bar{6}m2$	D_{3h}
27	$L^6 6L^2 7PC$	$\frac{6}{m}\frac{2}{m}\frac{2}{m}$	$6/mmm$	D_{6h}
28	$3L^2 4L^3$	23	23	T
29	$3L^2 4L^3 3PC$	$\frac{2}{m}\bar{3}$	$m3$	T_h
30	$3L^4 4L^3 6L^2$	432	432（43）	O
31	$3L_i^4 4L^3 6P$	$\bar{4}3m$	$\bar{4}3m$	T_d
32	$3L^4 4L^3 6L^2 9PC$	$\frac{4}{m}\bar{3}\frac{2}{m}$	$m3m$	O_h

表 1-4　点群的国际符号与对应的方向

晶系	在国际符号中的位置		
	1	2	3
三斜	只有一个符号		
单斜	c 轴或 b 轴是唯一轴		
正交	2 或 $\bar{2}$ 沿 a	2 或 $\bar{2}$ 沿 b	2 或 $\bar{2}$ 沿 c
四方	4 或 $\bar{4}$ 沿 c	2 或 $\bar{2}$ 沿 a 和 b	2 或 $\bar{2}$ 沿［1 1 0］和［1 $\bar{1}$ 0］
三方	3 或 $\bar{3}$ 沿 c	2 或 $\bar{2}$ 沿 a、b 和［1 1 0］	2 或 $\bar{2}$ 垂直 a、b 和［1 1 0］
六方	6 或 $\bar{6}$ 沿 c	2 或 $\bar{2}$ 沿 a、b 和［1 1 0］	2 或 $\bar{2}$ 垂直 a、b 和［1 1 0］
立方	4、$\bar{4}$、2 或 $\bar{2}$ 沿 a、b、和 c	3 或 $\bar{3}$ 沿<1 1 1>	2 或 $\bar{2}$ 沿<1 1 0>

根据以上符号表示规则，对于七大晶系的对称性特征及点群国际符号特征总结如下：

① 三斜晶系　对称性最低，只有 1 和 $\bar{1}$，点群符号中只有 1 或 $\bar{1}$。

② 单斜晶系　只有 1 个二次轴或反映面，点群符号中只有 2、m 或 $2/m$，且总数不大于 2 个。

③ 正交晶系　又称斜方晶系，有多于 1 个二次轴或反映面，点群符号中只有 2 或 m，且总数在 3 个及以上。

④ 三方晶系　有唯一的高次轴 3 或 $\bar{3}$，点群符号的第一位为 3 或 $\bar{3}$。

⑤ 四方晶系　有唯一的高次轴 4 或 $\bar{4}$，点群符号的第一位为 4、$\bar{4}$ 或 $4/m$。

⑥ 六方晶系　有唯一的高次轴 6 或 $\bar{6}$，点群符号的第一位为 6、$\bar{6}$ 或 $6/m$。

⑦ 立方晶系　有 4 个 3 次轴（四条体对角线），点群符号的第二位为 3 或 $\bar{3}$。

七大晶系的对称性特点及其与 32 种点群的对应关系见表 1-5。

表 1-5　七大晶系的对称性特点及其与 32 种点群的对应关系

晶族	晶系	对称性特点			点群		晶体实例
					习惯符号	国际符号	
低级	三斜	无高次轴	无 L^2 和 P	所有的对称元素必定相互垂直或平行	L^1	1	高岭石
					C	$\bar{1}$	钙长石
	单斜		L^2 和 P 均不多于一个		L^2	2	镁铝矾
					P	m	斜晶石
					L^2PC	$2/m$	石膏
	正交		L^2 和 P 的总数为 3 个及以上		$3L^2$	222	泻利盐
					L^22P	$mm2$	异极矿
					$3L^23PC$	mmm	重晶石
中级	三方	必定有且只有一个高次轴	唯一的高次轴为三次轴	除高次轴外，如有其他对称元素存在，它们必定与唯一的高次轴垂直或平行	L^3	3	细硫砷铅矿
					L^3C	$\bar{3}$	白云石
					L^33L^2	32	α-石英
					L^33P	$3m$	电气石
					L^33L^23PC	$\bar{3}m$	方解石
	四方		唯一的高次轴为四次轴		L^4	4	彩钼铅矿
					L_i^4	$\bar{4}$	砷硼钙石
					L^4PC	$4/m$	白钨矿
					L^44L^2	422	镍矾
					L^44P	$4mm$	羟铜铅矿
					$L_i^42L^22P$	$\bar{4}2m$	黄铜矿
					L^44L^25PC	$4/mmm$	金红石
	六方		唯一的高次轴为六次轴		L^6	6	霞石
					L_i^6	$\bar{6}$	磷酸氢二银
					L^6PC	$6/m$	磷灰石
					L^66L^2	622	β-石英
					L^66P	$6mm$	红锌矿
					$L_i^63L^23P$	$\bar{6}m2$	蓝锥矿
					L^66L^27PC	$6/mmm$	绿柱石
高级	立方	多个高次轴	有 4 个三次轴（在体对角线上）	除 4 L^3 外，还有 3 个相互垂直的二次轴或四次轴，且与每一个 L^3 均以等角相交	$3L^24L^3$	23	香花石
					$3L^24L^33PC$	$m3$	黄铁矿
					$3L^44L^36L^2$	432	赤铜矿
					$3L_i^44L^36P$	$\bar{4}3m$	黝铜矿
					$3L^44L^36L^29PC$	$m3m$	方铅矿

1.3.3　等价晶向和等价晶面

如 1.3.2 节所述，不同晶向之间是否等效是由对称性决定的。由对称元素联系着的一组等效晶向组成一个晶向族，用 $\langle l_1\,l_2\,l_3 \rangle$ 表示。根据七大晶系晶胞的对称性，可以得出七大晶系的晶向族（等效晶向），具体如下。

① 三斜晶系（只有 1 和 $\bar{1}$） $\langle l_1 l_2 l_3 \rangle$、$\langle \bar{l}_1\,\bar{l}_2\,\bar{l}_3 \rangle$，共 2 个。

② 单斜晶系（只有 1 个二次轴或反映面，通常在 z 轴方向） $\langle l_1 l_2 l_3 \rangle$、$\langle \bar{l}_1\,\bar{l}_2\,\bar{l}_3 \rangle$、$\langle l_1 l_2\,\bar{l}_3 \rangle$、$\langle \bar{l}_1\,\bar{l}_2 l_3 \rangle$，共 4 个。

③ 正交晶系（有多于 1 个二次轴或反映面） $\langle l_1 l_2 l_3 \rangle$、$\langle \bar{l}_1 l_2 l_3 \rangle$、$\langle l_1\,\bar{l}_2 l_3 \rangle$、$\langle l_1 l_2\,\bar{l}_3 \rangle$、$\langle \bar{l}_1\,\bar{l}_2\,\bar{l}_3 \rangle$、$\langle l_1\,\bar{l}_2\,\bar{l}_3 \rangle$、$\langle \bar{l}_1 l_2\,\bar{l}_3 \rangle$、$\langle \bar{l}_1\,\bar{l}_2 l_3 \rangle$，共 8 个。

④ 三方晶系（有唯一的高次轴 3 或 $\bar{3}$） 需引入四指数讨论，此处不做详细介绍。

⑤ 四方晶系（有唯一的高次轴 4 或 $\bar{4}$） $\langle l_1 l_2 l_3 \rangle$、$\langle \bar{l}_1 l_2 l_3 \rangle$、$\langle l_1\,\bar{l}_2 l_3 \rangle$、$\langle l_1 l_2\,\bar{l}_3 \rangle$、$\langle l_2 l_1 l_3 \rangle$、$\langle l_2\,\bar{l}_1 l_3 \rangle$、$\langle \bar{l}_2 l_1 l_3 \rangle$、$\langle l_2 l_1\,\bar{l}_3 \rangle$ 8 个晶向及各自的反方向，共 16 个。

⑥ 六方晶系（有唯一的高次轴 6 或 $\bar{6}$） 需引入四指数讨论，此处不做详细介绍。

⑦ 立方晶系（有 4 个 3 次轴） $\langle l_1 l_2 l_3 \rangle$、$\langle \bar{l}_1 l_2 l_3 \rangle$、$\langle l_1\,\bar{l}_2 l_3 \rangle$、$\langle l_1 l_2\,\bar{l}_3 \rangle$，其中 l_1、l_2、l_3 可任意互换，排列组合成 6 组，共 24 个晶向，及各自反方向，共 48 个。

需要注意，当晶向指数中有 0 时，0 的位置加负号不产生新的方向；当晶向指数中有两个数或三个数相等时，相等的数字互换位置不产生新的方向。

将晶向指数全体加负号得到其反向，与原来的晶向是等效晶向，但对于符号相反的晶面指数所标志的晶面是相同晶面。除此之外，等价晶面与等价晶向在与对称元素的关系上是一致的，具有上述等价晶向相同的指数确定规则，但晶面指数全体加负号不产生新的晶面，故等效晶面的个数是相应等效晶向个数的一半。

1.4 晶体的微观对称性

前文介绍了晶体结构的周期性和宏观对称性，并介绍了晶向、晶面及其几何学描述。将晶体结构抽象成布拉菲格子进行研究，即只考虑点阵结构，不考虑基元的具体内容。而在实际的晶体研究中，只有结合晶体宏观对称和微观对称才能完整描述晶体的结构。接下来将介绍晶体的微观对称性及“空间群”的概念。

1.4.1 微观对称操作

如前所述，晶格结构具有周期性，也称平移对称性，可以用布拉菲格子来表征。平移一个布拉菲格子的晶格矢量为

$$\boldsymbol{t}_{l_1 l_2 l_3} = l_1 \boldsymbol{a}_1 + l_2 \boldsymbol{a}_2 + l_3 \boldsymbol{a}_3 \tag{1-14}$$

平移后晶体自身重合，称为平移对称操作。所有布拉菲格子晶格矢量所对应的平移对称操作的集合，称为平移群。

对于宏观对称操作和点群，对称操作过程中保持至少有一个点不动。而在微观对称操作中，引入平移后晶体中所有的点都要动，即为非点式操作。与平移有关的对称要素有 3 个：

平移轴、螺旋轴、滑移面。

(1) 平移轴

平移轴为一直线，沿着空间格子中的任意一晶向移动一个或若干个结点间距，可使每一质点与其相同的质点重合，即整个结构重合。

(2) 螺旋轴

螺旋轴为晶体结构中一条假想直线，是围绕该直线旋转一定角度和沿对称轴方向平移的复合操作，即旋转一定角度后，再平行于该直线平移一定距离，结构中的每一质点都与其相同的质点重合。国际符号一般写为 n_s，其中 n 为轴次，也只能是 1、2、3、4、6 共五种，s 为小于 n 的正整数。旋转后所平移的矢量 τ（移动的距离，称为螺距）为 $(s/n)t$，其中 t 为与平移方向平行的晶格周期。根据螺旋轴的轴次和螺距，可分为 2_1、3_1、3_2、4_1、4_2、4_3、6_1、6_2、6_3、6_4、6_5 共 11 种螺旋轴。

(3) 滑移面

滑移面是晶体结构中一假想的平面，是镜面对称和平行于该平面某一直线方向的平移的复合操作，即以此平面为对称面进行反映操作，并平行此平面移动一定距离后，整个结构与原来结构重合，平移的距离称为移距。

滑移面按其滑移的方向和移距（也即滑移矢量）可分为 a、b、c、n、d 五种。

① 轴向滑移，用 a、b、c 表示，分别代表质点做镜面对称后沿该对称面内的 $\boldsymbol{a}$、$\boldsymbol{b}$、$\boldsymbol{c}$ 轴向平移，滑移矢量分别为 $\boldsymbol{a}/2$、$\boldsymbol{b}/2$、$\boldsymbol{c}/2$。

② 对角线滑移，用 n 表示，代表质点做镜面对称后沿该对称面内的对角线方向滑移，滑移矢量为 $(\boldsymbol{a}\pm\boldsymbol{b})/2$、$(\boldsymbol{b}\pm\boldsymbol{c})/2$、$(\boldsymbol{c}\pm\boldsymbol{a})/2$、$(\boldsymbol{a}\pm\boldsymbol{b}\pm\boldsymbol{c})/2$。

③ 金刚石型滑移，用 d 表示，滑移矢量为 $(\boldsymbol{a}\pm\boldsymbol{b})/4$、$(\boldsymbol{b}\pm\boldsymbol{c})/4$、$(\boldsymbol{c}\pm\boldsymbol{a})/4$、$(\boldsymbol{a}\pm\boldsymbol{b}\pm\boldsymbol{c})/4$。

全部空间操作都可以用赛兹（Seitz）符号 $\{\boldsymbol{R}\mid\boldsymbol{t}\}$ 描述，其中 $\boldsymbol{R}$ 表示点式操作（即 1.3 节中的点对称变换矩阵 Δ），$\boldsymbol{t}$ 表示平移操作。例如，对于坐标为 (x, y, z) 的点，经过 $\boldsymbol{R}$ 与 $\boldsymbol{t}$ 联合的微观对称操作后，其坐标变换为 (X, Y, Z)，则可以表示为

$$\begin{pmatrix} X \\ Y \\ Z \end{pmatrix} = \{\boldsymbol{R}\mid\boldsymbol{t}\}\begin{pmatrix} x \\ y \\ z \end{pmatrix}$$

其中

$$\boldsymbol{R} = \begin{pmatrix} a_{11} & a_{12} & a_{13} \\ a_{21} & a_{22} & a_{23} \\ a_{31} & a_{32} & a_{33} \end{pmatrix}$$

$$\boldsymbol{t} = \begin{pmatrix} l_1 \\ l_2 \\ l_3 \end{pmatrix}$$

则

$$\begin{pmatrix} X \\ Y \\ Z \end{pmatrix} = \{\boldsymbol{R} \mid \boldsymbol{t}\} \begin{pmatrix} x \\ y \\ z \end{pmatrix} = \begin{pmatrix} a_{11} & a_{12} & a_{13} \\ a_{21} & a_{22} & a_{23} \\ a_{31} & a_{32} & a_{33} \end{pmatrix} \begin{pmatrix} x \\ y \\ z \end{pmatrix} + \begin{pmatrix} l_1 \\ l_2 \\ l_3 \end{pmatrix} \tag{1-15}$$

1.4.2 空间群

晶格全部对称操作（既有平移，也有转动）的集合构成空间群。空间群共 230 种，分为两类：简单空间群（也称为点空间群）和复杂空间群（也称为非点空间群）。所谓点空间群，是由一个平移群和一个点群对称操作组合而成的，共 73 种。一般对称操作可以写成（$\boldsymbol{R} \mid \boldsymbol{t}_{l_1 l_2 l_3}$），表示环绕格点进行 $\boldsymbol{R}$ 操作以后再平移 $\boldsymbol{t}_{l_1 l_2 l_3}$ 的联合操作。

简单晶格所具有的空间群属于点空间群。以面心立方晶格为例，点群为 O_{h} 群，国际符号为 $m3m$，则它的空间群操作中 $\boldsymbol{R}$ 可以是 O_{h} 群中所有操作；$\boldsymbol{t}_{l_1 l_2 l_3}$ 表示面心立方平移群中的操作；其空间群记为 F$m3m$，其中 F 表示面心立方，反映其平移群操作，$m3m$ 为其点群符号，反映其点式对称操作。

除简单晶格外，一些复式晶格的空间群也可以是点空间群。例如，闪锌矿 ZnS 晶格是面心立方，属于立方晶系，所容许的最高点群对称是 O_{h}。环绕 Zn 转动，Zn 格子对所有 O_{h} 群操作都将复原，但在四面体顶点的 S 只有在 T_{d} 点群操作下才保持不变，因此闪锌矿 ZnS 的点群对称是 T_{d}。晶格对称操作也可以写成（$\boldsymbol{R} \mid \boldsymbol{t}_{l_1 l_2 l_3}$），其中 $\boldsymbol{R}$ 为环绕格点的 T_{d} 群操作，$\boldsymbol{t}_{l_1 l_2 l_3}$ 表示面心立方的平移对称操作。实际上所有原胞中各原子性质互不相同的复式晶格，都与 ZnS 晶格相似，可以由点群对称和布拉菲格子表征的平移对称组合成的点空间群表征。

需要注意的是，简单晶格的点群对称可以完全由晶系决定，但复式晶格的点群对称并不完全由晶系决定，属于相同晶系的复式晶格可以有不同的点群对称。例如，NaCl 和 ZnS 都具有面心立方的布拉菲格子，同属立方晶系，但 NaCl 晶胞是两个离子各自组成的面心立方沿晶轴位移 1/2 边长嵌套而得，属立方点群。ZnS 晶胞则是两个离子各自组成的面心立方体沿体对角线位移 1/4 嵌套而得，在立方点群的部分操作下不能复原，属于四面体群，即 NaCl 和 ZnS 具有不同的空间群。

复式晶格的空间群除以上所述点空间群外，如果晶胞中有性质相同的原子，其空间群则可能是复杂的非点空间群，它的对称操作可以有更一般的形式（$\boldsymbol{R} \mid \boldsymbol{t}$），其中 $\boldsymbol{R}$ 仍旧表示点群操作，但 $\boldsymbol{t}$ 不一定是一个平移对称操作。例如金刚石与上述 ZnS 都可以看成由 A 和 B 两个面心立方格子相互嵌套组成，但对于 ZnS 来说，A、B 格子分别为 Zn、S，对称操作必须使 A 格子与 B 格子各自保持不变。而对于金刚石来说，A、B 格子上都是碳原子，除使 A、B 格子各自复原外，还有使 A、B 格子互换的对称操作也可以使整个结构复原。因此，ZnS 晶格的空间群中 $\boldsymbol{R}$ 只限于四面体点群操作，且 $\boldsymbol{t}$ 必须是一个布拉菲格子的位移 $\boldsymbol{t}_{l_1 l_2 l_3}$，但金刚石的空间群中 $\boldsymbol{R}$ 可以是立方点群中的任何操作。当 $\boldsymbol{R}$ 是立方点群中不属于四面体点群的操作时，绕 A 格点操作后，A 格子复原，B 格子虽不能复原，但只要把整个晶格沿体对角线平移 1/4，就能实现 A、B 格子位置对换，而 A、B 都是同一种原子，整个结构复原，即这个联合操作也是一个对称操作，其中的平移 $\boldsymbol{t}$ 本身并不是平移对称操作。因此，从宏观对称角度来看，金刚石具有立方点群 O_{h} 对称，对称操作可以写成

$$(\boldsymbol{R} \mid \boldsymbol{\tau}_{\boldsymbol{R}} + \boldsymbol{t}_{l_1 l_2 l_3}) \tag{1-16}$$

式中，$\boldsymbol{R}$ 为立方点群操作；$t_{l_1l_2l_3}$ 为面心立方格子的平移；对属于四面体点群的各操作 $\boldsymbol{R}$，$\tau_{\boldsymbol{R}}$ 为 0，对其余的 $\boldsymbol{R}$，$\tau_{\boldsymbol{R}}$ 为沿对角线平移 1/4。需要注意的是，虽然金刚石与 NaCl 都具有面心立方的布拉菲格子，宏观对称性相同，都是 O_h 点群，但它们晶格的对称性并不相同（NaCl 的对称操作中对所有的 $\boldsymbol{R}$，$\tau_{\boldsymbol{R}}$ 皆为 0），具有不同的空间群。

空间群可以用圣弗利斯符号或国际符号表示。如果用圣弗利斯符号，则在相应点群的圣弗利斯符号右上角加角标编号表示，每一种空间群对应的编号在国际晶体学表中有固定的数字。空间群的国际符号第一位为其布拉菲格子类型，包括 P(简单格子)、R(菱形格子)、I(体心格子)、C(C 心格子，若为 A 心或 B 心则表示为 A 或 B)、F(面心格子)，第二至四位为其对应的微观对称元素，各数位对应的方向沿用点群符号中相应的方向，对称元素则由宏观对称元素旋转轴、反映面等改为螺旋轴、滑移面等，例如 $Pnma$、$Fd3m$、$I\bar{4}c2$、$P4_12_12$ 等。由此可见，通过空间群符号可以辨别晶体的布拉菲格子类型，也可以知道其包含的对称元素，由其微观对称元素也可以写出相应位向上的宏观对称元素，从而写出点群符号，由特征对称元素也可辨别其所属晶系。因此，空间群符号很好地给出了晶体的结构和对称性，对于研究晶体结构和物理性质非常重要。

1.5 倒格子

晶体结构具有周期性，其周期性不仅表现在质点的空间排布上，同样也表现在能量、状态等物理量的分布上。任何一个晶体结构都可以抽象出两套格子：一个是正格子，描述位置空间；另一个为倒格子，描述状态空间。接下来将在前述空间质点排列的周期性基础上讨论状态空间的周期性。

用 $\boldsymbol{x}=l_1\boldsymbol{a}_1+l_2\boldsymbol{a}_2+l_3\boldsymbol{a}_3$ 描述晶体的空间点阵中格点位置，即位置空间的周期性。那么根据格点排列的周期性，晶格中 $A(\boldsymbol{x})$ 点和 $A(\boldsymbol{x})+l_1\boldsymbol{a}_1+l_2\boldsymbol{a}_2+l_3\boldsymbol{a}_3$ 点的情况完全相同，则其能量分布等物理性质也必然具有相同周期性。如果用 $V(\boldsymbol{x})$ 表示 $A(\boldsymbol{x})$ 点某一物理量，例如静电势能、电子云密度等，则有

$$V(\boldsymbol{x})=V(\boldsymbol{x}+l_1\boldsymbol{a}_1+l_2\boldsymbol{a}_2+l_3\boldsymbol{a}_3) \tag{1-17}$$

式(1-17) 表示 $V(x)$ 是以 $\boldsymbol{a}_1$、$\boldsymbol{a}_2$、$\boldsymbol{a}_3$ 为周期的三维周期函数。为方便描述，引入倒格子的概念，可以将上述三维周期函数展开成傅里叶级数。

根据基矢 $\boldsymbol{a}_1$、$\boldsymbol{a}_2$、$\boldsymbol{a}_3$ 定义三个新的矢量

$$\begin{aligned}\boldsymbol{b}_1&=2\pi\times\frac{\boldsymbol{a}_2\times\boldsymbol{a}_3}{\boldsymbol{a}_1\times(\boldsymbol{a}_2\times\boldsymbol{a}_3)}\\ \boldsymbol{b}_2&=2\pi\times\frac{\boldsymbol{a}_3\times\boldsymbol{a}_1}{\boldsymbol{a}_1\times(\boldsymbol{a}_2\times\boldsymbol{a}_3)}\\ \boldsymbol{b}_3&=2\pi\times\frac{\boldsymbol{a}_1\times\boldsymbol{a}_2}{\boldsymbol{a}_1\times(\boldsymbol{a}_2\times\boldsymbol{a}_3)}\end{aligned} \tag{1-18}$$

$\boldsymbol{a}_1$、$\boldsymbol{a}_2$、$\boldsymbol{a}_3$ 称为倒格子基矢。由式(1-18) 可得 $\boldsymbol{a}_1$、$\boldsymbol{a}_2$、$\boldsymbol{a}_3$ 与 $\boldsymbol{b}_1$、$\boldsymbol{b}_2$、$\boldsymbol{b}_3$ 具有下列基本性质

$$\boldsymbol{a}_i\cdot\boldsymbol{b}_j=2\pi\delta_{ij}=\begin{cases}2\pi, i=j\\ 0, i\neq j\end{cases}(i,j=1,2,3) \tag{1-19}$$

式中，δ_{ij} 为系数，$i=j$ 时，$\delta_{ij}=1$，$i\neq j$ 时，$\delta_{ij}=0$。

与位置空间中的布拉菲格子类似，以 $\boldsymbol{b}_1$、$\boldsymbol{b}_2$、$\boldsymbol{b}_3$ 为基矢也可以构成一个三维格子，即倒格子。倒格子中每个格点的位置为 $\boldsymbol{G}_{n_1n_2n_3}=n_1\boldsymbol{b}_1+n_2\boldsymbol{b}_2+n_3\boldsymbol{b}_3$，其中 n_1、n_2、n_3 为一组整数，$\boldsymbol{G}_{n_1n_2n_3}$ 为倒格子矢量，简称倒格矢。倒格子基矢的量纲是长度的倒数，与波矢具有相同的量纲。如图 1-16 所示，假设正格子中的晶面（$h_1\ h_2\ h_3$）与基矢相交于点 A、B、C，可以通过定义证明，矢量 $\overrightarrow{AB}$、$\overrightarrow{AC}$ 与倒格矢 $\boldsymbol{G}_{h_1h_2h_3}$（$n_1=h_1$，$n_2=h_2$，$n_3=h_3$）垂直，由此可证明正格子中的晶面簇（$h_1\ h_2\ h_3$）与倒格矢 $\boldsymbol{G}_{h_1h_2h_3}$ 正交。因此，倒格子中一个点（$h_1\ h_2\ h_3$）可以表示正格子中的一个晶面（$h_1\ h_2\ h_3$），这有助于理解倒格子空间的物理图像。由此可写出晶面的方程

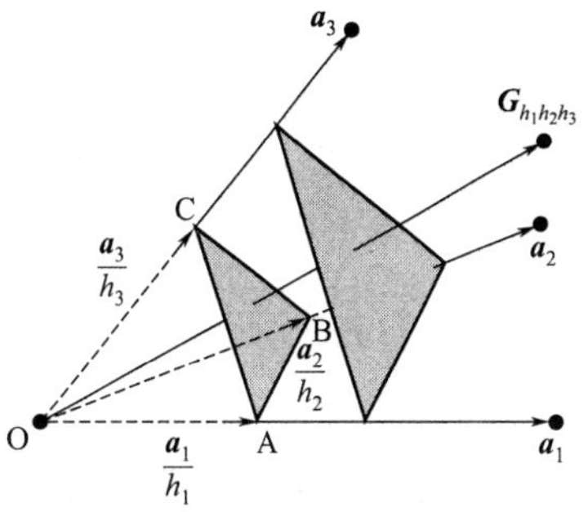

图 1-16　晶面簇（$h_1\ h_2\ h_3$）与倒格矢 $\boldsymbol{G}_{h_1h_2h_3}$ 正交

$$(h_1\boldsymbol{b}_1+h_2\boldsymbol{b}_2+h_3\boldsymbol{b}_3)\cdot\boldsymbol{x}=2\pi n \tag{1-20}$$

式中，$\boldsymbol{x}$ 为晶面上的任一格点位置矢量，$n=-\infty$，…，-1，0，$+1$，…，$+\infty$。n 取不同整数代表晶面系中不同的晶面，各面与原点的垂直距离为

$$\frac{2\pi|n|}{|h_1\boldsymbol{b}_1+h_2\boldsymbol{b}_2+h_3\boldsymbol{b}_3|} \tag{1-21}$$

由此可知 $|n|=1$，2，3，…顺序地表示从通过原点的面算起，沿该晶面法向的第一、二、三、…个晶面，由此得到（$h_1\ h_2\ h_3$）晶面之间的间距 d 为

$$d=\frac{2\pi}{|h_1\boldsymbol{b}_1+h_2\boldsymbol{b}_2+h_3\boldsymbol{b}_3|}=\frac{2\pi}{|\boldsymbol{G}_{h_1h_2h_3}|} \tag{1-22}$$

由此可见，指数小的晶面系，晶面间距 d 较大，对应晶面内原子比较密集，常见的晶面正是低指数晶面。

若把晶格中任意一点 $\boldsymbol{x}$ 用基矢表示，写成

$$\boldsymbol{x}=\xi_1\boldsymbol{a}_1+\xi_2\boldsymbol{a}_2+\xi_3\boldsymbol{a}_3 \tag{1-23}$$

则具有晶格周期性的态函数

$$V(\boldsymbol{x})=V(\boldsymbol{x}+l_1\boldsymbol{a}_1+l_2\boldsymbol{a}_2+l_3\boldsymbol{a}_3) \tag{1-24}$$

可以看成是以 ξ_1、ξ_2、ξ_3 为自变量，周期为 1 的周期函数，因此可以写成傅里叶级数

$$V(\xi_1,\xi_2,\xi_3)=\sum_{h_1h_2h_3}V_{h_1h_2h_3}\exp[2\pi i(h_1\xi_1+h_2\xi_2+h_3\xi_3)] \tag{1-25}$$

h_1、h_2、h_3 为整数。其中系数 $V_{h_1h_2h_3}$ 为

$$V_{h_1h_2h_3}=\int_0^1\mathrm{d}\xi_1\int_0^1\mathrm{d}\xi_2\int_0^1\mathrm{d}\xi_3\exp[-2\pi i(h_1\xi_1+h_2\xi_2+h_3\xi_3)]V(\xi_1,\xi_2,\xi_3) \tag{1-26}$$

根据式(1-18) 分量，ξ_1、ξ_2、ξ_3 可以简便地用倒格子基矢写出

$$\xi_1=\frac{1}{2\pi}\boldsymbol{b}_1\cdot\boldsymbol{x};\quad \xi_2=\frac{1}{2\pi}\boldsymbol{b}_2\cdot\boldsymbol{x};\quad \xi_3=\frac{1}{2\pi}\boldsymbol{b}_3\cdot\boldsymbol{x} \tag{1-27}$$

代入式(1-25)，傅里叶级数可以直接用 $\boldsymbol{x}$ 表示出来，即

$$V(\boldsymbol{x})=\sum_{h_1h_2h_3}V_{h_1h_2h_3}\exp(i(h_1\boldsymbol{b}_1+h_2\boldsymbol{b}_2+h_3\boldsymbol{b}_3)\cdot\boldsymbol{x}) \tag{1-28}$$

系数也可以相应地写成

$$V_{h_1h_2h_3}=\frac{1}{|\boldsymbol{a}_1\cdot(\boldsymbol{a}_2\times\boldsymbol{a}_3)|}\int \mathrm{d}\boldsymbol{x}\exp[-i(h_1\boldsymbol{b}_1+h_2\boldsymbol{b}_2+h_3\boldsymbol{b}_3)\cdot\boldsymbol{x}]V(\boldsymbol{x}) \qquad (1\text{-}29)$$

积分为在一个原胞内的体积分。傅里叶级数中指数上的各矢量就是倒格矢 $\boldsymbol{G}_{h_1h_2h_3}$，表示为

$$\boldsymbol{G}_{h_1h_2h_3}=h_1\boldsymbol{b}_1+h_2\boldsymbol{b}_2+h_3\boldsymbol{b}_3(h_1,h_2,h_3\ 为整数) \qquad (1\text{-}30)$$

1.6 布里渊区

在倒空间中取某一倒易阵点为原点，作所有倒易点阵矢量的垂直平分面，这些面将倒空间划分为一系列的区域，其中最靠近原点的一组面所围的闭合区称为第一布里渊区。在第一布里渊区之外，由最近的一组平面所包围的区域称为第二布里渊区；依次类推可得第三、第四等布里渊区。各布里渊区体积相等，都等于倒易点阵的原胞体积。

(1) 二维正方格子的布里渊区

二维正方格子的正格子基矢为 $\boldsymbol{a}_1=a\boldsymbol{i}$，$\boldsymbol{a}_2=a\boldsymbol{j}$，倒格子基矢为 $\boldsymbol{b}_1=2\pi\boldsymbol{i}/a$，$\boldsymbol{b}_2=2\pi\boldsymbol{j}/a$，因此二维正方格子的倒格子仍为二维正方格子。对于二维格子的布里渊区，可以在倒格子空间中取某一倒易阵点为原点，作所有倒易点阵矢量的垂直平分线，就可以绘出二维正方格子的第一到第四布里渊区。如图 1-17 所示，第一布里渊区为最近邻格点（$\pm\boldsymbol{b}_1$，$\pm\boldsymbol{b}_2$）的垂直平分线所围成的区域。第二布里渊区为由 $\pm(\boldsymbol{b}_1+\boldsymbol{b}_2)$，$\pm(\boldsymbol{b}_1-\boldsymbol{b}_2)$的垂直平分线和第一布里渊区的边界围成。第三布里渊区为由$\pm2\boldsymbol{b}_1$，$\pm2\boldsymbol{b}_2$ 四个格点的垂直平分线和第二布里渊区的边界围成。

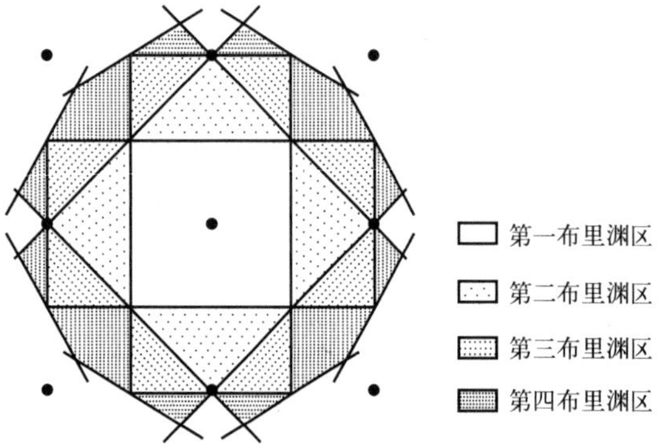

图 1-17　二维正方格子的第一～第四布里渊区

除了第一布里渊区外，其他布里渊区均由一些分立的小块构成。一般来说，越是高的布里渊区，分立的小块越多，但是每个布里渊区的总面积是相等的，都等于倒格子空间原胞的面积。如果将第 N 个布里渊区的小块通过平移倒格矢 $\boldsymbol{G}_\mathrm{h}$ 的整数倍来平移到第一布里渊区，那么会刚好填满第一布里渊区。将二维正方格子第二到第四布里渊区平移到第一布里渊区的结果如图 1-18 所示。通过平移后，这四个布里渊区中的任意一个都刚好填满第一布里渊区，既没有重叠，也没有遗漏，即所有布里渊区的面积相等。

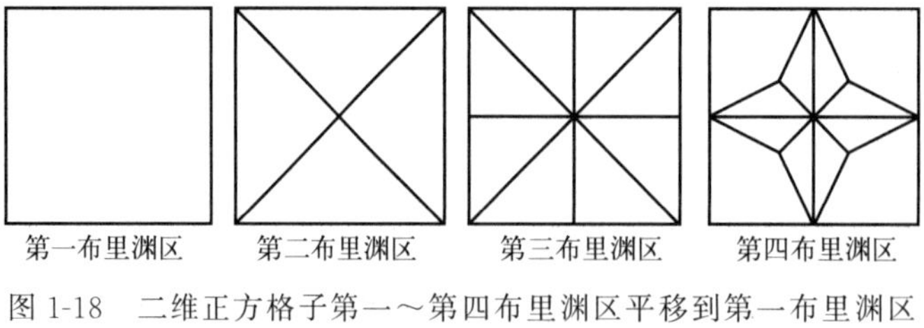

图 1-18　二维正方格子第一～第四布里渊区平移到第一布里渊区

（2）二维长方格子的布里渊区

二维长方格子的正格子基矢为 $\boldsymbol{a}_1=a\boldsymbol{i}$、$\boldsymbol{a}_2=b\boldsymbol{j}$、$a\neq b$。倒格子基矢为 $\boldsymbol{b}_1=2\pi\boldsymbol{i}/a$，$\boldsymbol{b}_2=2\pi\boldsymbol{j}/b$，因此二维长方格子的倒格子仍为二维长方格子。假设 $a<b$，在倒格子空间中取某一倒易阵点为原点，作所有倒易点阵矢量的垂直平分线。对于二维长方格子，布里渊区区域与长宽比密切相关，不同长宽比的高布里渊区区域相差很大。图 1-19 所示为长宽相差不大时的二维长方格子的前三个布里渊区。同样，如果将第 N 个布里渊区的小块通过平移倒格矢 $\boldsymbol{G}_h$ 的整数倍来平移到第一个布里渊区，也会刚好填满第一布里渊区。

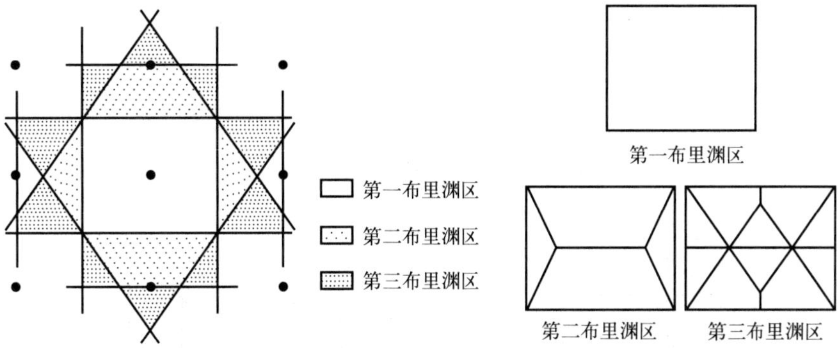

图 1-19　长宽相差不大时的二维长方格子的前三个布里渊区以及将第二、第三布里渊区平移到第一布里渊区

（3）二维密堆积的布里渊区

二维密堆积结构正格子原胞基矢为 $\boldsymbol{a}_1=a\boldsymbol{i}$，$\boldsymbol{a}_2=-\dfrac{1}{2}a\boldsymbol{i}+\dfrac{\sqrt{3}}{2}a\boldsymbol{j}$，则原胞体积为

$$V=|\boldsymbol{a}_1\times\boldsymbol{a}_2|=\left|a\boldsymbol{i}\times\left(-\frac{1}{2}a\boldsymbol{i}+\frac{\sqrt{3}}{2}a\boldsymbol{j}\right)\right|=\frac{\sqrt{3}}{2}a^2 \tag{1-31}$$

倒格子原胞基矢为

$$\boldsymbol{b}_1=\frac{2\pi}{a}\left(\boldsymbol{i}+\frac{\sqrt{3}}{3}\boldsymbol{j}\right) \tag{1-32}$$

$$\boldsymbol{b}_2=\frac{4\pi\sqrt{3}}{3a}\boldsymbol{j} \tag{1-33}$$

二维密堆积结构的倒格子仍为二维密堆积结构。在倒格子空间中取某一倒易阵点为原点，作所有倒易点阵矢量的垂直平分线，得到其布里渊区。二维密堆积结构第三和第四布里渊区平移到第一布里渊区比较特殊，但是总可以平移过来，如图 1-20 所示。

（4）简单立方晶格的第一布里渊区

简单立方点阵原胞基矢可以选择为 $\boldsymbol{a}_1=a\boldsymbol{i}$，$\boldsymbol{a}_2=a\boldsymbol{j}$，$\boldsymbol{a}_3=a\boldsymbol{k}$，对应倒格子基矢为 $\boldsymbol{b}_1=2\pi\boldsymbol{i}/a$，$\boldsymbol{b}_2=2\pi\boldsymbol{j}/a$，$\boldsymbol{b}_3=2\pi\boldsymbol{k}/a$，因此简单立方点阵的倒格子仍为简单立方点阵。在倒格子空间中取某一格点为原点（0，0，0），六个近邻格点的位置分别为 $\pm2\pi\boldsymbol{i}/a$、$\pm2\pi\boldsymbol{j}/a$、$\pm2\pi\boldsymbol{k}/a$。对于第一布里渊区，以（0，0，0）为原点，作近邻格点的垂直平分面。如图 1-21 所示，第一布里渊区为立方体，边长为 $2\pi/a$。第一布里渊区中特殊点通常用惯用符号表示，其中 Γ 点为（0，0，0），X 点为（0，π/a，0），M 点为（π/a，π/a，0），R 点为（π/a，

π/a，π/a）。

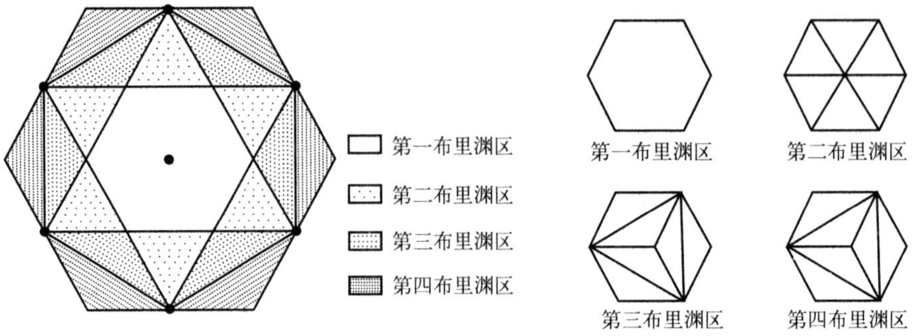

图 1-20　二维密堆积的第一～第四布里渊区以及将第一～第四个布里渊区平移到第一布里渊区

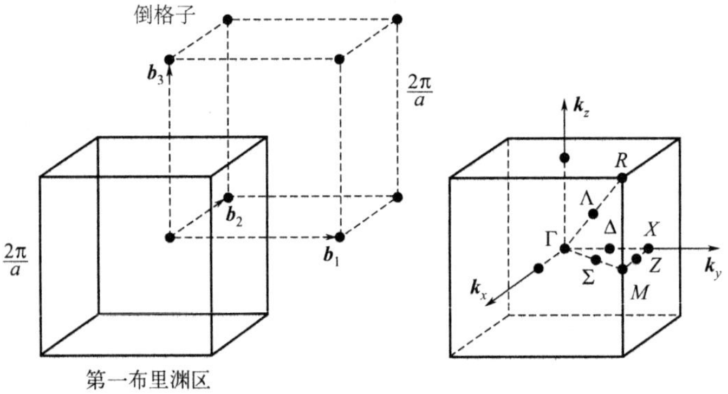

图 1-21　简单立方晶格的第一布里渊区以及第一布里渊区中的特殊点

习题

（1）根据几何关系证明六角密堆积结构（ABABAB⋯）中 $c=1.633a$，并推导出其原子球的体积占有率。思考：如果是四层为周期的六方密堆积结构（ABACABAC⋯），其晶胞参数 c 与 a 的比值为多少？

（2）半径为 r 的原子球组成面心立方密堆积结构，六个面心形成一个八面体，体心位置即为一个八面体空隙。如果在该空隙填充一个较小的原子，用几何关系证明该空隙可容纳原子球的半径为 $r_{\mathrm{O}}=0.414r$。

（3）画出立方晶系的下列晶向和晶面：[001]，[210]，(100)，(110)，(111)，$(1\bar{2}0)$ 和 $(11\bar{3})$。

（4）证明立方晶系的 [111] 晶向垂直于 (111) 晶面。

（5）写出立方晶系的 {111}、{123} 晶面族和<112>晶向族中的全部等价晶面和晶向指数。

（6）从晶体对称性出发，证明晶体的旋转轴只有 1、2、3、4 和 6 次轴，而无 5 次轴。

（7）通过作图和矩阵计算分别证明：$\tilde{2}$、$\tilde{3}$、$\tilde{4}$、$\tilde{6}$ 分别等价于 $\bar{1}$、$\bar{6}$、$\bar{4}$、$\bar{3}$。

(8) 根据倒格子的定义证明：倒格矢 $\boldsymbol{G}_{h_1h_2h_3}$ 与正格子中的晶面簇（$h_1\ h_2\ h_3$）相垂直。

(9) 证明面心立方晶格的倒格子是体心立方，体心立方的倒格子是面心立方。

(10) 在简单立方晶格中，证明晶面（hkl）的面间距为 $d=\dfrac{a}{\sqrt{h^2+k^2+l^2}}$，且 $d=\dfrac{2\pi}{|G_{hkl}|}$。

第 2 章

晶格振动和声子

第 1 章主要学习了晶体结构的基本知识，了解了几种常见晶体的结构特征以及描述这些结构特征的基本概念及其物理意义。尽管晶体中原子有序排列成近乎完美的晶格结构，但仍不能将其简单地视为静止的纯几何结构，静止是相对的，运动是绝对的。运动是物质的根本属性与存在方式，马克思主义哲学的这个著名论断同样适用于描述晶格上所发生的物理现象。在热运动、外场扰动等影响下，晶格中的原子会在平衡位置附近有规律地运动，并形成一定的集体运动模式。通常将这种集体运动模式称为晶格振动，晶格振动会激发系统产生一种准粒子，称为声子，用来表征晶格振动特性。因此，晶格振动及声子的热学性质是本章将要学习的主要内容。本章内容是研究固体宏观性质和微观过程的重要基础，因为晶格振动与材料的热学性质、电学性质、超导特性、结构相变等有非常密切的关系，只有深入地了解晶格振动的规律，才能更好地理解材料的物理性质。

2.1 晶格振动

晶格振动的研究始于固体热容研究，19 世纪初人们就通过德隆-佩蒂特（Dulong-Petit）定律认识到热容量是原子热运动在宏观上的最直接表现。到 20 世纪初爱因斯坦（Einstein）利用普朗克（Plank）量子假说解释了固体热容会随温度降低而下降现象的原因，进一步推动了固体原子振动的研究。1912 年玻恩（Born，1954 年诺贝尔物理学奖获得者）和冯·卡门（Von-Karman）发表了论晶体点阵振动的论文，首次使用了周期性边界条件。由于同年发表的德拜（Debye）热容理论更为简单且可以很好地解释当时的实验结果，因此玻恩和冯·卡门的研究在当时被忽视，后来更为精确的测量却表明了德拜模型的不足，所以 1935 年布莱克曼（Blakman）重新利用玻恩和冯·卡门近似方法来讨论晶格振动，最终发展成现在的晶格动力学理论。我国科学家黄昆院士在晶格振动理论上作出了重要贡献，特别是其 1954 年与玻恩共同写作的中文译为《晶格动力学理论》一书被认为是关于晶格动力学、声子理论的经典论著。

2.1.1 单原子晶格振动

晶格振动虽是一个十分复杂的多粒子问题，但在一定条件下，依然可以在经典范畴求解。例如，单原子晶格的振动既简单可解，又能较全面地表现出晶格振动的基本特点，是表征晶格振动较为典型的例子。因此，首先考虑原胞中只含有一个原子的振动情况。

在立方晶体中，当波沿［100］、［110］、［111］三个方向传播时，即分别对应于立方体边、面对角线和体对角线方向，在数学上其解是最简单的。当波沿这三个方向之一传播时，整个原子平面作同相位运动，其位移方向或是平行于波矢的方向或是垂直于波矢的方向。可

以通过单一坐标 u_s 来描述平面 s 离开其平衡位置的位移，将问题变成一维的。因此，对应于每个波矢，存在着三种模式：一个纵向极化（或偏振）（见图 2-1）和两个横向极化（或偏振）（见图 2-2）模式。

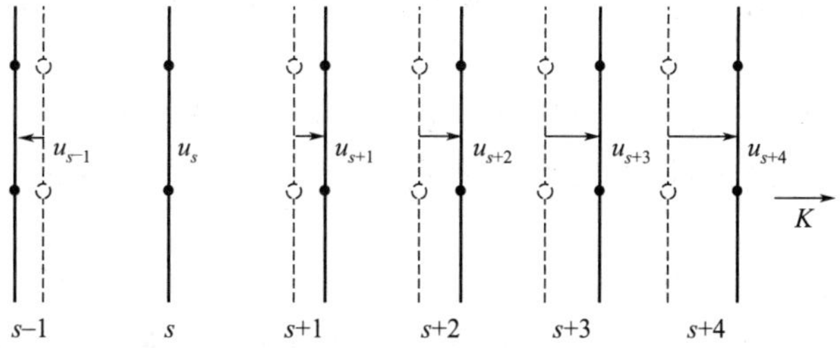

图 2-1　纵波通过时原子面发生位移

虚线表示原子面的平衡位置；实线是存在纵波时原子面移动的位置；坐标 u 表征原子面的位移大小

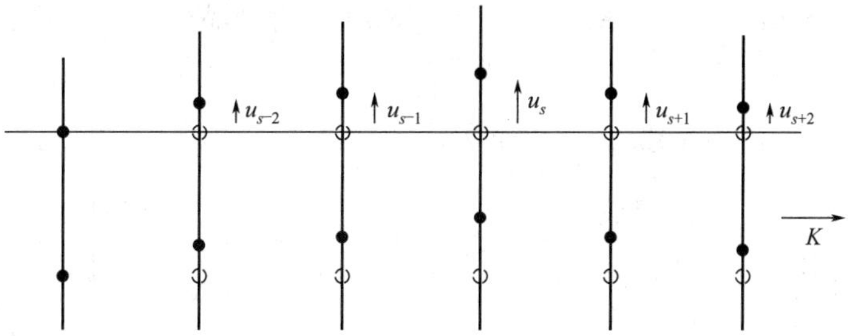

图 2-2　横波通过时原子面发生位移

当原子在平衡位置做微小振动时，假定晶体的振动响应是作用力的线性函数，那么原子间的相互作用力可以视为与晶体中任意两点相对位移成正比的胡克力。对于充分小的晶格应变，三次及更高次项可以忽略不计，由此得出原子在其平衡位置处做简谐振动，这个近似称为简谐近似。下面来推导用波矢 $\boldsymbol{K}$（描述波的特征量）和力常量 C 表示的弹性波频率 ω。

简谐近似条件下，由于平面 $s+p$ 的位移而引起的作用于平面 s 上的力与这两个面的位移之差 $u_{s+p}-u_s$ 成比例。只考虑最近邻之间的相互作用，即 $p=\pm1$。平面 s 上原子与 $s+1$ 上原子间的相对位移是：$u_{s+1}-u_s$，平面 s 与平面 $s-1$ 原子间的相对位移是：$u_{s-1}-u_s$。那么，由平面 $s\pm1$ 产生的作用于平面 s 上的总力为

$$F_s=C(u_{s+1}-u_s)+C(u_{s-1}-u_s) \tag{2-1}$$

不难看出，表达式(2-1) 具有胡克定律的形式，是位移的线性函数。常量 C 是最近邻平面之间的力常量。对于纵波和横波，其力常量通常是不相同的。为简便起见，将 C 看作是作用于平面上的一个原子的力常量，这样，F_s 就是作用在平面 s 中一个原子上的力。因此，根据式(2-1)，平面 s 中一个原子的运动方程可以写成

$$M\frac{\mathrm{d}^2u_s}{\mathrm{d}t^2}=C(u_{s+1}+u_{s-1}-2u_s) \tag{2-2}$$

式中，M 为原子的质量。

现在，需要求出所有具有时间 t 依赖关系 $\exp(-\mathrm{i}\omega t)$ 的位移的解，ω 为振动频率。这时有 $\frac{\mathrm{d}^2u_s}{\mathrm{d}t^2}=-\omega^2u_s$，于是式(2-2) 变为

$$-M\omega^2 u_s = C(u_{s+1} + u_{s-1} - 2u_s) \tag{2-3}$$

这是关于位移的差分方程，其格波解为

$$u_{s\pm1} = u\exp[\mathrm{i}(s\pm1)\boldsymbol{K}a]\exp(-\mathrm{i}\omega t) \tag{2-4}$$

式中，$\boldsymbol{K}$ 为晶格振动的波矢，与电子波矢 $\boldsymbol{k}$ 相区别；a 为晶面间距，其数值通常依赖于 $\boldsymbol{K}$ 的方向。

所谓格波，就是晶体中所有原子共同参与的一种频率相同的振动。一个格波解表示所有原子同时做频率为 ω 的振动，不同原子有不同的振动位相，相邻两原子的振动位相差为 $a\boldsymbol{K}$。

将式(2-4) 代入式(2-3) 得到

$$-\omega^2 Mu\exp(\mathrm{i}s\boldsymbol{K}a) = Cu\{\exp[\mathrm{i}(s+1)\boldsymbol{K}a] + \exp[\mathrm{i}(s-1)\boldsymbol{K}a] - 2\exp(\mathrm{i}s\boldsymbol{K}a)\} \tag{2-5}$$

两边消去 $u\exp(\mathrm{i}s\boldsymbol{K}a)$，得到

$$\omega^2 M = -C[\exp(\mathrm{i}\boldsymbol{K}a) + \exp(-\mathrm{i}\boldsymbol{K}a) - 2] \tag{2-6}$$

利用恒等式 $2\cos\boldsymbol{K}a = \exp(\mathrm{i}\boldsymbol{K}a) + \exp(-\mathrm{i}\boldsymbol{K}a)$，得到晶格振动的频率 ω 与波矢 $\boldsymbol{K}$ 的色散关系为

$$\omega^2 = \left(\frac{2C}{M}\right)(1-\cos\boldsymbol{K}a) \tag{2-7}$$

由三角恒等式，式(2-7) 可以写成

$$\omega^2 = \left(\frac{4C}{M}\right)\sin^2\frac{1}{2}\boldsymbol{K}a$$

或 $$\omega = \left(\frac{4C}{M}\right)^{\frac{1}{2}}\left|\sin\frac{1}{2}\boldsymbol{K}a\right| \tag{2-8}$$

通常把 ω 和 $\boldsymbol{K}$ 的关系称作色散关系 $\omega(\boldsymbol{K})$，如图 2-3 所示。晶格振动是晶体中所有原子共同参与的，振动频率与晶格格点的具体位置无关。

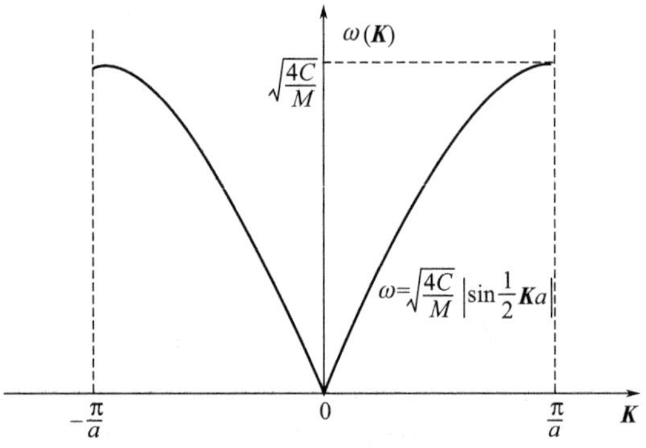

图 2-3　单原子晶格 ω 与 $\boldsymbol{K}$ 的色散关系曲线

(1) 第一布里渊区色散关系

对于弹性波，$\boldsymbol{K}$ 取什么值才具有物理意义呢？答案是只有那些取在第一布里渊区内的 $\boldsymbol{K}$ 值才具有物理意义。根据式(2-4)，两个相邻平面的位移之比可以由式(2-9) 给出

$$\frac{u_{s+1}}{u_s} = \frac{u\exp[\mathrm{i}(s+1)\boldsymbol{K}a - \mathrm{i}\omega t]}{u\exp(is\boldsymbol{K}a - \mathrm{i}\omega t)} = \exp(\mathrm{i}\boldsymbol{K}a) \tag{2-9}$$

位于 $-\pi$ 与 $+\pi$ 区间的相位 $\boldsymbol{K}a$ 涵盖了指数函数所有独立的值。

独立 $\boldsymbol{K}$ 值的区间由 $-\pi < \boldsymbol{K}a \leqslant \pi$ 或 $-\frac{\pi}{a} < \boldsymbol{K} \leqslant \frac{\pi}{a}$ 给出。这个区间是一维晶格的第一布里渊区，极限值为 $\boldsymbol{K}_{\max} = \pm\frac{\pi}{a}$。

对于取值在上述两个极限值以外的 $\boldsymbol{K}$ 值，可以由它减去 $\frac{2\pi}{a}$ 整数倍，从而给出这两个极限值以外的一个波矢。假定 $\boldsymbol{K}$ 在第一布里渊区以外，但是由 $\boldsymbol{K}' = \boldsymbol{K} - \frac{2\pi n}{a}$ 定义的相应波矢 $\boldsymbol{K}'$ 却位于第一布里渊区以内，其中 n 为整数。则上述位移比式(2-9) 变为

$$\frac{u_{s+1}}{u_s}=\exp(\mathrm{i}\boldsymbol{K}a)=\exp(\mathrm{i}2\pi n)\exp[\mathrm{i}(\boldsymbol{K}a-2\pi n)]=\exp(\mathrm{i}\boldsymbol{K}'a) \tag{2-10}$$

式中，$\exp(\mathrm{i}2\pi n)=1$。因此，位移总可以用第一布里渊区内的波矢来表示。需要明确的是，$\frac{2\pi n}{a}$ 是一个倒格矢，那么，由 $\boldsymbol{K}$ 减去一个适当的倒格矢，总可以在第一布里渊区得到一个与其等价的波矢。因此，如果 $\boldsymbol{K}$ 的取值扩展到第二布里渊区或者更高阶的布里渊区，那么 $a\boldsymbol{K}$ 相差为 2π 整数倍的两支格波是等价的。

在布里渊区边界 $\boldsymbol{K}_{\max}=\pm\frac{\pi}{a}$ 处，其解 $u_s=u\exp(\mathrm{i}s\boldsymbol{K}a)$ 不代表一个行波，而是表示一个驻波。在布里渊区边界 $s\boldsymbol{K}_{\max}a=\pm s\pi$ 处，有

$$u_s=u\exp(\pm\mathrm{i}s\pi)=u(-1)^s \tag{2-11}$$

这是一个驻波：相邻原子的振动相位是相反的。按照 s 取为偶数或奇数，u_s 分别等于 $+u$ 或 $-u$，这个波既不向右运动也不向左运动。这种情况相当于 X 射线的布拉格反射：当满足布拉格条件时，行波不能在晶格中传播，而是通过相继的来往反射形成驻波。

上述得到的临界值 $\boldsymbol{K}_{\max}=\pm\frac{\pi}{a}$ 满足布拉格条件 $2d\sin\theta=n\lambda$，于是有 $\theta=\frac{1}{2}\pi$，$d=a$，$\boldsymbol{K}=\frac{2\pi}{\lambda}$，$n=1$，从而 $\lambda=2a$；对于 X 射线而言，n 可以取 1 之外的其他整数值，因为在两个原子之间的空间内电磁波振幅是有意义的，而弹性波的位移振幅只是在原子本身处才有意义。

(2) 长波极限下的色散关系

在长波长极限下，即 $\boldsymbol{K}\to0$，$\lambda\gg a$，$\boldsymbol{K}a\ll1$ 时，将 $\cos\boldsymbol{K}a$ 展开并取近似，可得 $\cos\boldsymbol{K}a\cong 1-\frac{1}{2}(\boldsymbol{K}a)^2$。由此，色散关系式(2-7) 变为

$$\omega^2=(C/M)\boldsymbol{K}^2a^2 \tag{2-12}$$

式(2-12) 表明，在长波极限下，格波的色散关系与连续介质中的弹性波是一致。系数 $a\sqrt{C/M}$ 为弹性波的波速。常把 $\boldsymbol{K}\to0$ 时，$\omega\to0$ 的色散关系称为声学支。每组 (ω，$\boldsymbol{K}$) 对应的振动模式称为声学模，单原子晶格的色散关系只有声学支。在长波极限下，相邻两个原子振动相位差为：$\boldsymbol{K}(n+1)a-\boldsymbol{K}na=\boldsymbol{K}a\to0$。波长 $\lambda=2\pi/|\boldsymbol{K}|\to\infty$，此时，晶格可看作连续介质。

(3) 群速与相速

群速是指波包的传播速度，其表达式为

$$\boldsymbol{v}_{\mathrm{g}}=\frac{\mathrm{d}\omega}{\mathrm{d}\boldsymbol{K}} \tag{2-13}$$

式(2-13) 为频率对 $\boldsymbol{K}$ 取导数，表示能量在介质中的传播速度。

对于由式(2-8) 给定的色散关系，得到群速的表达式为

$$\boldsymbol{v}_{\mathrm{g}}=\left(\frac{Ca^2}{M}\right)^{\frac{1}{2}}\cos\frac{1}{2}\boldsymbol{K}a \tag{2-14}$$

在布里渊区边界处，由于 $\boldsymbol{K}=\frac{\pi}{a}$，从而其群速等于零。这正如式(2-11) 所示结果，波

是一个驻波，其净传播速度等于零。相速度是单色波单位时间内振动位相所传播的距离，表达式为

$$\boldsymbol{v}_{\mathrm{p}}=\lambda f=\frac{\omega}{\boldsymbol{K}} \tag{2-15}$$

在长波极限下相速等于群速，即$\boldsymbol{v}_{\mathrm{p}}=\boldsymbol{v}_{\mathrm{g}}$。

2.1.2 双原子晶格振动

如果晶格中存在两种不同的原子，它们的振动行为会有什么不同？现在来探究每个原胞含有两个原子的情况。考虑一个立方晶体，其中质量为 M 的原子位于一组平面上，而质量为 m 的原子位于插入第一组平面之间的平面上，如图 2-4 所示。假设只有近邻平面有相互作用，与一维单原子晶格类似，可以根据牛顿运动定律，列出晶格振动动力学方程，求解双原子晶格 ω 与 $\boldsymbol{K}$ 的色散关系。双原子晶格包含 N 个原胞，因此实际包含 $2N$ 个独立的方程，即

$$M\frac{\mathrm{d}^2 u_s}{\mathrm{d}t^2}=C(v_s+v_{s-1}-2u_s)$$
$$m\frac{\mathrm{d}^2 v_s}{\mathrm{d}t^2}=C(u_{s+1}+u_s-2v_s) \tag{2-16}$$

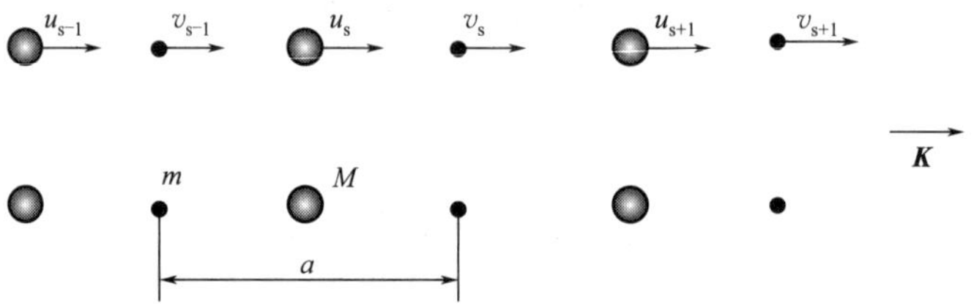

图 2-4 双原子结构

质量为 m 和 M 的原子由相邻平面之间的力常量 C 联系，原子 M 的位移表示为 u_{s-1}，u_s，u_{s+1}，…；而原子 m 的位移为 v_{s-1}，v_s，v_{s+1}，…。a 为沿波矢 $\boldsymbol{K}$ 方向上的重复距离，图中表示出的原子都处于平衡位置

下面寻求具有行波形式的解。这里，相邻交替平面上的振幅 u 和 v 是不同的

$$u_s=u\exp(\mathrm{i}s\boldsymbol{K}a)\exp(-\mathrm{i}\omega t)\;;\quad v_s=v\exp(\mathrm{i}s\boldsymbol{K}a)\exp(-\mathrm{i}\omega t) \tag{2-17}$$

应当注意，根据图 2-4 中的定义，a 表示相同原子平面之间的最近距离，而不是广义上的最近邻平面间距。

将式(2-17) 代入式(2-16)，得到

$$-\omega^2 Mu=Cv[1+\exp(-\mathrm{i}\boldsymbol{K}a)]-2Cu$$
$$-\omega^2 mv=Cu[1+\exp(\mathrm{i}\boldsymbol{K}a)]-2Cv \tag{2-18}$$

这是一个关于 u 和 v 的二阶线性方程组，有非零解的条件是系数行列式等于零，即

$$\begin{vmatrix} 2C-M\omega^2 & -C[1+\exp(-\mathrm{i}\boldsymbol{K}a)] \\ -C[1+\exp(\mathrm{i}\boldsymbol{K}a)] & 2C-m\omega^2 \end{vmatrix} \tag{2-19}$$

或

$$Mm\omega^4-2C(M+m)\omega^2+2C^2(1-\cos\boldsymbol{K}a)=0 \tag{2-20}$$

可以从这个方程严格地解出 ω^2，但对于在布里渊区边界 $\boldsymbol{K}a=\pm\pi/a$ 和 $\boldsymbol{K}a\ll 1$ 的极限情况会更简单一些。当 $\boldsymbol{K}a$ 很小时，有展开式 $\cos\boldsymbol{K}a\simeq 1-\frac{1}{2}\boldsymbol{K}^2a^2+\cdots$，因此得到方程式(2-20)

的两个解分别为

$$\omega^2 \cong 2C\left(\frac{1}{M}+\frac{1}{m}\right)（光学支） \tag{2-21}$$

$$\omega^2 \cong \frac{2C}{M+m}K^2a^2（声学支） \tag{2-22}$$

第一布里渊区的范围为 $-\pi/a \leqslant \boldsymbol{K} \leqslant \pi/a$，其中 a 为晶格的重复距离。在 $\boldsymbol{K}_{max}=\pm\pi/a$ 处，方程的根变为

$$\omega^2=2C/M；\quad \omega^2=2C/m \tag{2-23}$$

在这里 M 是大于 m 的，图 2-5 给出的 ω 对 $\boldsymbol{K}$ 的依赖关系曲线。

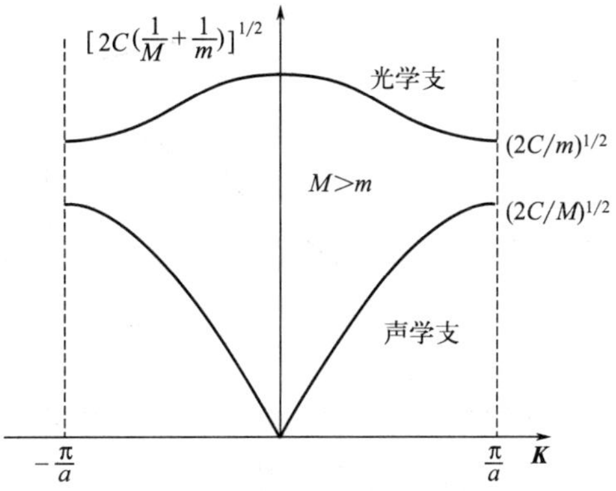

图 2-5　双原子线型晶格色散关系的光学支和声学支

从以上推导过程可得出，对于双原子晶格，振动谱显示新的特征。在一个给定传播方向上的每一种极化（或偏振）模式，其 ω 关于 $\boldsymbol{K}$ 的色散关系将演化为两个分支，分别称为声学支和光学支，如图 2-5 所示。于是就有纵声学（LA）模式和横声学（TA）模式，以及纵光学（LO）模式和横光学（TO）模式。

对于光学支，当 $\boldsymbol{K}=0$ 时，将式(2-21）代入式(2-18）得到

$$\frac{u}{v}=-\frac{m}{M} \tag{2-24}$$

这说明轻原子和重原子运动相位相反，原胞中的两种原子做相对振动，而原胞的质心保持不动。如果原胞内为两个带相反电荷的离子，如图 2-6 所示，那么正负离子的相对振动必然会产生电偶极矩，而这一电偶极矩可以与电磁波发生相互作用。在某种光波的照射下，光波的电场可以激发这种晶格振动，因此称这种振动为光学波或光学支。由于光学格波频率处于光波频率范围，大约处于远红外波段，离子晶体能吸收红外光而产生光学格波共振。

在 $\boldsymbol{K}$ 值比较小的情况下，声学支振幅比的解是 $u=v$，即式(2-22）在 $\boldsymbol{K}=0$ 时的极限。相邻原子振动方向相同，并且振幅和相位相同，它代表的是原胞质心的振动，与长波声学振动中的情形相仿，称这种晶格振动为声学波或声学支。粒子在横声学(TA）和横光学(TO）支情况下的位移示意图如图 2-6 所示。

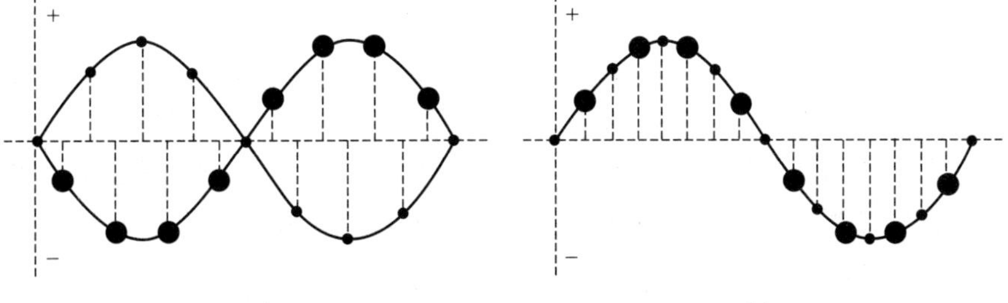

(a)　(b)

图 2-6　双原子晶格中的光学支和声学支的原子振动模式

（a）光学支；（b）声学支

2.1.3 复式晶格的振动

一维单原子晶格只有一个自由度，因而在 ω 与 $\boldsymbol{K}$ 的色散关系中，只有一支声学支。然而，对于三维单原子晶格，每个原子有三个自由度，因而每一个 $\boldsymbol{K}$ 值对应于 3 个声学支，其中 1 个纵声学支（longitudinal acoustic branch，LA），2 个横声学支（transverse acoustic branch，TA）。$\boldsymbol{K}$ 有 N 个取值，总的格波数目 $3N$，正好等于简单晶体中的自由度数。

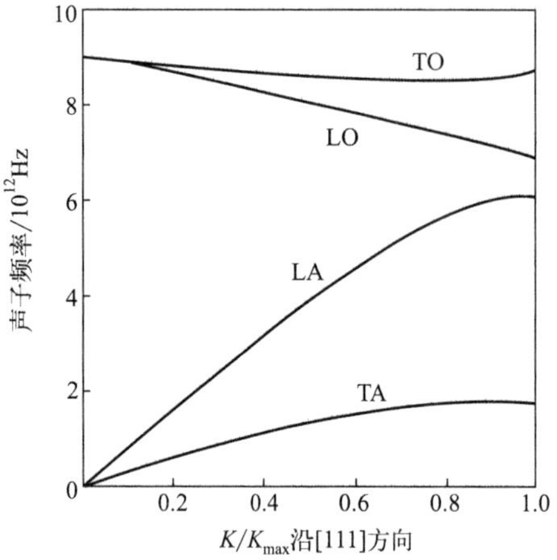

图 2-7 在 80K 下沿锗晶体［111］方向的声子色散关系

考虑原胞内含有 n 个原子的复式晶格，类似于一维双原子链，在 ω 与 $\boldsymbol{K}$ 的色散关系中，除了有声学支之外还有光学支。每一个 $\boldsymbol{K}$ 值对应 3 个声学支和 $3(n-1)$ 个光学支。在这 $3(n-1)$ 个光学支中，有（$n-1$）个纵光学支（longitudinal optic branch，LO），$2(n-1)$ 个横光学支（transverse optic branch，TO）。$\boldsymbol{K}$ 有 N 个取值，总的格波数目为 $\mathrm{N}\times[3+3(n-1)]=3\mathrm{N}n$，正好等于复式晶体中的自由度数。如图 2-7 所示，锗的原胞含有两个原子，因此其色散关系有 6 个分支，它们分别是 1 个 LA 支、1 个 LO 支、2 个 TA 支和 2 个 TO 支。在布里渊区边界处，$\boldsymbol{K}_{\max}=(2\pi/a)\left(\frac{1}{2}\ \frac{1}{2}\ \frac{1}{2}\right)$，2 个 TA 声子支是水平的；在 $\boldsymbol{K}=0$ 处，LO 支和 TO 支重合，这也是锗晶体对称性的一个因果反映。这些结果是由 G. Nilsson 和 G. Nelin 利用中子非弹性散射实验得到的。

2.2 声子

2.2.1 声子的能量和动量

将晶体中所有原子共同参与的一种频率相同的正则振动称为一种振动模式。对于由 N 个原子组成的一维单原子链，共有 N 种格波，即有 N 个振动模式，就相当于有 N 个独立的简谐振子。由于简谐振子是以 $\hbar\omega_K$ 为单位量子化的，故将这个能量量子称为声子（phonon）。

声子就是晶格振动的能量量子，但声子只是反映晶体原子集体运动状态的激发单元，它不能脱离固体而单独存在，与光子或电子不同，它并不是一种真实的粒子，将这种具有粒子性质但又不是真实的物理实体称为准粒子。当一个角频率为 ω 的弹性模式被激发到量子数为 n 的态时，也就是当这个模式由 n 个声子所占据时，其能量为

$$E_n=\left(n_K+\frac{1}{2}\right)\hbar\omega_K \tag{2-25}$$

式中，$\frac{1}{2}\hbar\omega_K$ 为这个模式的零点能；n_K 表征声子能量的量子化，表示声子数量。声子和光子一样都有零点能，因为它们都等价于一个频率为 ω 的量子谐振子，这个量子谐振子

的能量本征值也是 $\left(n_K+\frac{1}{2}\right)\hbar\omega_K$。

由于每个振动模式在简谐近似条件下都是独立的，因此声子系统是无相互作用的，但声子概念为处理具有强相互作用的原子集体-晶体带来了方便，而且生动地反映了晶格振动能量量子化的特点。这种高度抽象化的概念是固体物理的一大特征，它们被称作元激发。元激发正是针对各种不同物理问题提出来的一类准粒子，是一种把有强相互作用的多粒子体系转化成准粒子的气体问题来处理的方法，现代固体理论都是建立在这套处理方法之上的。固体物理中的元激发很多，如能带中的准电子、空穴、等离激元、极化子、磁振子、声子等，表2-1 给出了固体中几类重要的元激发。

表 2-1　固体中重要的元激发

元激发分类	名称	场
个别激发	极化子	极化强度波
	激子	电磁波
集体激发	等离子	集体电子波
	磁振子	磁化强度波
	声子	弹性波
	极化激元	光子＋弹性形变

当电子或光子等粒子与晶格振动相互作用时，总是以 $\hbar\omega_{\boldsymbol{K}}$ 为单元交换能量。若电子交给晶格 $\hbar\omega_K$ 的能量，称为发射一个声子；则电子从晶格获得 $\hbar\omega_{\boldsymbol{K}}$ 的能量，称为吸收一个声子。声子与声子相互作用，或声子与其他粒子（电子或光子）相互作用时，声子数并不守恒。声子可以产生，也可以湮灭，其作用过程遵从能量守恒和准动量守恒。

对于每个声子能级 $\hbar\omega_K$，声子的占据状态没有限制，声子符合玻色-爱因斯坦统计，是一种玻色子。对于 $\hbar\omega_K$ 能级的平均占据数，由普朗克公式给出

$$n_K=\frac{1}{\exp(\beta\hbar\omega_K)-1}=\frac{1}{\exp(\hbar\omega_K/k_BT)-1} \tag{2-26}$$

其中 $\beta=\frac{1}{k_BT}$。

一个波矢为 $\boldsymbol{K}$ 的声子和粒子（例如光子、中子、电子等）发生相互作用时，犹如它是一个具有动量 $\hbar\boldsymbol{K}$ 的粒子，但实际上声子并不携带物理动量。

晶格中声子不携带动量的原因是声子坐标（除 $\boldsymbol{K}=0$ 以外）涉及的只是原子的相对坐标。因此，H_2 分子中的核间振动坐标 r_1+r_2 是一相对坐标，并不携带线动量；质心坐标 $\frac{1}{2}(r_1+r_2)$ 相应于均匀模式（$\boldsymbol{K}=0$），可以携带线动量。

在晶体中存在量子态之间允许跃迁的波矢选择定则。X 射线光子在晶体中的弹性散射受波矢选择定则的支配，即

$$\boldsymbol{k}'=\boldsymbol{k}+\boldsymbol{G} \tag{2-27}$$

式中，$\boldsymbol{G}$ 为倒格矢；$\boldsymbol{k}$ 为入射光子的波矢；$\boldsymbol{k}'$ 为被散射后的光子的波矢。

在周期晶格中相互作用的波的总波矢守恒，包括可能加上一个倒格矢，式(2-27) 便是这一定则的一个例子。整个系统的真实动量始终严格守恒。如果光子的散射是非弹性的，并

且产生一个波矢为 $\boldsymbol{K}$ 的声子，那么其波矢选择定则就变为

$$\boldsymbol{k}'+\boldsymbol{K}=\boldsymbol{k}+\boldsymbol{G} \tag{2-28}$$

如果在散射过程中吸收一个声子 $\boldsymbol{K}$，则得到另一个关系式

$$\boldsymbol{k}'=\boldsymbol{k}+\boldsymbol{K}+\boldsymbol{G} \tag{2-29}$$

关系式(2-29) 和式(2-28) 是式(2-27) 的自然推广。

总之，引入声子的概念不仅能生动地反映出晶格振动能量量子化的特点，而且在处理与晶格振动有关的问题时，可以更加方便和形象。例如，处理晶格振动对电子的散射时，可以将其当作电子与声子的碰撞来处理，声子的能量是 $\hbar\omega_K$，动量是 $\hbar\boldsymbol{K}$。又例如，热传导可以看成声子的扩散，热阻是声子被散射等。使许多复杂的物理问题变得如此形象和便于处理是引入声子概念的最大好处，但它的动量不是真实动量，因为当波矢增加一个倒格矢量时，不会引起声子频率和原子位移的改变。即从物理上看，它们是等价的，这是晶体结构周期性的反映。但在处理声子与声子、声子与其他粒子之间的相互作用时，$\hbar\boldsymbol{K}$ 又具有一定的动量性质，所以叫做“准动量”。

2.2.2 晶格振动谱的实验测量

从上面讨论中可以看到：晶格振动是影响固体很多性质的重要因素，而且只要 $T\neq0\mathrm{K}$，原子的热运动就是理解固体性质时不可忽视的因素。因此，从实验上观测晶格振动的规律是固体微观结构研究的重要内容，也是固体物理实验方法的核心内容之一。

晶格振动谱或声子谱 $\omega_j(\boldsymbol{K})$ 一般通过辐射波与晶格的非弹性散射实验来测定，如远红外和近红外光谱、拉曼散射、布里渊散射、X 射线漫散射以及非弹性中子散射等，其中拉曼散射和布里渊散射统称为光子非弹性散射。用声子的语言来描述讨论这类相互作用是非常方便的。辐射波照射晶体后，由于和晶格振动发生了能量交换，吸收或者激发出一个声子而改变能量和方向。测量出辐射波的能量和方向的变化量，即可确定一个声子的能量和波矢。

2.2.2.1 中子非弹性散射

中子的非弹性散射是表征晶格振动重要的实验方法之一，即利用中子的德布罗意波与格波的相互作用来表征晶格振动。

设想有一束动量为 $\boldsymbol{p}$、能量为 $E=\dfrac{\boldsymbol{p}^2}{2M_n}$（$M_n$ 指中子质量）的中子流入射到晶体上。由于中子仅仅与原子核有相互作用，因此它可以毫无困难地穿过晶体，而以动量 $\boldsymbol{p}'$、能量 $E'=\dfrac{\boldsymbol{p}'^2}{2M_n}$ 射出。当中子流穿过晶体时，晶格振动可以引起中子的非弹性散射，这种非弹性弹射也可以看成吸收或发射声子的过程。散射过程首先要满足能量守恒关系

$$\frac{\boldsymbol{p}'^2}{2M_n}-\frac{\boldsymbol{p}^2}{2M_n}=\pm\hbar\,\omega(\boldsymbol{K}) \tag{2-30}$$

其中 $\hbar\omega$（$\boldsymbol{K}$）表示声子的能量，“+”和“−”号分别表示吸收和发射一个声子的过程。散射过程同时要满足准动量守恒关系

$$\boldsymbol{p}'-\boldsymbol{p}=\pm\hbar\boldsymbol{K}+\hbar\boldsymbol{G}_n \tag{2-31}$$

其中 $\boldsymbol{G}_n=n_1\boldsymbol{b}_1+n_2\boldsymbol{b}_2+n_3\boldsymbol{b}_3$ 为倒格子矢量，$\hbar\boldsymbol{K}$ 称为声子的准动量。如前所述，声子的准动量并不代表真实的动量，只是它的作用类似于动量。如式(2-31) 所示，在中子吸收和发

射声子过程中，存在类似于动量守恒的变换规律，但是，会多出额外的一项 $\hbar \boldsymbol{G}_n$。动量守恒定律来源于空间完全的平移对称性的结果，上述准动量守恒关系实际上是晶格周期性的反映。一方面，由于晶格（布拉维格子）也具有一定的平移对称性，因而存在与动量守恒相类似的变换规律；另一方面，由于晶体平移对称性与完全的平移对称性相比对称性降低了，因而变换规则与动量守恒相比条件变弱了，可以相差 $\hbar \boldsymbol{G}_n$。

如果固定入射中子流的动量 $\boldsymbol{p}$（和能量 E），测量出不同散射方向上散射中子流的动量 $\boldsymbol{p}'$（即能量 E'），就可以根据能量守恒和准动量守恒关系确定格波的波矢 $\boldsymbol{K}$ 以及能量 $\hbar\omega(\boldsymbol{K})$。由于中子的能量一般为 0.02～0.04eV，与声子的能量是同一数量级；而且中子的德布罗意波长 $\hbar/mv$ 为 $2\times10^{-4}\sim3\times10^{-4}\mu\text{m}$，与晶格常数的数量级一致，因此，提供了确定格波 $\boldsymbol{K}$ 的最有利条件。迄今为止，人们对晶体色散关系的研究主要来自中子非弹性散射，例如图 2-7 给出的锗晶体（111）方向的声子色散关系就是利用中子非弹性散射测定的。我国核反应堆中子源尚不能提供足够强度的中子束进行中子散射研究，因此之前一直处于落后状态。但在 2018 年，我国已经建成了中国散裂中子源，位于广东省东莞市，在国内开展中子散射实验研究即将迎来高潮。

2.2.2.2 拉曼散射和布里渊散射

当光通过固体时，会与晶体相互作用而发生散射。介质折射率的变化（或说介质极化率的变化）是引起光散射的原因，而晶格振动的声学波和光学波都会产生折射率的变化。散射过程中也要同时满足能量守恒和准动量守恒关系。这个过程可能由几个声子同时参与，但多数情况下，与单个声子发生相互作用的概率更大，称为一级过程。对于单声子过程，有

$$\hbar\omega' - \hbar\omega = \pm\hbar\omega(\boldsymbol{K}) \tag{2-32}$$

$$\hbar\boldsymbol{k}' - \hbar\boldsymbol{k} = \pm\hbar\boldsymbol{K} \pm \hbar\boldsymbol{G} \tag{2-33}$$

其中 $\boldsymbol{k}$，$\hbar\omega$ 代表入射光的波矢和能量，$\boldsymbol{k}'$ 和 $\hbar\omega'$ 代表散射光的波矢和能量。同样，如果固定入射光，而测量不同方向散射光的频率，就可以得到声子的频率和波矢。

由于一般可见光范围，$|\boldsymbol{k}|$ 只有 10^5cm^{-1} 的量级，因此相互作用的声子的波矢 $|\boldsymbol{K}|$ 也在 10^5cm^{-1} 的数量级。从晶体布里渊区来看，它们只是在布里渊区中心附近很小一部分区域内的声子，即长波声子。这时在如式(2-31）表示的准动量守恒中，倒格波 $\boldsymbol{G}_n$ 只能为零，这就使得用光散射方法测定的晶格振动谱只能是长波附近很小的一部分声子。与中子非弹性散射相比，这是一个根本的缺点。当光与声学波相互作用时，散射光的频率移动 $|\omega'-\omega|$ 很小，在 $10^7\sim3\times10^{10}\text{Hz}$，称为布里渊散射；当光与光学波相互作用时，频率移动在 $3\times10^{10}\sim3\times10^{13}\text{Hz}$，称为拉曼散射。通常将散射频率低于入射频率的情况称为斯托克斯散射；将散射频率高于入射频率的情况称为反斯托克斯散射。前者对应发射声子的过程，后者对应吸收声子的过程。图 2-8 示出这两种过程。

也可以利用 X 射线散射测定晶格振动谱，其原理是相同的。X 射线的波矢与晶体倒格子矢量同数量级，因此测量的范围可以遍及整个布里渊区，而不是局限在布里渊区中心附近。但是 X 射线的能量（约 10^4eV）远大于声子的能量（约 10^{-2}eV），实际上用能量守恒关系确定声子的能量是很困难的。因此通过对材料拉曼散射光谱的分析可以知道材料的振动以及转动能级情况，从而可以研究材料的性质。

光散射技术和入射光源的质量有很大关系，激光的发展推动了光散射的应用；反过来，声波引起的光散射也对激光技术做了有益贡献，例如布里渊散射应用于 Q 开关中的光束偏

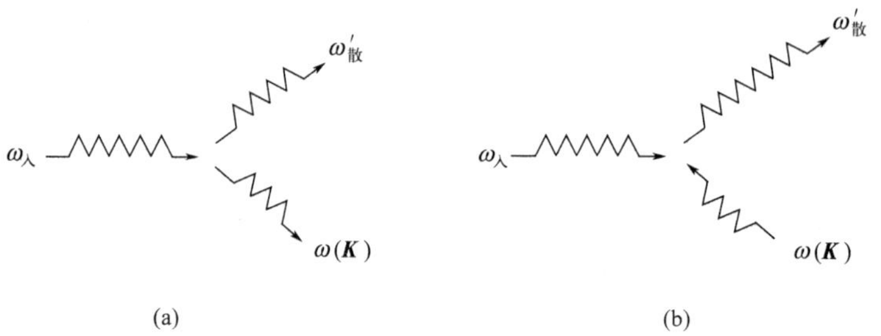

图 2-8　光子的拉曼散射，伴随一个声子的发射（a）或吸收（b），
分别对应斯托克斯散射（$\omega'_{散}<\omega_{入}$）和反斯托克斯散射（$\omega'_{散}>\omega_{入}$）

转等。随着光谱技术的发展，光学声子和声学声子的探测与研究在新型功能材料领域也越来越成熟。科学家在传统时域拉曼光谱基础上进行创新，开发出多能态输运拉曼热测量技术，首次实现了二维材料中光学声子与声学声子的温度测量，并进一步测得了两种声子之间的能量耦合因子。

2.2.2.3　远红外和红外吸收光谱

相比可见光，电磁波能量进一步降低是红外和远红外光，它们的能量和晶格振动的光学支几乎处于同一数量级，因此它们和晶格振动的相互作用可能直接变为对入射光的吸收。红外吸收一般发生在极性晶体中，通常是横光学支（TO）声子的吸收，它测出的是 $\omega=\omega_{TO}$。红外吸收谱的宽度与阻尼系数有关，因而吸收谱的宽度可以用来衡量阻尼作用的大小。纵向光学声子 ω_{LO} 一般不参加一级红外吸收过程，这是因为光的横波性，因此光只能与横光学声子发生耦合。如图 2-9 所示，LiF 的吸收发生在 TO 声子处，波数为 307cm^{-1}。

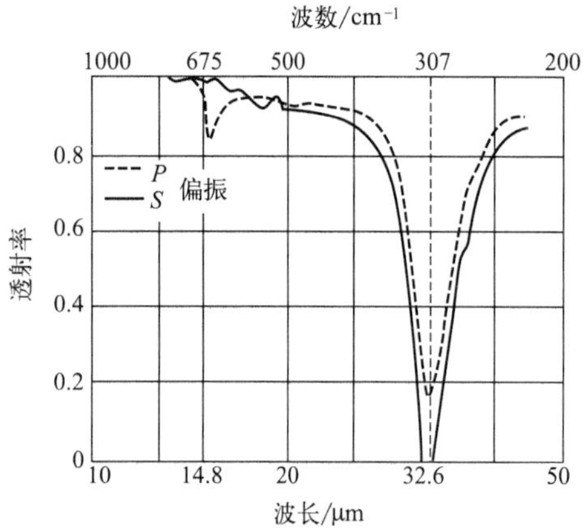

图 2-9　LiF 晶体的红外吸收谱

在研究晶体的光学支振动上，红外吸收和拉曼散射光谱相互补充、相辅相成。光散射和红外吸收技术的最大优点是设备相对普遍，成本较低，灵敏度较高，在我国已经普及。通过对晶格振动的研究，可以了解材料的微结构、相变以及与杂质和缺陷有关的科学问题。但光与晶格振动的耦合主要发生在布里渊区中心附近，因此红外吸收和拉曼散射光谱只能研究布里渊区中心附近的光学振动模，而不能研究整个布里渊区内全部的振动模，整个布里渊区的振动模仍然需要由中子非弹性散射来实现。

2.2.3　声子气体与晶格比热

2.2.3.1　声子气体

前文讨论过声子系统是无相互作用的声子气体组成的系统，关于晶格振动的问题可以转化为声子系统的问题进行研究。通过对格波量子化，将晶格振动转化为无相互作用声子气的玻色-爱因斯坦统计，那么怎样理解声子气体呢？下面将从固体的热传导过程来理解声子气体。

当固体中温度 T 分布不均匀时，将会有热能从高温处流向低温处，这种现象称为热传导。定义单位时间内通过单位截面传输的热能为热流密度 j，即

$$j=-k\frac{\mathrm{d}T}{\mathrm{d}x} \tag{2-34}$$

式中，k 为热传导系数，负号表明热能传输总是从高温流向低温。

式(2-34) 表明晶格热导并不是简单的格波“自由”传播，因为如果是自由传播，热流密度的表达式将不依赖于温度梯度，而是依赖于样品两端的温度差。通常，高温区域的分子运动到低温区域时，通过碰撞，把平均动能传给其他分子，这样的能量传递宏观上就表现为热传导，热导率为

$$k=\frac{1}{3}c_{\mathrm{V}}\lambda\bar{v} \tag{2-35}$$

式中，c_{V} 为单位体积的热容；λ 为平均自由程；$\bar{v}$ 为热运动的平均速度，或称为声子速度。

如图 2-10 所示，将有限温度下的晶体想象成包含声子气的容器，不同模式的声子具有不同的动量和能量。假设晶体的比热为 c_{V}，晶体存在温度差，高温的一端，晶体的晶格振动将具有较大的振动幅度，也即较多的声子被激发。当这些格波传至晶体的冷端，使那里的晶格振动趋于具有同样大的振动幅度，这样声子就把热量从晶体一端传到另一端。如果晶格振动间即声子间不存在相互作用，则热导系数 k 将为无穷大，即在晶体内不能存在温度梯度。

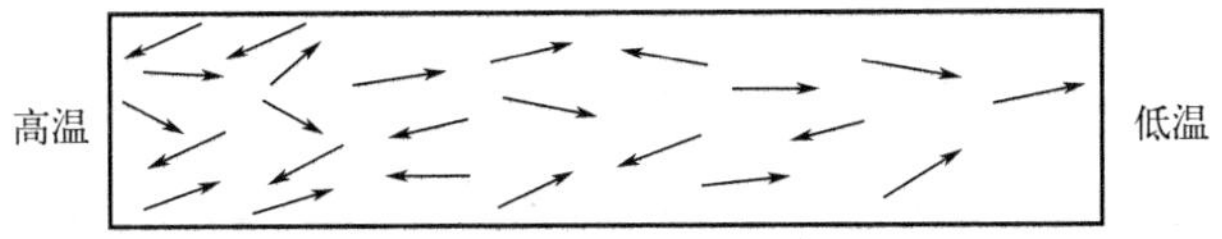

图 2-10　晶格振动的热传导

考虑非简谐效应，声子之间存在相互作用。当它们从一端移向另一端时，相互间会发生碰撞，也会与晶体中的缺陷发生碰撞。声子在晶体中移动时，在两次碰撞之间所走过的平均路程即平均自由程 λ。设 τ 为声子两次碰撞间的平均间隔时间，则

$$\lambda=\tau v_{\mathrm{x}} \tag{2-36}$$

假设晶体内温度梯度为 $\mathrm{d}T/\mathrm{d}x$，则在晶体中距离相差 λ 的两个区域间的温度差 ΔT 可写成

$$\Delta T=-\frac{\mathrm{d}T}{\mathrm{d}x}\lambda \tag{2-37}$$

声子移动 λ 后，把热量 $c_{\mathrm{V}}\Delta T$ 从距离 λ 的一端携带到另一端。若声子在晶体中沿 x 方向的移动速率为 v_{x}，则单位时间内通过单位面积的热量，即热能流密度 j 写成

$$j=-c_{\mathrm{V}}\Delta T v_{\mathrm{x}}=-c_{\mathrm{V}}\tau v_{\mathrm{x}}^{2}\frac{\mathrm{d}T}{\mathrm{d}x} \tag{2-38}$$

式中，$\bar{v}_{\mathrm{x}}^{2}$ 为对所有声子的平均值。

$$\bar{v}_{\mathrm{x}}^{2}=\frac{1}{3}\bar{v}^{2} \tag{2-39}$$

热流密度改写为

$$j=-\frac{1}{3}c_{V}v\lambda\frac{\mathrm{d}T}{\mathrm{d}x}\rightarrow k=\frac{1}{3}c_{V}v\lambda \tag{2-40}$$

由于晶格振动的声子数分布有如下的表达式形式

$$\bar{n}=\frac{1}{\exp(\hbar\omega/k_{B}T)-1} \tag{2-41}$$

可以看出，声子数分布与温度有关。当样品内存在温度梯度时，“声子气体”的密度分布是不均匀的，高温处“声子”密度高，低温处“声子”密度低，因而“声子”气体在无规则的基础上产生平均的定向的运动，即声子的扩散运动。如果将晶格热运动系统看作声子气，则晶格导热就是声子扩散的过程，这个过程可以看作从声子密度高的区域向低的区域扩散。声子是能量子，声子的“定向流动”就意味着能量输运，形成热传导。

如果势能的非简谐项比简谐项小得多，则采用微扰方法。此时，声子仍可看作理想气体，但声子之间有相互作用——碰撞，用与理想气体同样的方法得到晶体热传导系数

$$k=\frac{1}{3}c_{V}\lambda v_{p} \tag{2-42}$$

其中，平均速度 v_{p} 为声子速度（为了简化通常取固体中的声速）；λ 为声子平均自由程。

2.2.3.2 晶格比热

首先来研究高温下晶体的晶格比热。在高温条件下，晶体中原子运动可用经典物理的力学和统计方法来描述。系统在温度 T 处于热平衡时，每个自由度的平均能量为 $\frac{1}{2}k_{B}T$ 。将原子在晶体中的运动等效为简谐振动，那么原子离其平衡点的位移 u_{s} 随着时间 t 的变化可写成

$$u_{s}=A\sin(\omega t+\theta) \tag{2-43}$$

式中，A 为振幅；θ 为相位。原子质量为 M，简谐振子的动能为

$$E_{\text{kin}}=\frac{1}{2}M\left(\frac{\partial u_{s}}{\partial t}\right)^{2}=\frac{1}{2}M\omega^{2}A^{2}\cos^{2}(\omega t+\theta) \tag{2-44}$$

势能为

$$E_{\text{pot}}=\frac{1}{2}M\omega^{2}u_{s}^{2}=\frac{1}{2}M\omega^{2}A^{2}\sin^{2}(\omega t+\theta) \tag{2-45}$$

由于平均值 $\overline{\cos^{2}(\omega t+\theta)}=\overline{\sin^{2}(\omega t+\theta)}=\frac{1}{2}$ ，因此动能和势能的平均值都等于

$$\bar{E}_{\text{kin}}=\bar{E}_{\text{pot}}=\frac{1}{4}M\omega^{2}A^{2} \tag{2-46}$$

故简谐振子的平均能量

$$\bar{E}=\bar{E}_{\text{kin}}+\bar{E}_{\text{pot}}=k_{B}T \tag{2-47}$$

一般情况下，晶体有 N 个原胞，每个原胞有 r 个原子，故有 $3rN$ 个简正模式，在温度 T 热平衡时，该晶体晶格振动贡献的内能

$$U=3rNk_{B}T \tag{2-48}$$

晶格振动相关的定容比热

$$c_V=\left(\frac{\partial U}{\partial T}\right)_V=3rNk_B \tag{2-49}$$

通常采用摩尔原子物质的定容比热来计量，$rN=N_0=6.023\times10^{23}=$阿伏伽德罗常数，于是摩尔原子比热

$$c_V=\left(\frac{\partial U}{\partial T}\right)_V=3N_0k_B=24.9\text{J/(mol}\cdot\text{K)}$$

这说明高温晶格比热是一常量，无论晶体由何种成分组成，晶格结构如何，高温极限热容量都满足此关系，称为杜隆-珀蒂定律。

在低温区，实验给出绝缘晶体的比热依 T^3 规律变化。这时必须考虑简谐振子的量子化能级：$E_n=\left(n+\frac{1}{2}\right)\hbar\omega$ 。这第 n 个量子态在温度 T 出现的概率

$$w_n=\frac{1}{Z}\exp(-E_n/k_BT) \tag{2-50}$$

这里 Z 是振子的状态和，即

$$\begin{aligned}Z&=\sum_{n=0}^{\infty}\exp(-E_n/k_BT)=\exp\left(-\frac{h\omega}{2k_BT}\right)\sum_{n=0}^{\infty}\exp(-n\,\hbar\omega/k_BT)\\&=\exp(-h\omega/2k_BT)\left[1+\exp(-h\omega/k_BT)+\exp(-2h\omega/k_BT)+\cdots\right]\\&=\exp(-h\omega/2k_BT)/\left[1-\exp(-\hbar\omega/k_BT)\right]\end{aligned} \tag{2-51}$$

$$\bar{E}=\sum_{n=0}^{\infty}E_nw_n=\frac{\sum\limits_{n=0}^{\infty}E_n\exp\left(-\frac{E_n}{k_BT}\right)}{Z}=-\frac{\mathrm{d}}{\mathrm{d}\left(\frac{1}{k_BT}\right)}\ln Z=\frac{\hbar\omega}{2}+\frac{\hbar\omega}{\exp(\hbar\omega/k_BT)-1} \tag{2-52}$$

式中，第一项 $\frac{\hbar\omega}{2}$ 为谐振子的零点振动能量。

对于每个原胞有 r 个原子的晶体，有三支声学波（$\lambda=1$，2，3）和 $3r-3$ 支光学波（$\lambda=4$，5，…，$3r$）。系统晶格振动贡献的内能

$$U=U_0+\sum_{\lambda=1}^{3}\sum_q\frac{\hbar\omega_\lambda(\boldsymbol{K})}{\exp(\hbar\omega_\lambda(\boldsymbol{K})/k_BT)-1}+\sum_{\lambda=4}^{3r}\sum_q\frac{\hbar\omega_\lambda(\boldsymbol{K})}{\exp(\hbar\omega_\lambda(\boldsymbol{K})/k_BT)-1} \tag{2-53}$$

式中，U_0 为系统零点振动能量。

对于每个原胞只有一个原子的情况，式(2-53) 中光学波为零。

(1) 爱因斯坦模型

假设固体中原子的热运动可以视为多个量子谐振子的振动，各自独立地激发声子，晶体比热可以通过声子气的玻色-爱因斯坦统计计算出来。这一模型是爱因斯坦于 1907 年提出的，可以正确给出晶体比热的高温行为，并得到比热低温衰减到零的现象，揭示出理解固体物理现象需要使用能量量子这一重要的论断。

这个模型认为晶体中每个原子都以相同的频率 ω_E 独立地作简谐运动。对于简单晶格结构的晶体，其晶格振动贡献的内能

$$U=3N\left[\frac{1}{2}+\frac{1}{\exp\ (\hbar\omega_E/k_BT)-1}\right]\hbar\omega_E \tag{2-54}$$

于是，晶格的比热

$$c_V=\left(\frac{\partial U}{\partial T}\right)_V=3Nk_B\left(\frac{\hbar\omega_E}{k_BT}\right)^2\frac{\exp(\hbar\omega_E/k_BT)}{[\exp(\hbar\omega_E/k_BT)-1]^2} \tag{2-55}$$

这里，$\frac{\hbar\omega_E}{k_B}$ 称为爱因斯坦温度 θ_F。

在 $T\gg\frac{\hbar\omega_E}{k_B}$ 时，$c_V\approx 3Nk_B$，得到杜隆-珀蒂定律。在低温区 $T\ll\frac{\hbar\omega_E}{k_B}$ 时，c_V 的表达式中分母中的 1 可以忽略，得

$$c_V\approx 3Nk_B\left(\frac{\hbar\omega_E}{Tk_B}\right)^2\exp\left(-\frac{\hbar\omega_E}{Tk_B}\right) \tag{2-56}$$

在 $T\to 0$ 时，$c_V\to 0$，这是正确的方向，但其趋零的速度比实验规律快。原因是这个模型假定只有一个振动频率，没有考虑到格波的色散关系。图 2-11 为金刚石比热实验结果与爱因斯坦模型计算值（曲线）的比较，这里 $\frac{\hbar\omega_E}{k_B}=1320K$。

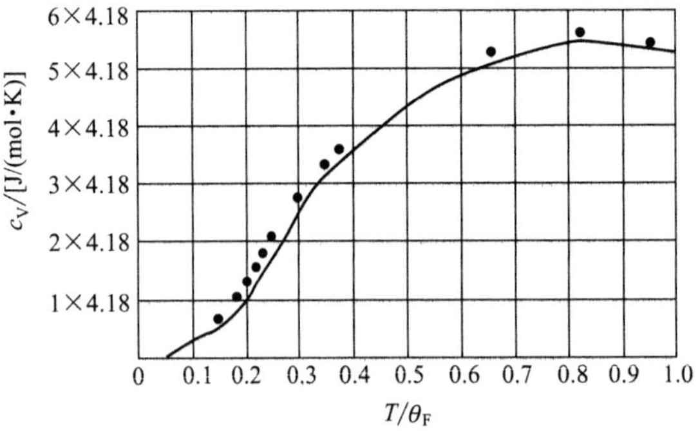

图 2-11　金刚石比热实验值（点）和爱因斯坦模型计算值（实线）的比较

爱因斯坦模型克服了经典理论在温度趋于零时无法解释的困难。但是当温度趋于零时，实际晶格比热是正比于 T^3 下降的。爱因斯坦模型下的比热容虽然也随温度下降而趋于零，但是与 T^3 的下降规律不符。简单地说，从三维晶格振动的色散曲线可知，高温时主要是高能量的高频光学格波被激发，而高频光学格波的色散曲线比较平缓，彼此之间频率相差不大。但是在低温时主要是低能量的低频声学格波被激发，声学格波色散曲线近似直线，不同格波之间频率差别很大，此时必须考虑声子的频率分布。如果简单地用同一定值描述声学波频率，无疑会与实验结果不符。不过爱因斯坦模型首次在晶格热容分析中引入了量子理论，为之后的理论开启了新视角。

（2）德拜模型

德拜模型取长波极限下的线性色散，即 $\omega=vK$，其中 v 为格波波速，而 K 代表波矢的模。德拜模型中需要引入一个德拜频率 ω_D，在此之下，能量-动量色散关系为线性。不难看出，这是对实际晶体格波的一个理想假设。对于简单晶格结构的晶体，只有 3 支声频波，其中 1 支纵波、2 支横波，其波速分别为 v_l 和 v_t。德拜模型认为在低温下热能只能激发长波声子，而在长波极限情况，晶体可看成各向同性的连续介质，格波就是弹性波，其色散关系为

纵波　$$\omega(K)=v_lK \tag{2-57}$$

横波　$$\omega(K)=v_tK \tag{2-58}$$

纵波和横波的模式密度

$$g_l(\omega)=\frac{V}{2\pi^2}\times\frac{\omega^2}{v_l^3},\quad g_t(\omega)=\frac{V}{2\pi^2}\times\frac{\omega^2}{v_t^3} \tag{2-59}$$

式中，V 为晶体体积

横波有 2 支，因而弹性波的总模式密度

$$g(\omega)=g_{\mathrm{l}}(\omega)+2g_{\mathrm{t}}(\omega)=\frac{3V}{2\pi^2}\times\frac{\omega^2}{v_{\mathrm{s}}^3} \tag{2-60}$$

$$\frac{1}{v_{\mathrm{s}}^3}=\frac{1}{3}\left(\frac{1}{v_{\mathrm{l}}^3}+\frac{2}{v_{\mathrm{t}}^3}\right) \tag{2-61}$$

式中，v_{s} 为平均的弹性波速度。总的振动模式数目应等于晶体的总自由度数目，由此决定频率上限

$$\int_0^{\omega_{\mathrm{D}}} g(\omega)=3N \tag{2-62}$$

式中，N 为晶体原子总数。

由此得德拜频率

$$\omega_{\mathrm{D}}=\left(\frac{6\pi^2 N}{V}\right)^{1/3} v_{\mathrm{s}} \tag{2-63}$$

于是，$g(\omega)$ 可写成

$$g(\omega)=\frac{9N}{\omega_{\mathrm{D}}^3}\omega^2, \omega\leqslant\omega_{\mathrm{D}} \tag{2-64}$$

利用式(2-64) 可直接写出德拜模型中依赖温度 T 的晶格内能，即

$$\begin{aligned} U&=\frac{9N}{\omega_{\mathrm{D}}^3}\int_0^{\omega_{\mathrm{D}}}\left[\frac{\hbar\omega}{\exp(\hbar\omega/k_{\mathrm{B}}T)-1}\right]\omega^2\mathrm{d}\omega \\ &=9Nk_{\mathrm{B}}T\left(\frac{T}{\hbar\omega_{\mathrm{D}}/k_{\mathrm{B}}}\right)^3\int_0^{\hbar\omega_{\mathrm{D}}/k_{\mathrm{B}}T}\frac{x^3}{\exp(x)-1}\mathrm{d}x \end{aligned} \tag{2-65}$$

这里，$\theta_{\mathrm{D}}=\hbar\omega_{\mathrm{D}}/k_{\mathrm{B}}$ 称为德拜温度，并令 $x=\hbar\omega/k_{\mathrm{B}}T$ 。于是比热

$$\begin{aligned} c_{\mathrm{V}}&=\frac{9N}{\omega_{\mathrm{D}}^3}\int_0^{\omega_{\mathrm{D}}}\frac{\partial}{\partial T}\left[\frac{\hbar\omega}{\exp(\hbar\omega/k_{\mathrm{B}}T)-1}\right]\omega^2\mathrm{d}\omega \\ &=9Nk_{\mathrm{B}}\left(\frac{k_{\mathrm{B}}T}{\hbar\omega_{\mathrm{D}}}\right)^3\int_0^{\hbar\omega_{\mathrm{D}}/k_{\mathrm{B}}T}\frac{x^4\exp(x)}{[\exp(x)-1]^2}\mathrm{d}x \end{aligned} \tag{2-66}$$

当 $T\gg\hbar\omega_{\mathrm{D}}/k_{\mathrm{B}}$ 时，式(2-66) 给出 $c_{\mathrm{V}}=3Nk_{\mathrm{B}}$ ，即回到德隆-珀蒂定律。在低温区 $T\ll\hbar\omega_{\mathrm{E}}/k_{\mathrm{B}}$ ，式(2-66) 的积分上限可视为无限大，被积函数展开级数

$$\frac{x^4\exp(x)}{[\exp(x)-1]^2}=x^4\exp(-x)[1-\exp(-x)]^{-2}=x^4\sum_{n=1}^{\infty}n\exp(-nx)$$

对上式积分 $$\int_0^{\infty}\frac{x^4\exp(x)}{[\exp(x)-1]^2}\mathrm{d}x=\sum_{n=1}^{\infty}\int_0^{\infty}n\exp(-nx)x^4\mathrm{d}x=\sum_{n=1}^{\infty}\frac{4!}{n^4}=\frac{4\pi^4}{15} \tag{2-67}$$

可得著名的德拜 T^3 律

$$c_{\mathrm{V}}=\frac{12\pi^4}{5}Nk_{\mathrm{B}}\left(\frac{Tk_{\mathrm{B}}}{\hbar\omega_{\mathrm{D}}}\right)^3 \tag{2-68}$$

图 2-12 是一些晶体的晶格定容比热 $c_{\mathrm{V}}\sim T$ 的实验结果与德拜模型给出的结果［式(2-68)］的比较。由此可以看出，德拜模型是很成功的。表 2-2 是一些晶体的德拜温度 $\theta_{\mathrm{D}}=\hbar\omega_{\mathrm{D}}/k_{\mathrm{B}}$ 的数值。由表 2-2 可知，Cs、Se 等第一行元素的德拜温度较小，金刚石的德拜温度最高，等于 2230K。由 $\omega_{\mathrm{D}}=v_s K_{\mathrm{D}}$ ，以及德拜温度的表达式 $\hbar\omega_{\mathrm{D}}/k_{\mathrm{B}}$ 可知，德拜温度的大小与晶体中声波的传播速度有关。再由单原子模型看 $v_s=a\left(\frac{\beta}{M}\right)^{1/2}$ ，德拜温度的值不同反映不同晶

体中原子间准弹性力、原子质量、晶格常数有差异。

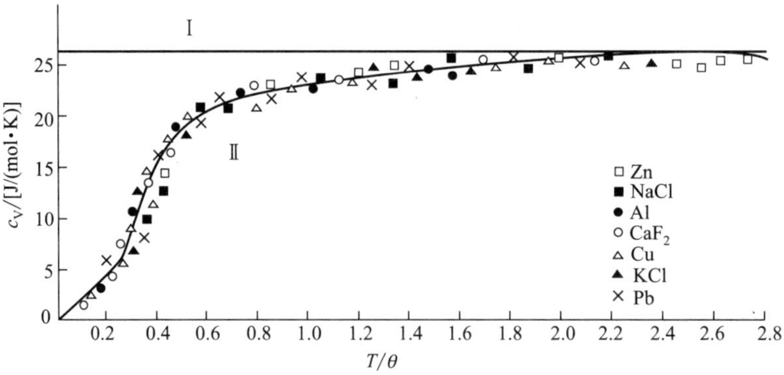

图 2-12　一些材料的定容比热 c_V 随温度变化的实验值与德拜模型计算值（实线）的比较

表 2-2　某些晶体的德拜温度 θ_D　　单位：K

元素	θ_D	元素	θ_D	元素	θ_D	元素	θ_D	元素	θ_D	元素	θ_D
Cs	38	Se	90	Hg	72	K	91	Pb	105	Ar	93
In	108	Au	165	Te	153	KCl	235	Nb	275	Pt	240
ZnS	315	Cu	343	NaCl	321	Li	344	W	400	Ge	270
C	420	LiCl	422	Ir	420	Al	428	Ni	450	Mo	450
Fe	467	Si	640	Cr	630	LiF	732	C（dia）	2230	Be	1440

实际晶体振动中既存在光学支也存在声学支，需要采用德拜-爱因斯坦混合模型来描述，也称为德拜-爱因斯坦唯象模型。德拜模型对于声学支描述较好，适用于处理低温的热力学性质；爱因斯坦模型对于光学支是很好的近似，处理中间-高温的热力学性质时不可忽略。$g(\omega)=g_E(\omega)+g_D(\omega)$，态密度是二者的混合，可以唯象地描述固体的比热。

2.2.4　晶格比热的逆问题

对于热阻率而言，其中起重要作用的三声子过程不是给出 $\boldsymbol{K}$ 守恒的 $\boldsymbol{K}_1+\boldsymbol{K}_2=\boldsymbol{K}_3$ 的形式，而是式(2-69) 的形式。

$$\boldsymbol{K}_1+\boldsymbol{K}_2=\boldsymbol{K}_3+\boldsymbol{G} \tag{2-69}$$

式中，$\boldsymbol{G}$ 为一个倒格矢。

这种由派尔斯发现的过程被称为倒逆过程。

前面已经遇到过晶体中不同波相互作用的一些例子。在这些过程中总的波矢变化可以不为零，而可能等于一个倒格矢。这样的过程在周期性晶格中总是有可能的，而对声子尤其可能。所有有物理意义的声子波矢 $\boldsymbol{K}$ 都在第一布里渊区里，因此在碰撞过程中产生的任何更长的波矢都必须通过一个倒格矢使其折回第一布里渊区。两个都具有负值 $\boldsymbol{K}_x$ 的声子发生碰撞，通过倒逆过程（$\boldsymbol{G}\neq 0$）可以在碰撞后给出一个具有正值 $\boldsymbol{K}_x$ 的声子，该倒逆过程也称为 U 过程。

$\boldsymbol{G}=0$ 的碰撞称为正常过程，或称为 N 过程。在高温（$T>\theta_D$）下，所有的声子都被激发，因为 $k_BT>\hbar\omega_{max}$。这时在所有声子的碰撞中，有相当一部分属于 U 过程，在这种碰撞过程中伴随着大的动量变化。对于这类情形，可以估算热阻率，而无需特别对 N 过程和

U 过程加以区分。根据前面关于非简谐效应的讨论，可以推知在高温下晶格的热阻率与 T 成正比。

声子 $\boldsymbol{K}_1$、$\boldsymbol{K}_2$ 适合于发生倒逆过程的能量量级为 $\frac{1}{2}k_B\theta_D$，因为为了满足关系式(2-69)的碰撞的条件，声子 1 和声子 2 两者的波矢都必须具有 $\frac{1}{2}\boldsymbol{G}$ 的量级。如果两声子的 $\boldsymbol{K}$ 值都很小，则将具有较低的能量，这样就无法由它们的碰撞得到波矢在第一布里渊区以外的声子。同正常过程一样，倒逆过程也必须满足能量守恒。由玻尔兹曼因子可以预期，在低温下那些具有所需高能量 $\frac{1}{2}k_B\theta_D$ 的合适声子数将大致依照 $\exp(-\theta_D/2T)$ 规律变化。这种指数规律与实验符合得很好。概括地讲，在式(2-35) 中发现的声子平均自由程是声子之间倒逆碰撞的平均自由程，而不是声子之间所有碰撞的平均自由程。

习题

(1) 有 N 个原胞的一维双原子链中，相邻原子间距为 a，证明当 $M=m$ 时，双原子链的 $2N$ 个格波解与一维单原子链的结果一一对应。

(2) 定性给出一维单原子晶格中振动格波的相速度和群速度对波矢的关系曲线，并简要说明其意义。

(3) 长光学支格波与长声学支格波本质上有何区别？

(4) 晶格比热容的爱因斯坦模型和德拜模型分别采用了哪些假设？各有什么局限性？为什么德拜模型在极低温度下能给出精确结果？

(5) 证明高温下晶体中每个原子对比热的贡献为 $3k_B$，即晶格比热容 $C_V=3n_ak_B$。

(6) 对于由 N 个 $BaTiO_3$ 单胞组成的三维晶格，共有多少种格波？包含有多少条纵声学支、横声学支、纵光学支、横光学支？

(7) 若晶体中每个谐振子的零点振动能为 $\frac{1}{2}\hbar\omega$，使用德拜模型求解晶体的零点振动能。

(8) 考虑一双原子链的晶格振动，最近邻原子间的力常数交替地等于 C 和 $10C$，令两种原子质量相同，且最近邻间距为 $a/2$。求在 $\boldsymbol{k}=0$ 和 $\boldsymbol{k}=\pi/a$ 处的 $\omega(\boldsymbol{k})$，并大略地画出其色散关系。

第 3 章

金属自由电子气模型

固体中的原子可以分为离子实和价电子两部分，离子实由原子核和内壳层结合能高的芯电子组成，价电子则是原子外层结合能低的电子。自由电子气模型指出，原子中的价电子变成传导电子，并且在金属体内自由运动。经典的自由电子气模型又称作德鲁德模型，它可以一定程度地解释欧姆定律，但在解释电子气的低温热容和电导率随温度变化时遭遇问题。1927 年，以索末菲为主的科学家发展了量子力学的自由电子气模型，将经典的德鲁德模型与量子力学的费米狄拉克统计相结合。由于简单易懂，它在解释许多实验现象方面取得了惊人的成功，比如与电导率和热导率相关的维德曼-弗兰兹定律、电子热容量的温度依赖性、结合能、电导率、块状金属的热电子发射和场致电子发射等。本章主要讲述自由电子费米气模型，金属自由电子气的热性质、光学性质、泡利顺磁性、导电性、霍尔效应、热电子发射、等离激元及应用等。通过本章的学习，学生能运用金属自由电子气模型，推导出一些基本的物理量，如费米能、费米波矢、态密度、泡利顺磁磁化率等。

3.1 模型及基态性质

自由电子气模型有两个基本假定：①自由电子近似，即忽略离子实和价电子之间的相互作用。将离子实看作均匀的正电荷背景，保持金属的电中性。②独立电子近似，即忽略电子之间的相互作用。这一近似之所以能够成立，是由于电子气体的屏蔽效应，使金属中电子的静电场很弱。此外，还有一个额外的弛豫时间假设，即存在一些未知的散射机制，使得电子的碰撞概率与弛豫时间成反比。弛豫时间表示两次相邻碰撞之间的平均时间，这一点将在讨论输运现象时体现。

3.1.1 单电子本征态和本征能量

温度 $T=0$，在体积 $V=L^3$ 的立方体内有 N 个自由电子，其中 L 为立方体的边长，独立电子近似使 N 个电子的问题转化为单电子问题。单电子的状态用波函数 $\Psi(\boldsymbol{r})$ 描述，$\Psi(\boldsymbol{r})$ 满足的定态（不含时间）薛定谔方程为

$$\left[-\frac{\hbar^2}{2m}\nabla^2+V(\boldsymbol{r})\right]\Psi(\boldsymbol{r})=E\Psi(\boldsymbol{r}) \tag{3-1}$$

式中，m 为电子质量；$\hbar$ 为约化普朗克常数（即普朗克常数 h 除以 2π）；∇ 为 Nabla 算子，$\nabla^2=\frac{\partial^2}{\partial x^2}+\frac{\partial^2}{\partial y^2}+\frac{\partial^2}{\partial z^2}$；$V(\boldsymbol{r})$ 为电子在金属中的势能；E 为电子的本征能量。

忽略电子-离子实的相互作用后，在该物理图像下 $V(\boldsymbol{r})$ 为常数势，可简单地取为零。式(3-1) 变为

$$-\frac{\hbar^2}{2m}\nabla^2\Psi(\boldsymbol{r})=E\Psi(\boldsymbol{r}) \tag{3-2}$$

很容易求出电子波函数是平面波，方程有平面波解，即

$$\Psi(\boldsymbol{r})=C\exp(\mathrm{i}\boldsymbol{k}\cdot\boldsymbol{r}) \tag{3-3}$$

其中 C 为归一化常数。在整个体积 V 中找到该电子的概率为1，即

$$\int_V|\Psi(\boldsymbol{r})|^2\mathrm{d}\boldsymbol{r}=1 \tag{3-4}$$

由此可求解出，$C=1/\sqrt{V}$，则式(3-3)可写成

$$\Psi_k(\boldsymbol{r})=\frac{1}{\sqrt{V}}\exp(\mathrm{i}\boldsymbol{k}\cdot\boldsymbol{r}) \tag{3-5}$$

其中用以标记波函数的 $\boldsymbol{k}$ 是平面波的波矢，$\boldsymbol{k}$ 的方向为平面波的传播方向，$\boldsymbol{k}$ 的大小与波长 λ 的关系为

$$k=\frac{2\pi}{\lambda} \tag{3-6}$$

将式(3-5)代入式(3-2)，可求解出 E 的表达式，即得到相应的电子能量为

$$E(\boldsymbol{k})=\frac{\hbar^2\boldsymbol{k}^2}{2m} \tag{3-7}$$

而电子的动量 $\boldsymbol{p}=\hbar\boldsymbol{k}$，速度 $\boldsymbol{v}=\hbar\boldsymbol{k}/m$。故电子能量也可以写成熟悉的经典形式

$$E=\frac{\boldsymbol{p}^2}{2m}=\frac{1}{2}m\boldsymbol{v}^2 \tag{3-8}$$

波矢 $\boldsymbol{k}$ 的取值要由边界条件定。边界条件的选取，一方面要反映出电子被局限在一个有限大小的体积中；另一方面，由此应得到金属的体性质。对于足够大的材料，由于表面层在总体积中所占比例甚小，材料表现出的是其体性质。同时在数学上，边界条件要易于操作。综合这些条件，广泛采用的是周期性边界条件，即波函数满足如下关系

$$\begin{cases}\Psi(x+L,y,z)=\Psi(x,y,z)\\ \Psi(x,y+L,z)=\Psi(x,y,z)\\ \Psi(x,y,z+L)=\Psi(x,y,z)\end{cases} \tag{3-9}$$

将式(3-5)代入以上方程，即可以求得电子的波矢需满足

$$k_x=\frac{2\pi}{L}n_x, k_y=\frac{2\pi}{L}n_y, k_z=\frac{2\pi}{L}n_z \tag{3-10}$$

其中 n_x、n_y、n_z 是整数，可以是零、正数或负数。由此可以看出，电子的波矢是一系列分立值。当 $L\to\infty$ 时，上述金属中电子的行进平面波状态自然地过渡到无限空间的平面波状态，波矢由式(3-10)确定的分立值过渡到连续变化的值。

把波矢 $\boldsymbol{k}$ 看作空间矢量，相应的空间称为 $\boldsymbol{k}$ 空间。在 $\boldsymbol{k}$ 空间中许可的 $\boldsymbol{k}$ 值用分立的点表示，每个点在 $\boldsymbol{k}$ 空间中占据的体积 $\Delta\boldsymbol{k}=(2\pi/L)^3=8\pi/V$，如图3-1所示。

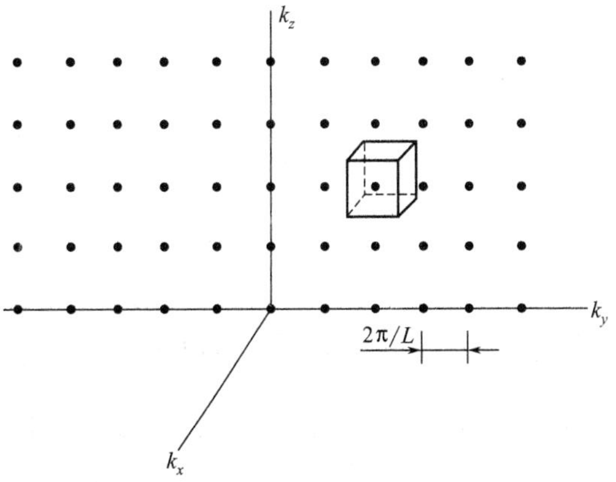

图3-1　$\boldsymbol{k}$ 空间中的单电子许可态

$\boldsymbol{k}$ 空间中单位体积内许可态的数目，或 $\boldsymbol{k}$ 空间中的态密度为

$$\frac{1}{\Delta \boldsymbol{k}}=\frac{V}{8\pi^3} \tag{3-11}$$

3.1.2 基态和基态的能量

当 N 个自由电子的系统处于基态时，被占据轨道可以表示为 $\boldsymbol{k}$ 空间中的一个点，这些所有被占据的点构成一个球，这个球面称为费米面，其对应的能量就是费米能。费米面上波矢的大小用费米波矢 $\boldsymbol{k}_F$ 表示（见图 3-2），则费米能

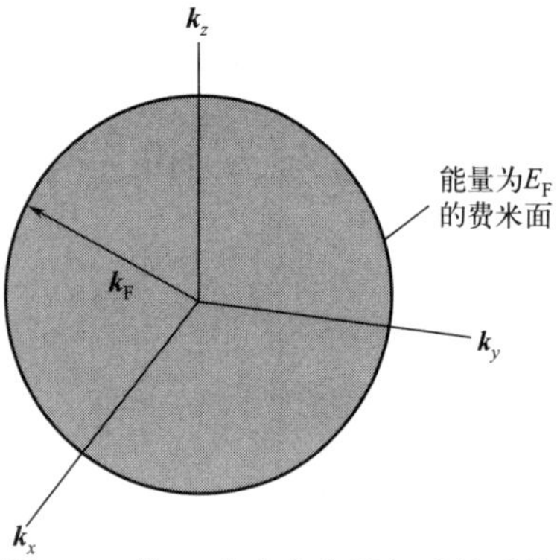

图 3-2　当 N 个自由电子组成的系统处于基态时系统的被占轨道相当于填满一个半径为 $\boldsymbol{k}_F$ 的球

$E_F=\frac{\hbar^2\boldsymbol{k}_F^2}{2m}$ 是波矢为 $\boldsymbol{k}_F$ 的电子能量

$$E_F=\frac{\hbar^2\boldsymbol{k}_F^2}{2m} \tag{3-12}$$

由式(3-10) 可以看出，$\boldsymbol{k}$ 空间中的每一个体积元 $(2\pi/L)^3$ 内存在一个允许波矢，由此对应一组三重量子数 k_x、k_y、k_z。这样，在体积为 $4\pi\boldsymbol{k}_F^3/3$ 的球内，其轨道总数为

$$2\,\frac{4\pi\boldsymbol{k}_F^3/3}{(2\pi/L)^3}=\frac{V}{3\pi^2}\boldsymbol{k}_F^3=N \tag{3-13}$$

其中，左端的因子 2 对应于每个允许波矢 $\boldsymbol{k}$ 值将有两个允许的 m_s（自旋量子数）值。于是

$$k_F=\left(\frac{3\pi^2N}{V}\right)^{1/3} \tag{3-14}$$

式(3-14) 仅仅依赖于粒子浓度 N/V。利用式(3-12)，有

$$E_F=\frac{\hbar^2}{2m}\left(\frac{3\pi^2N}{V}\right)^{2/3} \tag{3-15}$$

该公式将费米能与电子浓度 N/V 联系起来。费米面上的电子速度

$$\boldsymbol{v}_F=\left(\frac{\hbar\boldsymbol{k}_F}{m}\right)=\left(\frac{\hbar}{m}\right)\left(\frac{3\pi^2N}{V}\right)^{1/3} \tag{3-16}$$

费米温度 $T_F=E_F/k_B$，其中 k_B 为玻尔兹曼常量。这并非实际电子温度，而是代表一定的能量值，是一种方便计算和理解的符号。对于普通金属，这些参数的大体数值为：$k_F\approx10^8\,\mathrm{cm}^{-1}$，$E_F\approx2\sim10\mathrm{eV}$，$v_F\approx10^8\,\mathrm{cm/s}$，$T_F\approx10^4\sim10^5\mathrm{K}$。

通常将单位体积单位能量间隔内轨道数目称为态密度 $g(E)$。由式(3-15)，得到能量小于 E 的轨道总数

$$N=\frac{V}{3\pi^2}\left(\frac{2mE}{\hbar^2}\right)^{3/2} \tag{3-17}$$

因此，态密度

$$g(E)=\frac{\mathrm{d}N}{V\mathrm{d}E}=\frac{1}{2\pi^2}\left(\frac{2m}{\hbar^2}\right)^{3/2}E^{1/2} \tag{3-18}$$

推导这个结果的最简捷方法是将式(3-17) 改写为

$$\ln N=\frac{3}{2}\ln E+\text{常数},\frac{\mathrm{d}N}{N}=\frac{3}{2}\times\frac{\mathrm{d}E}{E} \tag{3-19}$$

由此，得到

$$g(E)=\frac{\mathrm{d}N}{V\mathrm{d}E}=\frac{3N}{2VE}=\frac{3}{2VE}\times\frac{V}{3\pi^2}\left(\frac{2mE}{\hbar^2}\right)^{3/2}=\frac{1}{2\pi^2}\left(\frac{2m}{\hbar^2}\right)^{3/2}E^{1/2} \tag{3-20}$$

费米能附近单位能量间隔内的轨道数目恰好等于传导电子密度除以费米能，上下最多相差 3/2 的因子，即 $g(E_F)=3n/(2E_F)$。

3.2 自由电子气的热性质

3.2.1 有限温度下的能量分布

当温度升高时，电子气的动能增加，将会出现电子的跃迁。此时，某些在绝对零度时原本空着的能级将被占据，而某些在绝对零度时占据的能级将空出来。当理想气体处于热平衡时，电子处在能量为 E 的状态的概率由费米-狄拉克分布函数给出

$$f(E)=\frac{1}{\exp[(E-\mu)/k_BT]+1} \tag{3-21}$$

其中 μ 是系统的化学势，由总粒子数 N 决定。

$$N=\int_0^\infty Vf(E)g(E)\,\mathrm{d}E \tag{3-22}$$

在 $T\to 0$ 时，费米分布函数的极限形式为

$$\lim_{T\to 0}f(E)=\begin{cases}1, 当\ E\leqslant\mu(0)\\ 0, 当\ E>\mu(0)\end{cases} \tag{3-23}$$

其中 $\mu(0)$ 是绝对零度时的化学势，此时能量在 $\mu(0)$ 以下的状态全被电子所占满，能量超过 $\mu(0)$ 的能态是空的，因此绝对零度时的化学势等同于系统的费米能量（E_F）。

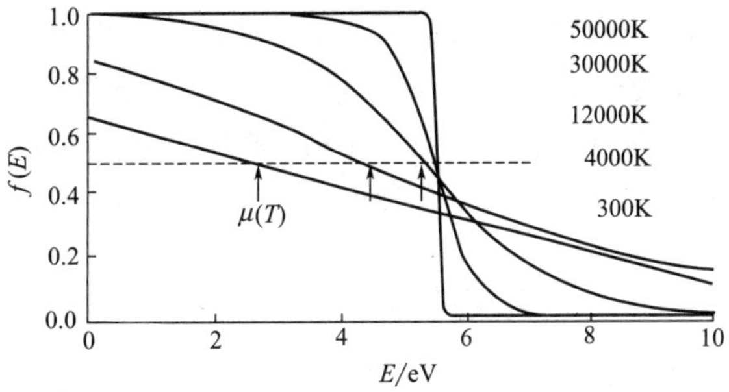

图 3-3 在不同温度下的费米-狄拉克分布函数

从式(3-21) 可看出，在每个温度下，取 $f=0.5$，由此对应的能量即为化学势。图 3-3 所示为在不同温度下的费米-狄拉克分布函数。横虚线表示 $f=0.5$，它与分布函数的交点的横坐标即为化学势 μ。从图中可以看出化学势随着温度的变化而变化，当温度高于 12000K 时化学势的变化就非常显著了。

3.2.2 电子气的比热容

在早期金属电子论发展中，传导电子的比热容是最大的问题。根据经典统计力学预测，自由电子应当具有的比热容为 $\frac{3}{2}k_B$（此处 k_B 为玻尔兹曼常数）。在 N 个原子中，若每个原子都给电子气提供一个价电子，且电子可以自由运动，那么电子给予比热容的贡献应为 $(3/2)Nk_B$。但是，在室温下观测的电子贡献却常常不足这个预期值的 1%。这种差异被后来的泡利原理和费米分布函数圆满解答，比热容在绝对零度下趋于零，而它在低温下正比于

绝对温度。

当对样品从绝对零度开始加热时，只有那些能量位于费米能级附近 k_BT 范围内的轨道电子才被热激发，而并不像经典理论所预期的那样每个电子都得到一份能量 k_BT。这就给传导电子气的比热容问题提供了一个很直接的定性解答。如果用 N 表示电子总数，那么在温度 T 下，只有比例约为 T/T_F 的那部分电子才会被激发，因为只有这些电子处在能量分布顶部、量级为 k_BT 的能量范围内。这个比值在室温的数量级是 10^{-2}。

由此可见，在 NT/T_F 个电子中，每一个电子都具有量级为 k_BT 的热能，因此总的电子热能 u 为

$$u = u_0\left[1+\frac{5}{12}\pi^2\left(\frac{T}{T_F}\right)^2\right] \tag{3-24}$$

其中 u_0 为基态单位体积的内能。从内能可得到自由电子气的比热

$$c_V=\left(\frac{\partial u}{\partial T}\right)n=\frac{\pi^2}{3}k_B^2 g(E_F)T \tag{3-25}$$

与温度 T 成正比，常写成

$$c_V=\gamma T \tag{3-26}$$

式中，γ 称为电子比热系数

根据 $g(E_F)=\dfrac{3}{2}\times\dfrac{n}{E_F}$，得

$$c_V=\frac{\pi^2}{2}nk_B\frac{T}{T_F} \tag{3-27}$$

可见在室温附近，与离子实系统（晶格）比热的杜隆-珀蒂定律给定值（每离子实 $3k_B$）相比，电子比热仅为 $T/T_F\approx 1\%$。然而在低温下，晶格比热按 T^3 下降，最终在 10K 左右或更低的温度下会小于电子比热。在温度远低于德拜温度和费米温度的情况下，金属的比热容可以写成电子和声子两部分，即

$$C=\gamma T+\beta T^3 \tag{3-28}$$

式中，γ 和 β 均为标识材料特征的常数，其中电子贡献的部分是 T 的线性函数。

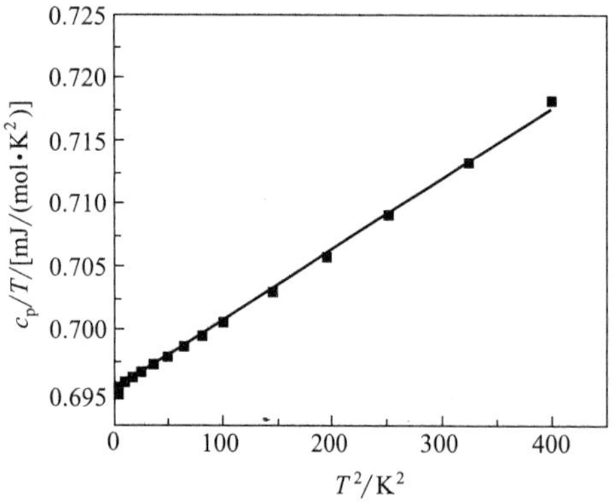

图 3-4 铜比热容的实验曲线

将实验数据按 c_p/T 对 T^2 作图应是一条直线。这条直线的纵坐标的截距就是 γ，直线的斜率为 β，如图 3-4 中铜比热容的实验曲线。

对于金属，其定容比热 c_V 与定压比热 c_p 的值很接近。在实际应用中，通常将电子比热容的观测值与自由电子的比热容值之比表示为热有效质量（m_{th}^*）与电子质量之比，则 m_{th}^* 可由下面关系式定义

$$m_{th}^*=m\times\frac{\gamma(\text{观测值})}{\gamma(\text{自由电子气})} \tag{3-29}$$

表 3-1 列出了若干金属的电子比热系数 γ^{expt} 的实验值与自由电子气的理论值的比较。

表 3-1　若干金属的电子比热系数 γ^{expt} 的实验值与自由电子气的理论值

元素	γ^{expt}/[mJ/(mol·K^2)]	γ/[mJ/(mol·K^2)]	m^*_{th}/m
Li	1.63	0.749	2.18
Na	1.38	1.094	1.26
K	2.08	1.668	1.25
Rb	2.41	1.911	1.26
Cs	3.20	2.238	1.43
Cu	0.695	0.505	1.38
Ag	0.646	0.645	1.00
Au	0.729	0.642	1.14
Be	0.17	0.500	0.34
Mg	1.3	0.992	1.3
Ca	2.9	1.511	1.9
Sr	3.6	1.790	2.0
Ba	2.7	1.937	1.4
Zn	0.695	0.505	1.38
Cd	0.64	0.753	0.85
Al	1.35	0.912	1.48
Ga	0.596	1.025	0.58
In	1.69	1.233	1.37
Tl	1.47	1.29	1.14
Pb	2.98	1.509	1.97

3.3 自由电子气的泡利顺磁性

在金属中，除了原子核和束缚电子的贡献，其自由电子对磁化率有额外的贡献。金属中的自由电子的磁化率由两个贡献组成：由于自旋磁矩在磁场下转向引起的泡利顺磁性，以及由于传导电子的轨道运动引起的朗道抗磁性。本节专门讨论泡利顺磁性，而后者将在第 8 章讨论。

自由电子都具有自旋角动量 s，其自旋量子数 $s=\frac{1}{2}$。每个自由电子具有大小为 1 个玻尔磁子的磁矩

$$|\boldsymbol{\mu}_s|=\gamma_s|\boldsymbol{s}|=\frac{e\hbar}{2m}=\mu_B \tag{3-30}$$

式中，γ_s 为旋磁比。

磁矩的方向和自旋方向相同。在外磁场 $\boldsymbol{B}$ 的作用下，自旋磁矩方向与 $\boldsymbol{B}$ 一致的自由电子在磁场中的附加能量

$$\Delta E_{\uparrow}=-\mu_B B \tag{3-31}$$

而自旋磁矩方向与 **B** 相反的电子在磁场中的附加能量为

$$\Delta E_{\downarrow}=\mu_B B \tag{3-32}$$

因此，自旋磁矩方向与 **B** 一致的自由电子在磁场中具有更低的能量，这就使自由电子的排布发生变化。图 3-5 表示在磁场中自由电子的能量分布情况。这里纵轴表示导电电子的能量，横轴表示导电电子的状态密度。其正方向表示自旋磁矩与 **B** 相一致的电子（以 $\uparrow\mu_B$ 表示）的状态密度 $g_+(E)$，负方向表示自旋磁矩与 **B** 相反的电子（以 $\downarrow\mu_B$ 表示）的状态密度 $g_-(E)$。在磁场 **B** 作用下，自旋磁矩方向与 **B** 相一致的电子能量下降 $\mu_B B$，而自旋磁矩方向与 **B** 相反的电子能量上升 $\mu_B B$，如图 3-5(a) 所示。左半部分和右半部分的初始电子数相等，因此左半部分的费米面高于右半部分。为了达到平衡，左半部分的电子要转化到右半部分，表现为自旋转向。单位体积发生自旋转向的电子数为

$$\frac{1}{2}g(E_F^0)\mu_B B \tag{3-33}$$

其系数 1/2 是因为 $g(E_F^0)$ 表示在 E_F^0（$T=0$K 时的费米能级）处的状态密度包括正负方向自旋的电子，而发生转向的电子仅是自旋向下的电子，因此其状态密度仅是 $g(E_F^0)$ 的一半。图 3-5(b) 表示达到平衡时的情形，左半部和右半部的费米面相平。右半部分和左半部分的电子数分别为

$$n_{\uparrow}\approx\frac{1}{2}n_e+\frac{1}{2}g(E_F^0)\mu_B B \tag{3-34}$$

$$n_{\downarrow}\approx\frac{1}{2}n_e-\frac{1}{2}g(E_F^0)\mu_B B \tag{3-35}$$

其中 n_e 为总电子密度。所以右半部分比左半部分多出的电子数为

$$n_{\uparrow}-n_{\downarrow}=g(E_F^0)\mu_B B \tag{3-36}$$

因此，晶体的磁化强度（单位体积内的总磁矩）可表示为

$$M=\mu_B(n_{\uparrow}-n_{\downarrow})=g(E_F^0)\mu_B^2 B \tag{3-37}$$

可得绝对零度下的泡利顺磁磁化率

$$\chi_P=\frac{M}{H}=\frac{\mu_0 M}{B}=\mu_0 g(E_F^0)\mu_B^2 \tag{3-38}$$

其中 μ_0 为真空磁导率。要注意，绝对零度下的泡利顺磁磁化率仅适用于金属的情形，因为在绝对零度下，只有金属才有自由电子。对于半导体而言，除非掺杂浓度非常高（10^{19}cm^{-3} 以上），在绝对零度时并没有自由电子，也就不存在泡利顺磁性。只有在有限温度下，半导体才有自由电子（或空穴）存在，才会有泡利顺磁性。

根据前面的讨论，对于具有有效质量为 m^*、波矢为 $\boldsymbol{k}$ 的自由电子的能量色散关系可表示成

$$E(\boldsymbol{k})=\frac{\hbar^2\boldsymbol{k}^2}{2m^*} \tag{3-39}$$

其状态密度 $g(E_F^0)$ 与自由电子数密度 n 的关系为

$$g(E_F^0)=\frac{3}{2}\times\frac{n}{E_F^0} \tag{3-40}$$

因此泡利顺磁磁化率也可写成

$$\chi_P=\frac{3}{2}\mu_0 n\mu_B^2/E_F^0 \tag{3-41}$$

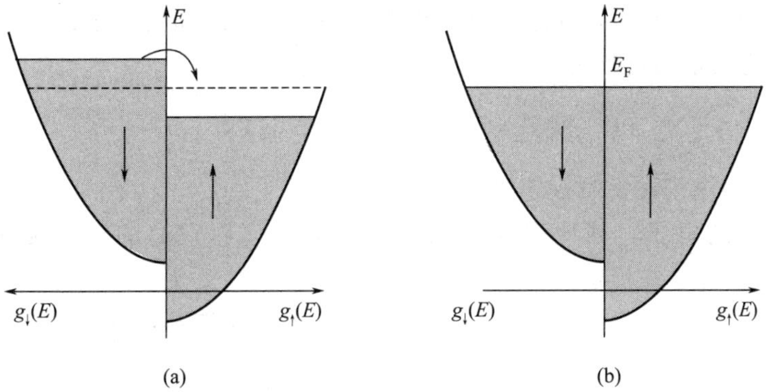

图 3-5 绝对零度时，金属中自由电子能量分布在磁场中的变化
（a）初态；（b）平衡状态

$T \neq 0$ 时，由于热扰动，电子在能级 E 上的分布应由费米分布函数式(3-21) 表示，即 $f(E)=\dfrac{1}{1+\exp(E-\mu)/k_B T}$。参照图 3-5，金属的磁化强度由式(3-42) 给出

$$M = \mu_B \int_{-\mu_B B}^{\infty} f(E) \frac{1}{2} g(E+\mu_B B)\,\mathrm{d}E - \mu_B \int_{\mu_B B}^{\infty} f(E) \frac{1}{2} g(E-\mu_B B)\,\mathrm{d}E \tag{3-42}$$

由此可计算出金属中自由电子的泡利顺磁磁化率

$$\chi_P = \mu_0 \mu_B^2 g(E_F^0)\left[1-\frac{\pi^2}{12}\left(\frac{k_B T}{E_F^0}\right)^2\right] = \frac{3}{2E_F^0} n \mu_0 \mu_B^2 \left[1-\frac{\pi^2}{12}\left(\frac{k_B T}{E_F^0}\right)^2\right] \tag{3-43}$$

对于金属来说，通常有 $E_F^0 \gg k_B T$。因此，即使在有限温度下，式(3-43) 中括号内的第二项也是个小量，所以金属的泡利顺磁磁化率 χ_P 基本不随温度变化。

对于半导体，在有限温度下半导体中开始存在自由电子，因此也有泡利顺磁性。但是半导体中自由电子数很少，导带中每个能级上的电子占据数远小于 1，因此泡利不相容原理实际上对半导体中的导带电子不起作用。即在外磁场作用下，半导体中的自由电子的自旋磁矩可以自由转向，其情况类似于顺磁离子的离子磁矩，因此由半导体中的自由电子所引起的顺磁性与由顺磁离子的固有磁矩转向所引起的顺磁性相似。则在自由电子情况下，$l=0$，$j=s=1/2$，$g=2$，半导体中自由电子的顺磁磁化率

$$\chi_P = n\mu_0 \mu_B^2 / k_B T \tag{3-44}$$

从以上讨论可知，与经典理论的差别同样来源于泡利不相容原理的限制，导致有贡献的只是费米面附近的电子。与电子比热类似，泡利顺磁磁化率亦比例于 $g(E_F^0)$，这一关系同样不限于自由电子气情形。原因是离子实具有抗磁性，除最轻的简单金属外，离子实的抗磁性超过价电子的泡利顺磁性，且同样和温度无关。此外，价电子作为运动的带电粒子，也产生抗磁性。这样，用常规的测量手段，难以将泡利顺磁性的贡献从总的磁化率中独立地分离出来。

3.4 金属的电导过程

3.4.1 欧姆定律和电导率

假设在 t 时刻，电子的平均动量为 $\boldsymbol{p}(t)$。经过 $\mathrm{d}t$ 时间，电子没有受到碰撞的概率为

$1-\mathrm{d}t/\tau$，其中 τ 为弛豫时间，描述在外场作用下两次碰撞之间的电子自由运动的平均时间。这部分电子对平均动量的贡献为

$$\boldsymbol{p}(t+\mathrm{d}t)=\left(1-\frac{\mathrm{d}t}{\tau}\right)[\boldsymbol{p}(t)+\boldsymbol{F}(t)\mathrm{d}t] \tag{3-45}$$

式中，$\boldsymbol{F}(t)$ 为电子在 t 时刻感受到的作用力。

对于受到碰撞的电子，其比率为 $\mathrm{d}t/\tau$。由于碰撞完后它们的动量无规取向，它们对 $\boldsymbol{p}(t+\mathrm{d}t)$ 的贡献仅源于碰撞前在外力作用下所取得的动量变化。又由于力作用的时间不长于 $\mathrm{d}t$，因而总的贡献小于 $(\mathrm{d}t/\tau)\boldsymbol{F}(t)\mathrm{d}t$，是涉及 $(\mathrm{d}t)^2$ 的二级小量，可以省略。这样，在一级近似下有

$$\boldsymbol{p}(t+\mathrm{d}t)-\boldsymbol{p}(t)=\boldsymbol{F}(t)\mathrm{d}t-\boldsymbol{p}(t)\frac{\mathrm{d}t}{\tau} \tag{3-46}$$

即

$$\frac{\mathrm{d}\boldsymbol{p}(t)}{\mathrm{d}t}=\boldsymbol{F}(t)-\frac{\boldsymbol{p}(t)}{\tau} \tag{3-47}$$

称为自由电子在外场作用下的动力学方程。由于 $\boldsymbol{p}(t)=m\boldsymbol{v}(t)$，式(3-47) 可写成

$$m\frac{\mathrm{d}v(t)}{\mathrm{d}t}=\boldsymbol{F}(t)-m\frac{\boldsymbol{v}(t)}{\tau} \tag{3-48}$$

即在通常的运动方程中，引入了一依赖于速度的阻尼项。

对于恒定电场的稳态情形，电场作用在电子上的力 $\boldsymbol{F}=-e\boldsymbol{E}$，和阻尼力相等，加速停止，即 $\mathrm{d}\boldsymbol{v}(t)/\mathrm{d}t=0$，电子以恒定速度运动。通常将这一速度称为电子的漂移速度，记为 $\boldsymbol{v}_\mathrm{d}$，从式(3-48) 得

$$\boldsymbol{v}_\mathrm{d}=-\frac{e\tau\boldsymbol{E}}{m} \tag{3-49}$$

相应的电流密度

$$\boldsymbol{j}=-ne\boldsymbol{v}_\mathrm{d}=\frac{ne^2\tau}{m}\boldsymbol{E} \tag{3-50}$$

金属导电性遵从欧姆定律，电流密度 $\boldsymbol{j}$ 与电场强度 $\boldsymbol{E}$ 的关系为

$$\boldsymbol{j}=\sigma\boldsymbol{E} \tag{3-51}$$

其中电导率 σ 为

$$\sigma=\frac{ne^2\tau}{m} \tag{3-52}$$

电阻率 ρ 定义为电导率的倒数，从而

$$\rho=m/ne^2\tau \tag{3-53}$$

对于普通金属，室温下 τ 的量级约 10^{-14}s。表 3-2 给出了各金属元素的电导率和电阻率。

表 3-2　金属元素在 295K 下的电导率和电阻率

元素	电导率 /[$\times10^5(\Omega\cdot\mathrm{cm})^{-1}$]	电阻率 /($\times10^{-6}\ \Omega\cdot\mathrm{cm}$)	元素	电导率 /[$\times10^5(\Omega\cdot\mathrm{cm})^{-1}$]	电阻率 /($\times10^{-6}\ \Omega\cdot\mathrm{cm}$)
Be	3.08	3.25	Al	3.65	2.74
Na	2.11	4.75	K	1.39	7.19
Mg	2.33	4.30	Ca	2.78	3.6

元素	电导率 /[×10^5(Ω·cm)^-1]	电阻率 /(×10^-6 Ω·cm)	元素	电导率 /[×10^5(Ω·cm)^-1]	电阻率 /(×10^-6 Ω·cm)
Sc	0.21	46.8	Cu	5.88	1.70
Fe	1.02	9.8	Zn	1.69	5.92
Co	1.72	5.8	W	1.89	5.3
Ni	1.43	7.0	Re	0.54	18.6

在 $\boldsymbol{k}$ 空间中，电场引起的漂移速度对应于波矢 $\boldsymbol{k}$ 的改变，式(3-49) 可改写为

$$\hbar\Delta\boldsymbol{k}=-e\boldsymbol{E}\tau \tag{3-54}$$

很显然，被输运的电荷量正比于电荷密度 $-ne$。式(3-50) 中出现因子 $-e/m$ 是因为在给定电场中的加速度正比于 $-e$，而反比于质量 m。

3.4.2 金属电阻率的实验结果

在室温 (300K) 下大多数金属的电阻率由传导电子同晶格声子的碰撞所支配，而在液氦温度 (4K) 下则由传导电子同晶格中的杂质原子及缺陷的碰撞所支配。大量实验结果表明，金属的电阻率服从马西森定则，即电阻率

$$\rho=\rho_{\mathrm{L}}+\rho_{\mathrm{i}} \tag{3-55}$$

式中，ρ_{L} 为热声子引起的电阻率；ρ_{i} 为由那些破坏晶格周期性的所谓静态缺陷对电子波散射而引起的电阻率。在缺陷密度不算大时，ρ_{L} 通常不依赖于缺陷数目，而 ρ_{i} 通常不依赖于温度。马西森定则给实验数据分析带来很多方便，如图 3-6 所示。

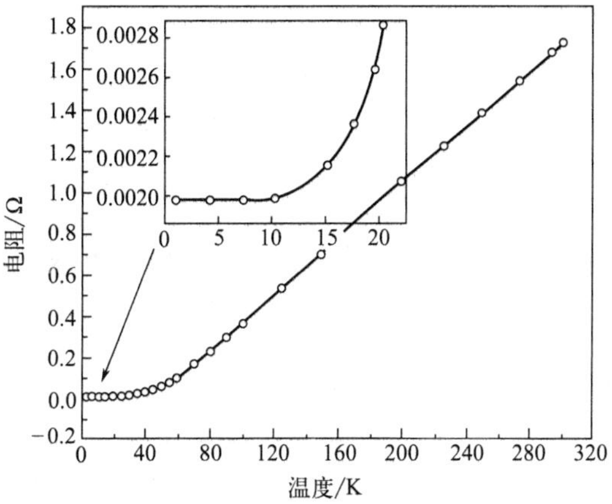

图 3-6 Cu 在 300K 以下电阻随温度的变化趋势

剩余电阻率 $\rho_{\mathrm{i}}(0)$ 是外推至 0K 的电阻率，因为当 $T\to 0$ 时，ρ_{L} 等于零。也许 $\rho_{\mathrm{i}}(0)$ 的变化范围很大，但晶格电阻率 $\rho_{\mathrm{L}}(T)=\rho-\rho_{\mathrm{i}}(0)$ 对于同一种金属的不同样品却是相同的。样品的电阻率比通常定义为它在室温下的电阻率与其剩余电阻率之比，这是表征样品纯度的一个很方便的近似指标。对于许多材料，固溶体中每百分之一的杂质原子导致约 $10^{-6}\Omega\cdot\mathrm{cm}(1\mu\Omega\cdot\mathrm{cm})$ 的剩余电阻率。

存在这样纯净的铜导体，它们在液氦温度 (4K) 下的电导率约是其室温下电导率的 10^5 倍。相应于这种情形，在 4K 下的 $\tau\approx 2\times 10^{-9}\mathrm{s}$。传导电子的平均自由程 l 定义为

$$l=v_{\mathrm{F}}\tau \tag{3-56}$$

其中 v_{F} 为费米面上的速度，因为所有的碰撞仅仅涉及费米面附近的电子。从金属电导率的实验值，可以推算电子的平均自由程。以铜为例，其平均自由程在 4K 和 300K 温度下分别为 $l(4\mathrm{K})\approx 0.3\mathrm{cm}$；$l(300\mathrm{K})\approx 3\times 10^{-6}\mathrm{cm}$。平均自由程如此大，反映出电子是服从量子物理规律的粒子。所以，参与导电的只能是费米面附近的电子，具有很高的速度 $v_{\mathrm{F}}\approx 10^8\mathrm{cm/s}$，才能有很大的平均自由程。在液氦温度范围内，对很纯的金属，曾经测得平均自由程长

达 10cm。

电阻率中与温度相关的部分正比于电子同热声子和热电子发生碰撞的速率。与声子的碰撞速率正比于热声子的浓度。例如，当温度高于德拜温度时，声子浓度与温度 T 成正比，即当 $T>\theta$ 时，$\rho\propto T$。

3.5 自由电子气的霍尔效应

3.5.1 霍尔效应的原理

当导体中传导电流 $\boldsymbol{j}$ 的方向和磁场 $\boldsymbol{B}$ 垂直时，将产生沿 $\boldsymbol{j}\times\boldsymbol{B}$ 方向且横跨导体两个面的电场，这个电场称为霍尔电场。为方便起见，现在考虑一个放置于纵向电场 E_x 和横向磁场中的导体，如图 3-7 所示。如果电流不能从 y 方向流出去，将有电荷在表面积累，该电场产生的力和洛伦兹力相抵消，从而 y 方向的速度分量 $v_y=0$。

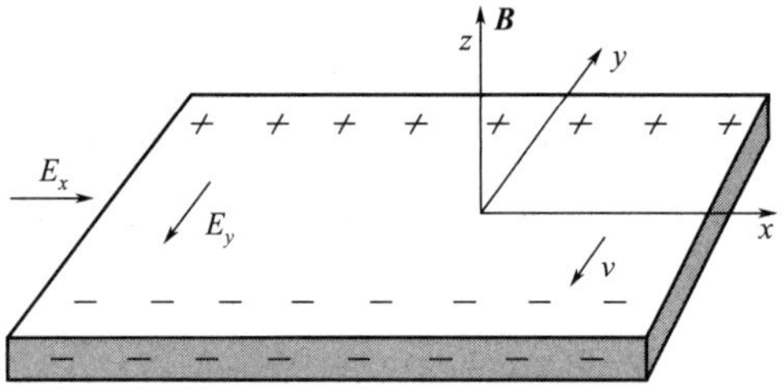

图 3-7　霍尔效应原理

当电子以速度 v 同时在电场 $\boldsymbol{E}$ 和匀强磁场 $\boldsymbol{B}$ 中运动时，作用在一个电子上的力为

$$\boldsymbol{F}=-e(\boldsymbol{E}+\boldsymbol{v}\times\boldsymbol{B}) \tag{3-57}$$

将其代入自由电子在外场作用下的动力学方程，得

$$m\left(\frac{\mathrm{d}v}{\mathrm{d}t}+\frac{v}{\tau}\right)=-e(\boldsymbol{E}+\boldsymbol{v}\times\boldsymbol{B}) \tag{3-58}$$

在稳态下，$\frac{\mathrm{d}v}{\mathrm{d}t}=0$。再考虑静磁场 $\boldsymbol{B}$ 平行于 y 轴方向，式(3-58) 在 x、y、z 方向的分量式为

$$\begin{cases} v_x=-\dfrac{e\tau}{m}E_x-\omega_c\tau v_y \\ v_y=-\dfrac{e\tau}{m}E_y+\omega_c\tau v_x \\ v_z=-\dfrac{e\tau}{m}E_z \end{cases} \tag{3-59}$$

其中 $\omega_c\equiv\dfrac{eB}{m}$ 称为回旋频率，在第 5 章会进一步对其讨论。

在 $v_y=0$ 下，得到

$$E_y=\frac{m}{e}\omega_c v_x=-\omega_c\tau E_x=-\frac{eB\tau}{m}E_x \tag{3-60}$$

引入霍尔系数，它定义为

$$R_H=\frac{E_y}{j_xB} \tag{3-61}$$

应用电流密度［见式(3-50)］，也即

$$j_x = \frac{ne^2\tau}{m}E_x \tag{3-62}$$

将式(3-60) 和式(3-62) 代入式(3-61)，可得

$$R_H = -\frac{1}{ne} \tag{3-63}$$

对于自由电子，这个量是负的。从式(3-63) 可以看出，霍尔系数仅依赖于自由电子气的电子密度 n，与金属的其他参数无关。这是一个非常简单的结果，提供了检验自由电子气模型正确性的最直接方法。

表 3-3 比较了数种金属的霍尔系数测量值和自由电子理论计算值。由表可见，对一价碱金属，符合较好；对一价贵金属，符合稍差；对有些二、三价金属，不仅数值不符，而且符号也不对，仿佛荷载电流的粒子，带有正电荷。这是自由电子气模型所无法解释的，将在第 4 章能带论中加以解释。这些带有正电荷的载流子，称为空穴。霍尔效应可以区分金属和半导体材料中的载流子是带负电的电子还是带正电的空穴。对于空穴导电的金属或半导体，建立电场的方向与电子导电的金属或半导体霍尔电场的方向相反，设空穴密度为 p，则有

$$R_H = \frac{1}{np} \tag{3-64}$$

表 3-3　一些金属元素室温下的霍尔系数

元素	价电子数	R_H(实验)/($\times 10^{-10}$ m^3/C)	R_H(计算)/($\times 10^{-10}$ m^3/C)
Li	1	−1.7	−1.4
Na	1	−2.5	−2.5
K	1	−4.2	4.6
Cu	1	−0.55	−0.71
Ag	1	−0.84	−1.1
Au	1	−0.72	−1.08
Be	2	2.44	−0.24
Zn	2	0.33	−0.46
Cd	2	0.60	−0.66
Al	3	−3.0	−0.3

3.5.2　应用和发展

除了金属，半导体也有霍尔效应，而且比金属更为显著，为半导体的分析提供特别重要的依据。因此，结合半导体的研究，霍尔效应的研究也有了较大发展。霍尔效应对当今科技影响深远，霍尔器件就是一种基于霍尔效应的传感器。它可由多种半导体材料制作，如 Ge、Si、InSb、GaAs、InAs、InAsP 以及多层半导体异质结构量子阱材料等。霍尔器件以磁场为工作媒介，将物体的运动参量转变为数字电压的形式输出，使之具备传感和开关的功能。霍尔器件的应用十分广泛，仅汽车领域用到的霍尔电子器件就包括信号传感器、ABS 系统中的速度传感器、汽车速度表和里程表、液体物理量检测器、各种用电负载的电流检测及工作状态诊断、发动机转速及曲轴角度传感器等。

1881 年，霍尔在研究金属的霍尔效应时又发现“反常霍尔效应”。反常霍尔效应与霍尔

效应本质的区别在于，霍尔效应是由于运动的电子受到外部磁场作用的洛伦兹力，使其运行轨道发生偏转，而反常霍尔效应是由于材料本身内部的自身磁化，使运行的电子轨道发生偏转，是一种全新的物理现象，其不需要额外施加外部磁场。在霍尔效应被发现约 100 年后，德国物理学家克利青等在研究极低温度和强磁场的环境时，发现半导体的霍尔电阻会随着磁场的增强呈现出阶梯式上升的变化趋势，即霍尔电阻呈现出量子化的现象，这个现象称为量子霍尔效应，也称整数量子霍尔效应。这是当代凝聚态物理学令人惊异的进展之一，克利青因此获得了 1985 年的诺贝尔物理学奖。之后，美籍华裔物理学家崔琦和美国物理学家劳克林、德国物理学家施特默在更强磁场下研究量子霍尔效应时发现了分数量子霍尔效应，即填充数取值为分数的平台效应。这个发现使人们对量子现象的认识更进一步，他们为此获得了 1998 年的诺贝尔物理学奖。

随着霍尔效应研究进入量子化时代，重大研究成果不断涌现。2010 年，我国理论物理学家方忠、戴希带领的团队与华人科学家张首晟教授合作，提出磁性掺杂的三维拓扑绝缘体有可能是实现量子反常霍尔效应的最佳体系，在理论与材料设计上取得了重大突破，引起了国际学术界的广泛关注。科学家们不断探索，在实验上寻找量子反常霍尔效应，但一直难以取得突破。终于在 2013 年，由清华大学薛其坤院士团队经过近 4 年的研究，首次在实验中观测到量子反常霍尔效应。他们生长并测量了 1000 多个样品，最终利用分子束外延方法生长出了高质量的拓扑绝缘体磁性薄膜，并利用极低温输运测量装置成功观测到了量子反常霍尔效应。这一成果发表在《科学》杂志上，也是物理学领域基础研究的一项重要科学发现。量子霍尔效应使低能耗、高速电子器件的制备成为可能。实现量子霍尔效应需要在外部施加强磁场，应用成本昂贵，但量子反常霍尔效应的实现不需要施加外磁场，仅仅取决于材料本身的磁化，从而解决电子器件发热和摩尔定律的瓶颈等问题，使高速、低能耗的微电子器件的实现成为可能，并有望加速推进信息技术革命进程。

3.6 自由电子气的光学性质

3.6.1 交流电导率

从电子在电场作用下的准经典运动方程出发

$$m\frac{\mathrm{d}\boldsymbol{v}}{\mathrm{d}t}=-e\boldsymbol{E}-\frac{m\boldsymbol{v}}{\tau} \tag{3-65}$$

外加电场为交流电场 $\boldsymbol{E}\exp(-\mathrm{i}\omega t)$ 时，相应的电子漂移速度为 $\boldsymbol{v}_{\mathrm{d}}=\boldsymbol{v}_{\mathrm{d0}}\exp(-\mathrm{i}\omega t)$，代入式(3-65) 后，有 $-\mathrm{i}\omega m\boldsymbol{v}_{\mathrm{d}}=-e\boldsymbol{E}-\dfrac{m\boldsymbol{v}_{\mathrm{d}}}{\tau}$，则 $\boldsymbol{v}_{\mathrm{d}}=\dfrac{-e\tau}{m(1-\mathrm{i}\omega\tau)}\boldsymbol{E}$（$\tau$ 为弛豫时间），所以交变电场作用下电导率成为复数

$$\sigma=\frac{ne^2\tau}{m}\times\frac{1}{1-\mathrm{i}\omega\tau}=\frac{\sigma_0}{1-\mathrm{i}\omega\tau} \tag{3-66}$$

将实部和虚部分开，可以写成

$$\sigma=\frac{\sigma_0}{1+\omega^2\tau^2}+\mathrm{i}\frac{\sigma_0\omega\tau}{1+\omega^2\tau^2}=\sigma_1+\mathrm{i}\sigma_2 \tag{3-67}$$

其中 σ_0 为直流电导率，$\sigma_0=\dfrac{ne^2\tau}{m}$。实部 $\sigma_1(\omega)$ 常称为德鲁德谱，反映了和驱动场同相位，产生电阻，即吸收能量，释出焦耳热部分的电流。虚部 $\sigma_2(\omega)$ 是电感性的，体现的是与电压有 $\dfrac{\pi}{2}$ 相位差的电源，也就是感应电流，反映了相位的移动。

图 3-8 给出了铜的电导率实部和虚部随电磁波波长的变化。在低频（长波）范围，即 $\omega\tau\ll 1$，$\lambda=2\pi c/\omega\gg 2\pi c\tau$（$c$ 为光速），$\sigma_2\ll\sigma_1$，金属中的电子基本表现为电阻特性。由于 τ 约为 10^{-14} s，因此这个频率范围包括了直到远红外区的全部频率。在高频范围，$\sigma_1\ll\sigma_2$，即在可见光和紫外区域，电子基本表现为电感性。

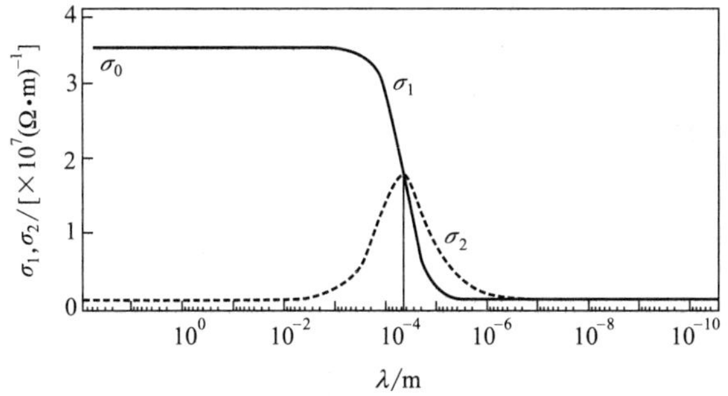

图 3-8 铜在德鲁德模型下的电导率实部和虚部随电磁波在真空中波长的变化（$\tau=2.7\times 10^{-14}$ s）

3.6.2 电子气的介电常数

电子气的光学性质可以通过介电函数 $\varepsilon(\omega, \boldsymbol{k})$ 来描述，它表现出对于频率及波矢的强烈依赖性，并对固体的光学性质产生显著的影响。定义相对介电常数 ε_r 为 $\varepsilon/\varepsilon_0$，$\varepsilon_0$ 为真空介电常数。通过电场强度 $\boldsymbol{E}$ 和极化强度（偶极矩密度）$\boldsymbol{P}$ 定义的 ε_r 为

$$\boldsymbol{D}=\varepsilon_0\boldsymbol{E}+\boldsymbol{P}=\varepsilon_r\varepsilon_0\boldsymbol{E} \tag{3-68}$$

式中，ε_r 为相对电容量；$\boldsymbol{D}$ 为电位移矢量。

电子气的长波长介电响应 $\varepsilon(\omega, 0)$ 或 $\varepsilon(\omega)$ 可由自由电子在电场中的运动方程

$$m\frac{\mathrm{d}^2x}{\mathrm{d}t^2}=-eE-\frac{m}{\tau}\times\frac{\mathrm{d}x}{\mathrm{d}t} \tag{3-69}$$

得出，若 $x\propto\exp(-\mathrm{i}\omega t)$，$E\propto\exp(-\mathrm{i}\omega t)$，则有

$$-\omega^2mx=-eE+\frac{\mathrm{i}m\omega}{\tau}x\ ;x=\frac{eE\tau}{\omega^2m\tau+\mathrm{i}m\omega} \tag{3-70}$$

一个电子的偶极矩是 $-ex=\dfrac{-e^2\tau E}{m\omega^2\tau+\mathrm{i}m\omega}$。极化强度定义为单位体积的偶极矩，等于

$$P=-nex=-\frac{ne^2\tau}{m\omega^2\tau+\mathrm{i}m\omega}E \tag{3-71}$$

式中，n 为电子的浓度。

由此可见，静电场下的介电常数扩展到交变电场后是频率 ω 的函数，改称相对介电函数，它表示为

$$\varepsilon_r(\omega)=1+\frac{P(\omega)}{\varepsilon_0E(\omega)}=1-\frac{ne^2\tau}{\varepsilon_0m\omega^2\tau+\mathrm{i}\varepsilon_0m\omega} \tag{3-72}$$

$\sigma_0 = \dfrac{ne^2\tau}{m}$，于是得到自由电子气的相对介电函数

$$\varepsilon_r(\omega) = 1 - \frac{\sigma_0}{\varepsilon_0(\omega^2\tau + i\omega)} = 1 - \frac{\sigma_0\tau}{\varepsilon_0(\omega^2\tau^2 + 1)} + \mathrm{i}\frac{\sigma_0}{\varepsilon_0\omega(\omega^2\tau^2 + 1)} \tag{3-73}$$

引入一个参量

$$\omega_p^2 = \frac{4\pi ne^2}{m} \tag{3-74}$$

称为等离子体频率，详细讨论见下一节。于是德鲁德模型下的介电函数可以写成

$$\varepsilon_r = \varepsilon_{r1} + \mathrm{i}\varepsilon_{r2} = \left(1 - \frac{\omega_p^2\tau^2}{1+\omega^2\tau^2}\right) + \mathrm{i}\frac{\omega_p^2\tau}{\omega(1+\omega^2\tau^2)} \tag{3-75}$$

其中，ε_{r1} 和 ε_{r2} 是相对介电函数的实部和虚部。

3.6.3 金属的光学性质

金属介质的光学性质可以通过折射率来讨论，将折射率定义为

$$n_c = (\varepsilon_0\mu_0)^{-\frac{1}{2}}\frac{k}{\omega} \tag{3-76}$$

式中，μ_0 为真空磁导率；k 为光波波矢。

是联系波矢和角频率的参量。为了获得 n_c 和 ε_r 的关系，从光在自由电子气中的波动方程出发

$$\nabla^2\boldsymbol{E} - \mu_0\sigma\frac{\partial\boldsymbol{E}}{\partial t} - \varepsilon_0\mu_0\frac{\partial^2\boldsymbol{E}}{\partial t^2} = 0 \tag{3-77}$$

对于单色波解

$$\boldsymbol{E} = \boldsymbol{E}_0\exp[\mathrm{i}(kr - \omega t)] \tag{3-78}$$

代入方程，可得

$$k^2 = \omega^2\mu_0\left(\varepsilon_0 + \mathrm{i}\frac{\sigma}{\omega}\right) \tag{3-79}$$

式中，σ 为交流电导率。

故折射率是复数

$$n_c = \sqrt{1 + \mathrm{i}\frac{\sigma}{\omega\varepsilon_0}} \tag{3-80}$$

将式(3-66) 代入，得

$$n_c = \sqrt{1 - \frac{\sigma_0}{\omega\varepsilon_0(\mathrm{i} + \omega\tau)}} \tag{3-81}$$

与式(3-73) 比较，不难发现

$$n_c = \sqrt{\varepsilon_r} \tag{3-82}$$

将折射率写为实部和虚部

$$n_c = n_1 + \mathrm{i}n_2 \tag{3-83}$$

式中，n_1 为通常的折射率；n_2 为消光系数。

借助折射率，在自由电子气中的电磁波波矢可以表示为

$$k = \frac{\omega}{c}n_c = \frac{\omega}{c}(n_1 + \mathrm{i}n_2) \tag{3-84}$$

式中，c 为光速。

如果角频率 ω 是实数，则 k 是复数。对一列沿 z 方向传播的电磁波

$$\boldsymbol{E}=\boldsymbol{E}_0\exp[\mathrm{i}(kz-\omega t)]=\boldsymbol{E}_0\exp\left(-\frac{\omega}{c}n_2 z\right)\exp\left[\mathrm{i}\omega\left(\frac{n_1}{c}z-t\right)\right] \tag{3-85}$$

可见电磁波在金属中传播是衰减的，其电磁波强度正比于 E^2，于是有

$$I=I_0\exp\left(-\frac{2\omega n_2}{c}z\right) \tag{3-86}$$

其中 I_0 为 $z=0$ 处的电磁波强度。电磁波的吸收系数表示电磁波衰减到原来 e^{-1} 时电磁波传播的距离的倒数。由此可求出金属中传播的吸收系数 α 为

$$\alpha=\frac{2\omega n_2}{c} \tag{3-87}$$

在光学实验中，除了 α，反射率 R 也是直接测量的。

$$R=\frac{(n_1-1)^2+n_2^2}{(n_1+1)^2+n_2^2} \tag{3-88}$$

这里 c 是真空中的光速。式(3-87) 和式(3-88) 反映了金属在整个频率范围内的性质，可以通过在不同频段中这些物理量的表现来理解金属的光学性质。

在低频段，$\omega\tau\ll 1$，$\sigma_2\ll\sigma_1\approx\sigma_0$，电导足够大，有明显的传导电流（见图 3-8）。电磁波的能量以焦耳热的形式被吸收，电磁波有明显的衰减。这一频段从直流一直延伸到远红外，根据式(3-75)，此时 $\varepsilon_{\mathrm{r1}}\ll\varepsilon_{r2}$，$|n_1|\cong|n_2|=\left(\frac{\varepsilon_{\mathrm{r2}}}{2}\right)^{\frac{1}{2}}=\left(\frac{\sigma_0}{2\varepsilon_0\omega}\right)^{\frac{1}{2}}$，吸收系数的倒数是电磁波在介质中的穿透深度，$\delta=\frac{1}{\alpha}=\left(\frac{\varepsilon_0 c^2}{2\sigma_0\omega}\right)^{\frac{1}{2}}$，即频率较高的电磁波只能贯穿到表面下很小的距离。

在高频区，$1\ll\omega\tau$，此区包括可见光和紫外区，根据式(3-75)，ε_{r} 可简化为实数值

$$\varepsilon_{\mathrm{r}}\cong 1-\frac{\omega_{\mathrm{p}}^2}{\omega^2} \tag{3-89}$$

式中，ω_{p} 是电磁波能否在金属中传播的临界频率，相应的临界波长是：$\lambda_{\mathrm{p}}=\frac{2\pi c}{\omega_{\mathrm{p}}}$。$\omega=\omega_{\mathrm{p}}$ 时，反射率 R 垂直下降，这是一个重要的参数，也称作等离子体反射限，其数值与电子密度成正比。

高频区又可分为以下两种情形：

(1) $\omega<\omega_{\mathrm{p}}$，$\varepsilon_{\mathrm{r}}<0$，$n_1\approx 0$，则 $R\approx 1$，即电磁波完全被金属表面反射，不能在金属中传播，所以金属通常呈现有光泽。金属显示出镜子般的反射特性，称为金属反射区。金属的 $\hbar\omega_p$ 在 5～15eV 范围内，可见光的光子能量 $\hbar\omega$ 小于 3eV，这就是金属对可见光通常有高反射率的原因。

(2) $\omega>\omega_{\mathrm{p}}$，$\varepsilon_{\mathrm{r}}>0$，$n_2\approx 0$，$\alpha\approx 0$，$0<R<1$，金属对于频率大于 ω_{p} 的电磁波是透明的，与无吸收的透明介质（如玻璃）相像，称为透明区。

以铜为例，其介电函数、折射率和反射率随波长的变化关系如图 3-9 所示，从中可以明显地看出两个不同的区域。

根据上面关于介电函数的讨论，可以推断出，简单金属会反射可见光，而对于高频率的紫外光则是透明的。图 3-10 显示了实验测定的银的反射率随光子能量以及波长的变化。可以看到，在可见光范围内，银的反射率接近 0.9。而当光子能量增加到 3.75eV 时，反射率急剧衰减，这对应波长为 331nm，在紫外光的范围。有意思的是，金属对于光的反射同电离层对于无线电波的反射完全类似，因为电离层中的自由电子使得低频下介电函数为负。

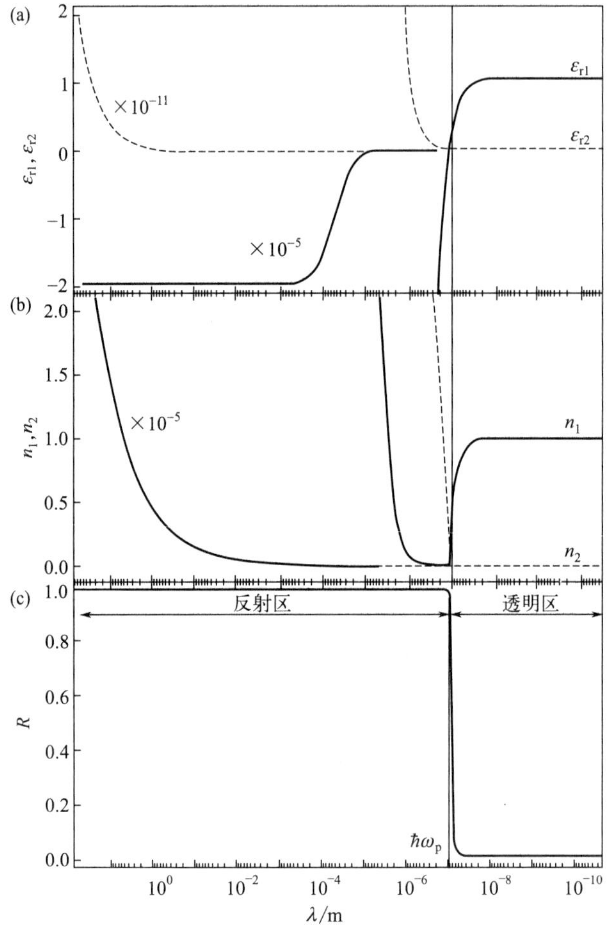

图 3-9　德鲁德模型下铜的光学参数随入射电磁波波长变化的关系

（a）介电函数 $\varepsilon_r(\lambda)$；（b）折射率 $n(\lambda)$；（c）反射率 $R(\lambda)$

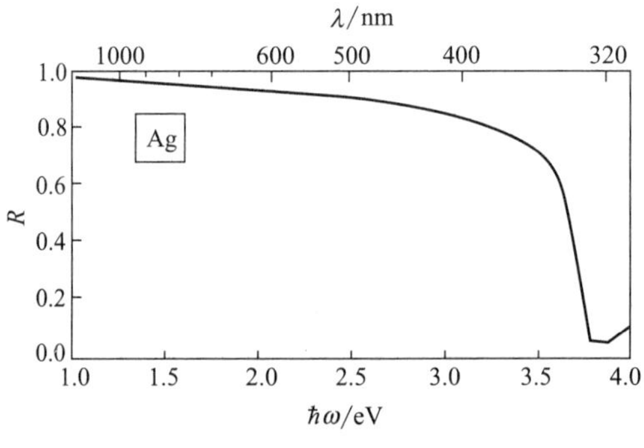

图 3-10　银的反射率随光子能量以及波长的变化

3.7 等离激元及应用

3.7.1 等离子体振荡和等离激元

第 3.6 节讨论了在 $\omega=\omega_p$ 时，金属对电磁波的响应。本节将讨论金属中自由电子相对于正电荷背景的振荡，即等离子体振荡。如图 3-11 所示，假定在一个圆柱体中，自由电子气相对于静止的由离子实构成的正电荷均匀背景平移 $\boldsymbol{\Delta}$，产生的电偶极矩为

$$\boldsymbol{p}=-neA\boldsymbol{\Delta}L \tag{3-90}$$

式中，n 为单位体积电子数；A 为圆柱体面积；L 为圆柱体长度。

相应的极化强度为

$$\boldsymbol{P}=\frac{\boldsymbol{p}}{AL}=-ne\boldsymbol{\Delta} \tag{3-91}$$

根据体系电中性要求

$$\varepsilon_0\boldsymbol{E}+\boldsymbol{P}=0 \tag{3-92}$$

可得

$$\boldsymbol{E}=-\frac{\boldsymbol{P}}{\varepsilon_0}=\frac{ne\boldsymbol{\Delta}}{\varepsilon_0} \tag{3-93}$$

根据牛顿定律，可得

$$m\frac{\mathrm{d}^2\boldsymbol{\Delta}}{\mathrm{d}t^2}=-e\boldsymbol{E}=-\frac{ne^2\boldsymbol{\Delta}}{\varepsilon_0} \tag{3-94}$$

化简后有

$$\frac{\mathrm{d}^2\boldsymbol{\Delta}}{\mathrm{d}t^2}+\frac{ne^2\boldsymbol{\Delta}}{m\varepsilon_0}=0 \tag{3-95}$$

根据前面式(3-74) 的定义 $\omega_p^2=\dfrac{ne^2}{\varepsilon_0 m}$，因此

$$\frac{\mathrm{d}^2\boldsymbol{\Delta}}{\mathrm{d}t^2}+\omega_p^2\boldsymbol{\Delta}=0 \tag{3-96}$$

自由电子气相对于静止的由离子实构成的正电荷均匀背景做简谐振动，即

$$\boldsymbol{\Delta}=\boldsymbol{\Delta}_0\exp(-\mathrm{i}\omega_p t) \tag{3-97}$$

振动的频率为等离子振动频率 ω_p，和电子密度相关。$\boldsymbol{\Delta}_0$ 为复振幅。

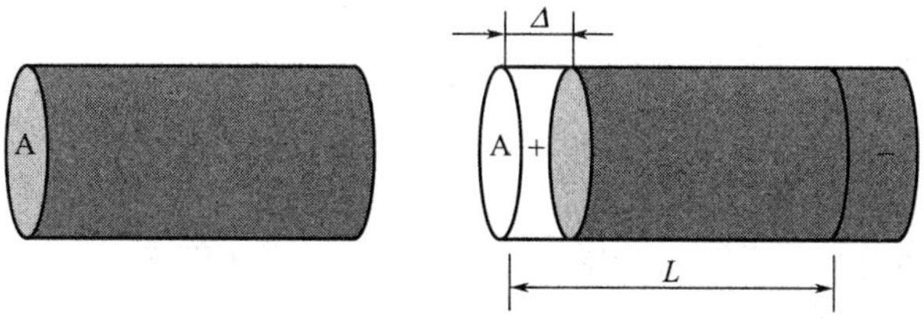

图 3-11　圆柱体中自由电子气的振动

在角频率为 ω_p 时，自由电子气除了上述整体振荡（$\lambda=\infty$，$\boldsymbol{k}=\dfrac{2\pi}{\lambda}=0$）以外，还允许

存在纵波模式，如图 3-12 所示。小波矢的等离子体振荡具有的频率近似为 ω_p。费米气纵振荡色散关系中对波矢的依赖由式(3-98) 给出

$$\omega \cong \omega_p \left(1 + \frac{3k^2 v_F^2}{10\omega_p^2} + \cdots\right) \tag{3-98}$$

式中，v_F 为具有费米能量的电子速度。

当纳米颗粒的尺寸在亚波长时，在自由空间光场的激发下，其内部电子发生整体振荡，这称为局域表面等离激元共振，如图 3-13 所示。其共振频率为 $\omega_{SP} = \omega_p / \sqrt{3}$，因此纳米颗粒表现为对特定频率的光吸收。等离激元是等离子体振荡的能量量子，该量子能量为 $\hbar\omega_{SP}$。

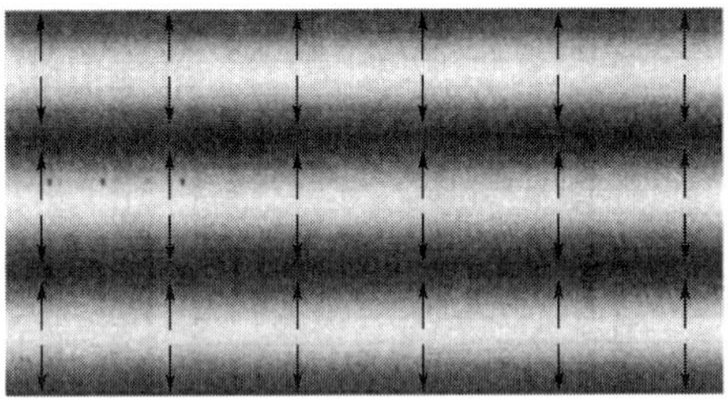

图 3-12　等离子体振荡，箭头表示电子位移的方向

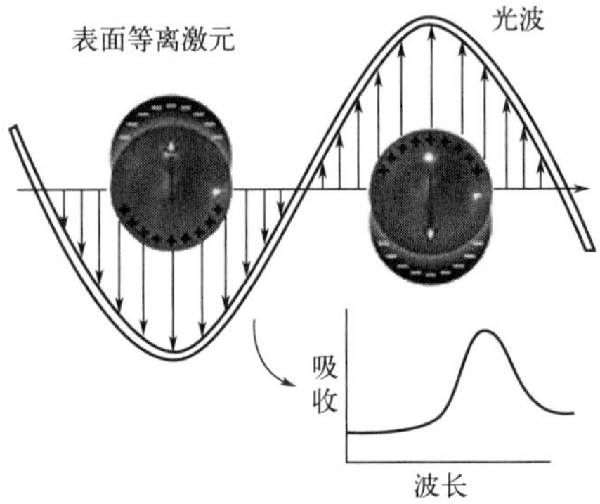

图 3-13　局域表面等离激元共振

3.7.2　等离激元应用

表面等离子体激元具有空间剖面固有的亚波长领域特性，在纳米尺度上能够很大程度地积累光场和能量，并显著增强各种光-物质之间的相互作用，在光学方面具有独特的应用。表面等离子体激元的性质与材料和结构有着密切关系，因此金属、半导体和二维材料有着从紫外、可见、近红外到远红外的等离子体波长。并且电场在等离子体结构中会增强一个数量级，因此荧光、拉曼散射、发热、光声效应、光催化、非线性光转换和太阳能转换等各种光-物质相互作用过程可以得到显著增强，这些特性已通过理论计算和实验研究所证实。

(1) 等离子体增强荧光和激发

金属纳米结构与荧光分子之间除存在能量转移之外，还有着荧光辐射作用，原因是金属表面发生等离子体共振现象。金属表面的自由电子在电磁辐射（光激发）作用下，当入射光的频率与金属纳米粒子表面电子的振动频率相匹配时，表面自由电子将会发生集体振荡，从而引起表面增强光谱的现象。近年来，表面等离子体激元增强荧光已得到广泛的实验研究，并且已经发展成为最重要的表面增强光谱技术之一。

表面等离子体共振可以增强光发射器的激发或发射。有关荧光增强的机理一般认为是由于在光的激发下产生了局域表面等离子体激元共振（LSPR），增强了其周围荧光分子对光的吸收，或荧光分子的辐射/非辐射衰减速率发生改变，从而改变了荧光分子附近的光学特性。来自荧光团的荧光性能通常可以用其量子产率和寿命进行表征。

(2) 等离子体增强拉曼散射

拉曼散射是一种众所周知的非线性光-物质相互作用过程，存在着光子与分子之间的振

动和旋转运动耦合。因此拉曼光谱是研究分子振动的多功能工具，并可以作为指纹功能用于精确的化学分析分子鉴定。然而，与荧光过程相比，拉曼散射截面非常小，通常要小 15 个数量级。为了促进拉曼光谱发展并使其能够实际应用，发展具有超高灵敏度增强拉曼光谱学具有重要意义。

利用表面等离子体激元是增强拉曼散射过程的理想方法。光的能量能够很强地被定位在金属纳米结构表面的热点上，使光与分子的拉曼相互作用强度得到显著增强。具体来说，等离子体增强拉曼散射研究主要分为两种：表面增强拉曼散射（SERS）和针尖增强拉曼散射（TERS）。由于表面等离子激元共振的巨大增强作用，拉曼散射的检测水平能达到单分子水平，这对于基础研究和工业应用都有着非常大的吸引力。

（3）产生热量

等离子体增强的光子吸收可以有效地激发热电子，所以在电子-声子相互作用过程中会产生大量的热量，由此导致一个很有前景的新领域出现——热等离子体。通过精心设计各种金属纳米结构，能够利用光照远程控制其局部或整体的温度。作为理想热源，表面等离子体还具有各种潜在的应用，如纳米流体材料的光热熔融、光声和光热成像、癌症治疗、药物输送、纳米治疗和蒸汽生成等。

（4）太阳能电池

日益增长的能源需求促进了太阳能电池的研发，实现了从太阳能到电能的清洁转换，同时不会对环境产生任何负面的影响，如碳排放成本。因此，人们希望能够通过发展高效率的光伏技术来提高太阳能电池的性能。根据等离子体激元的性质，可以利用等离子体来提高光伏发电的效率。例如，将等离子体金属加入太阳能电池中，其整体性能有望得到提高，如光收集效率、吸收光谱的可调谐性、电荷载流子分离效率等。

3.8 金属的热电子发射和接触电势

3.8.1 功函数

金属的功函数是指一个起始能量等于费米能级的电子，由金属内部逸出到真空中所需要的最小能量，即真空能级与费米能级的电子势能之差。其中，真空能级指的是电子处在离开表面足够远的某一点上静止时的能量，费米能级就是电子在金属中的电化学势。一般情况下功函数指的是金属的功函数，非金属固体很少会用到功函数的定义，而是用接触势来表达。功函数的大小通常是金属自由原子电离能的 1/2。表 3-4 列出了部分金属（111）表面的功函数。

在金属内部，自由电子受到正离子的吸引，由于各金属离子的吸引力相互抵消，电子所受的净合力为 0。对于金属表面的电子，由于有一部分离子的吸引力不能被抵消而受到净吸引力，阻止其逸出金属表面，如同在金属表面形成一个势垒。因此，金属中的电子可以看成是处于深度为 χ 的势阱中的电子系统，如图 3-14 所示。

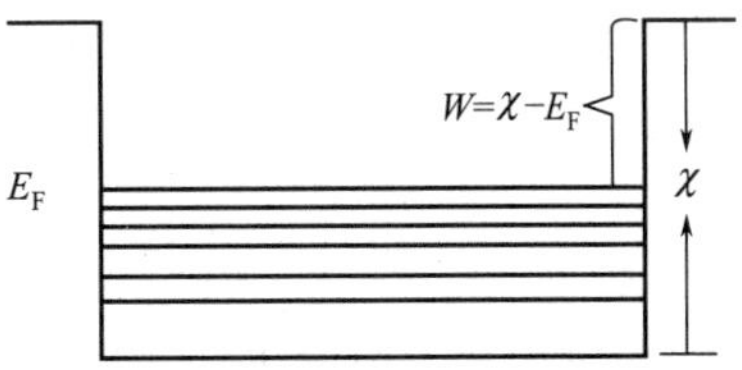

图 3-14　导带电子能级

实际上，被激发而逸出金属的电子很可能只是在费米能附近，因此有

$$W = \chi - E_F \tag{3-99}$$

表 3-4　部分金属（111）表面的功函数

金属	功函数/eV	金属	功函数/eV
Ag	4.53	Pt	5.91
Al	4.32	Au	5.33
Ir	5.78	Cu	4.90
Mo	4.37	Fe	4.81
Nb	4.37	Rh	5.46
Pd	5.67	Ta	3.50
Ni	5.24	W	4.44

3.8.2　热电子发射

当电子气温度升高而获得能量后，自由电子可以被激发而逃逸出，这种热电子发射对功函数的依赖关系是指数型的。实验表明热电子发射的电流密度为

$$j = AT^2 \exp\left(-\frac{W}{k_B T}\right) \tag{3-100}$$

式中，A 为常数；W 为功函数。从自由电子模型出发，推导出了热电子发射电流密度与温度关系。因为

$$\boldsymbol{p} = \hbar \boldsymbol{k} = m\boldsymbol{v} \tag{3-101}$$

式中，$\boldsymbol{v}$ 为电子运动速度。

所以

$$\boldsymbol{k} = \frac{m}{\hbar}\boldsymbol{v} \tag{3-102}$$

通过系统在 d^3k 体积内状态数 $\frac{V}{8\pi^3}dk_x dk_y dk_z$ 和各能级电子占有概率服从费米-狄拉克分布函数，即 $f(\boldsymbol{k}) = \frac{1}{\exp[(E(\boldsymbol{k})-\mu)/k_B T]+1}$，其中 μ 可取做 E_F，并根据式(3-102) 可知 $v(\boldsymbol{k}) = \frac{\hbar \boldsymbol{k}}{m}$，且 $E(\boldsymbol{k}) = \frac{\hbar^2 \boldsymbol{k}^2}{2m} = \frac{1}{2}m\boldsymbol{v}^2$，可得到

$$f(\boldsymbol{v}) = \frac{1}{\exp\left[\left(\frac{1}{2}m\boldsymbol{v}^2 - E_F\right)/k_B T\right]+1} \tag{3-103}$$

因此，单位体积内电子运动速度在 $v_x \to v_x + dv_x$，$v_y \to v_y + dv_y$ 以及 $v_z \to v_z + dv_z$ 区间内的电子数为

$$dn = 2\frac{1}{8\pi^3} f(\boldsymbol{k})\, dk_x dk_y dk_z = 2\frac{1}{8\pi^3} f(\boldsymbol{v}) \left(\frac{m}{\hbar}\right)^3 dv_x dv_y dv_z \tag{3-104}$$

设 x 方向垂直于金属表面，所以只有 x 方向上速度大于某一特定值（即动能大于特定值）的电子方可溢出金属表面，即

$$\frac{1}{2}mv_x^2 > \chi = E_F + W,\text{即} v_x \geqslant \sqrt{\frac{2\chi}{m}} \tag{3-105}$$

式中，χ 为金属内的势阱深度。

而对 y 和 z 方向电子的速度没有要求，可以是任意值。要考虑单位时间内从金属内部可以到达金属表面的那部分电子，所以乘 v_x。热电子发射电流密度的理论表达式应为

$$j = -\int ev_x \mathrm{d}n = -\frac{2e}{8\pi^3}\int v_x f(v)\left(\frac{m}{\hbar}\right)^3 \mathrm{d}v_x \mathrm{d}v_y \mathrm{d}v_z \tag{3-106}$$

$$= -\frac{em^3}{4\pi^3\hbar^3}\int_{-\infty}^{\infty}\mathrm{d}v_y\int_{-\infty}^{\infty}\mathrm{d}v_x\int_{\sqrt{\frac{2\chi}{m}}}^{\infty}\frac{v_x}{\exp\left[\left(\frac{1}{2}mv^2 - E_F\right)/k_BT\right]+1}\mathrm{d}v_x \tag{3-107}$$

因为热发射电子的能量 $\frac{1}{2}m\boldsymbol{v}^2$ 必须高于 χ，$\left(\frac{1}{2}m\boldsymbol{v}^2 - E_F\right)$ 远远大于 k_BT，式(3-107) 中可以略去分母中的 1，即

$$j = -\frac{em^3}{4\pi^3\hbar^3}\int_{-\infty}^{\infty}\mathrm{d}v_y\int_{-\infty}^{\infty}\mathrm{d}v_x\int_{\sqrt{\frac{2\chi}{m}}}^{\infty}\exp\left(\frac{E_F}{k_BT} - \frac{mv^2}{2k_BT}\right)v_x \mathrm{d}v_x \tag{3-108}$$

积分后得到

$$j = -\frac{me(k_B)^2}{2\pi^2\hbar^3}\exp\left(-\frac{\chi - E_F}{k_BT}\right) \tag{3-109}$$

所以 $j = AT^2\exp\left(-\frac{W}{k_BT}\right)$，式中 $A = -\frac{mek_B^2}{2\pi^2\hbar^3}$，$W = \chi - E_F$。

3.8.3 接触电势

当两块不同金属 A 和 B 相接触或用导线相连接时，这两块金属就会同时带电，并且具有不同的电势 V_A 和 V_B，这种电势称为接触电势，如图 3-15 所示。

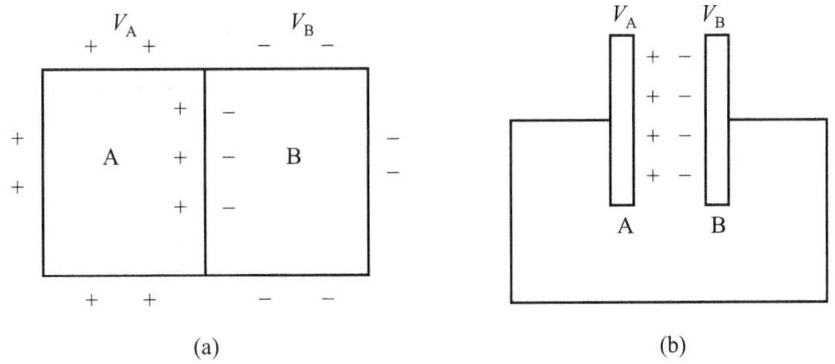

图 3-15 接触电势的产生

(a) 金属 A 与 B 直接接触；(b) 金属 A 和 B 通过导线连接

自由电子论可以很好地解释接触电势的形成。用两金属的真空能级作参考，设 $W_A < W_B$，则 $(E_F)_A > (E_F)_B$，如图 3-16 所示。当两金属接触后，电子将从化学势高的金属 A 流向化学势低的金属 B，从而使金属 A 带正电，金属 B 带负电。于是在两金属的界面处附加了一个静电场，以阻止电子继续从 A 流向 B，如图 3-17 所示。

电子在金属 A 中的静电势能为 $-eV_A < 0$，使其能级图下降。电子在金属 B 中的电势

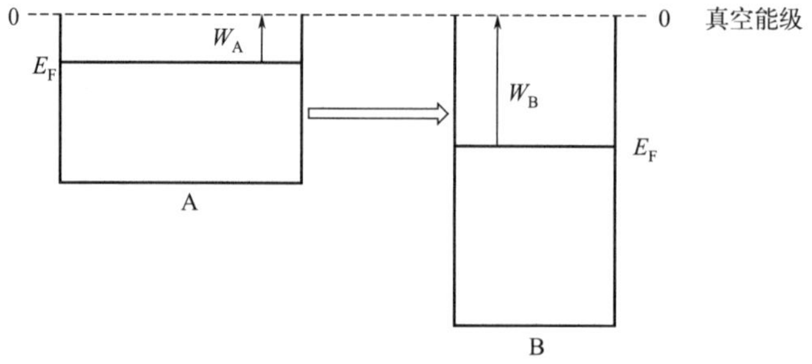

图 3-16　两金属接触前的能级

能$-eV_B>0$，能级图上升。当两金属的费米能相等时，金属 A 的能级图下降 eV_A，而金属 B 的能级图上升$-eV_B$，电子停止从 A 流向 B。此时，两金属的接触电势差为

$$V_{AB}=V_A-V_B=\frac{1}{e}(W_B-W_A) \tag{3-110}$$

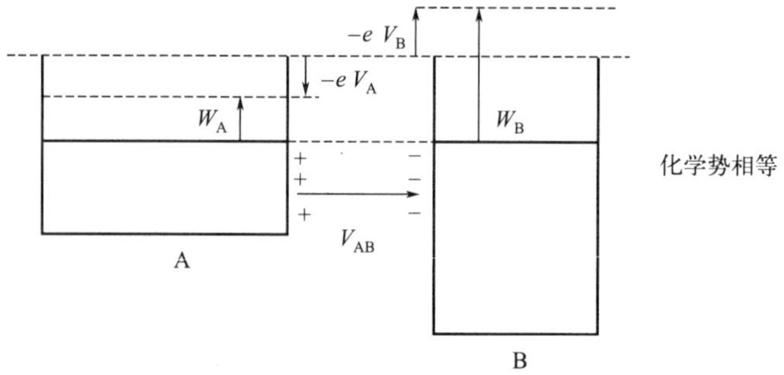

图 3-17　两金属接触后的能级

3.8.4 应用：热离子转换器

热离子转换器的工作原理如图 3-18(a) 所示。随着热量流入发射极，使其温度升高，电子有足够的能量逃离固体并在真空中自由移动，这一过程类似于电子的蒸发或沸腾。这些电子穿过电极间隙移动到集电极，并通过负载产生电能。图 3-18(b) 从电子能级的角度显示了这种热电子发射过程。为了发射出电子，发射极中的电子必须被激发到高于发射极的真空能级。如果没有碰撞或空间电荷效应限制电子通过电极间隙的传输，则电子穿过间隙并进入集电极，其中理想的输出电压（V_{out}）近似为接触电势差。

热离子发射由理查森-杜什曼方程描述，该方程将热离子电流密度（j）与发射极温度（T_e）联系起来，即

$$j=AA_0T_e^2\exp\left(-\frac{W}{k_BT_e}\right) \tag{3-111}$$

其中 $A_0=120\text{A}/(\text{cm}^2\cdot\text{K}^2)$ 为理查森常数；参数 A 为针对特定发射器材料的理查森常数校正因子。如果在发射极和集电极之间施加电场 $\boldsymbol{E}$，势垒就会降低，由此产生的发射电流由肖特基方程描述

$$j_s=j\exp\left(\frac{\sqrt{Ee^3/4\pi\varepsilon_0}}{k_BT_c}\right) \tag{3-112}$$

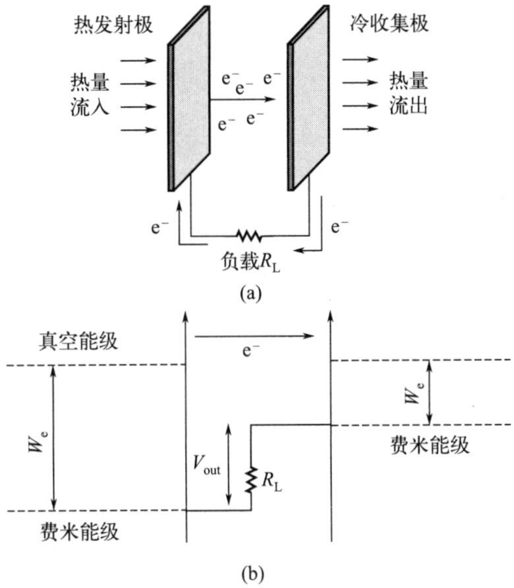

图 3-18　热离子转换器的工作原理

（a）基本原理；（b）电子能级

从图 3-18(b) 的电势能图中可以看出，可以达到的最大电压（在最大功率下）本质上是发射极和集电极的功函数之差

$$eV_{out}=W_e-W_c \tag{3-113}$$

能量密度就是

$$P=jV_{out}=j(W_e-W_c)/e \tag{3-114}$$

效率(η) 等于热离子转换器产生的功率密度除以提供给发射器的净热通量 q_e，其中包括由于电子发射、沿引线和其他路径的传导，以及从热发射极到集电极的热交换（主要是辐射引起的热损失），即

$$\eta=\frac{jV_{out}}{q_e}=\frac{j}{q_e}\left(\frac{W_e-W_c}{e}\right) \tag{3-115}$$

从这些等式可以清楚地看出，有许多因素直接影响热离子转换器产生的功率及其效率，这些因素通常相互直接竞争。从式(3-111) 可以看出，当发射极功函数减小时，电流密度增加。然而，为了产生高功率，发射极和集电极之间需要较大的功函数差异，因此集电极的功函数必须比发射极的功函数更小，这对集电极的材料提出了一大挑战。实际上，集电极功函数通常约 0.5eV，与大多数天然材料的功函数相比，这是非常小的。此外，要为传统发射器材料产生足够的电流，发射器的温度必须非常高，通常远高于 1500K。然而，这会增加热辐射和热传导引起的热损失，从而降低热离子转换器的效率。此外，热离子转换器中还有其他一些重要因素没有出现在这些方程中，其中最主要的是空间电荷效应。在足够高的电流密度下，电子在电极之间的间隙中积聚并产生空间电荷势垒，限制了电流。因此，管理跨电极间隙的电子传输也是热离子转换器设计的一个重要方面。

习题

（1）对于三维自由电子气，体积为V，单电子能量为$E=\frac{\hbar^2k^2}{2m}$，求：①在周期性边界条件下，单位$\boldsymbol{k}$空间中允许的状态数。②费米能级E_F与电子数密度n的关系。③态密度$g(E)$的表达式。

（2）对于$T=0$时二维自由电子费米气，其电子数密度为n。求：①费米波矢随电子数密度变化的关系；②费米波矢随电子等效球半径r_s变化的关系；③证明二维自由电子气的能态密度为$g(E)=\frac{m}{\pi\hbar^2}$；④晶体中电子的平均能量与费米能之间的关系。

（3）已知三维体系的电子数密度n，当$T=0$时，利用自由电子气的态密度表达式$g(E)=\frac{1}{2\pi^2}\left(\frac{2m}{\hbar^2}\right)^{\frac{3}{2}}E^{\frac{1}{2}}$，求$E_F$，并利用自由电子气的态密度表达式证明平均每个电子的能量是费米能的3/5。

（4）铜的密度$\rho_m=8.95\mathrm{g/cm^3}$，室温下的电阻率为$\rho=1.55\times10^{-6}\Omega\cdot\mathrm{cm}$，计算：①导电电子浓度；②费米能量$E_F$，费米速度$v_F$；③弛豫时间，费米面上电子的平均自由程$l_F$；④等离子体振荡频率$\omega_p$。

（5）He^3原子是具有自旋为1/2的费米子，在$T=0$ K附近的密度为$0.081\mathrm{g/cm^3}$，计算其费米能E_F和费米温度T_F。He^3原子的质量$m\approx5\times10^{-24}$g。

（6）当$T=0$K时，推导出泡利顺磁磁化率公式，$\chi_P=\mu_0 g(E_F^0)\mu_B^2$。

（7）在4K下测得铝的霍尔系数为$1.02\times10^{-10}\mathrm{m^3\cdot C^{-1}}$，该温度下铝的载流子是电子还是空穴，并求铝中该载流子密度。

（8）已知金属铝单位体积的电子数为$18.1\times10^{22}\mathrm{cm^{-3}}$，电阻率为$\rho=2.8\times10^{-6}\Omega\cdot\mathrm{cm}$。对于电磁波辐照，在什么波长下金属铝是透明的？

第 4 章

能带理论

由前面的章节内容可知，晶体的周期性结构决定了声子的色散关系。同样，对于晶体中的电子而言，周期性结构使电子处于周期性势场之中，从而也对电子态起决定性的影响，其结果是电子的能量可用一系列能带或许可带来表示。能带之中每一个电子的能量与电子波矢有确定的色散关系，通常称为能带结构。许可带之间隔以一定能量，此能量中为电子不可能存在的范围，称为禁带。能带理论是固体物理学的核心部分之一，是用量子力学研究固体中电子的运动规律，具有极其重要的意义。能带论不仅促进了半导体学科的发展，而且对当代高度发展的微电子工业作出了奠基性的贡献。

在固体中存在大量的电子，电子的运动是相互关联的，每个电子的运动都会受到其他电子运动的牵连，这种多电子系统显然不可能具有严格的解。经过一定的近似处理后，可以转化成一个电子在周期性势场中的运动；晶体中其他电荷的影响均可用此单电子的周期性势场来近似概括。所以，能带理论亦称固体的单电子理论。

4.1 布洛赫定理

将晶体看作可在晶体中运动的价电子与位于格点（或基元中）的、由内层电子与原子核组成的离子实的集合。假定在体积为 $V=L^3$ 的立方体中有 N 个带正电荷 Ze 的离子实，相应地有 NZ 个价电子（简称为电子）。若电子和离子实的位置矢量分别用 $\boldsymbol{r}$ 和 $\boldsymbol{R}$ 来表示，则体系的哈密顿量

$$\hat{H}=-\sum_{i=1}^{NZ}\frac{\hbar^2}{2m}\nabla_i^2+\frac{1}{2}\sum_{i\neq j}\frac{1}{4\pi\varepsilon_0}\frac{e^2}{|\boldsymbol{r}_i-\boldsymbol{r}_j|}-\sum_{n=1}^{N}\frac{\hbar^2}{2M}\nabla_n^2$$
$$+\frac{1}{2}\sum_{n\neq m}\frac{1}{4\pi\varepsilon_0}\frac{(Ze)^2}{|\boldsymbol{R}_n-\boldsymbol{R}_m|}-\sum_{i=1}^{NZ}\sum_{n=1}^{N}\frac{1}{4\pi\varepsilon_0}\frac{Ze^2}{|\boldsymbol{r}_i-\boldsymbol{R}_n|}\tag{4-1}$$

简单表示为

$$\hat{H}=\hat{T}_e+V_{ee}(\boldsymbol{r}_i,\boldsymbol{r}_j)+\hat{T}_n+V_{nm}(\boldsymbol{R}_n,\boldsymbol{R}_m)+V_{en}(\boldsymbol{r}_i,\boldsymbol{R}_n)\tag{4-2}$$

哈密顿量中第 1、2 项分别为 NZ 个电子的动能和库仑相互作用能 $V_{ee}(\boldsymbol{r}_i,\boldsymbol{r}_j)$，其中 $\boldsymbol{r}_i$、$\boldsymbol{r}_j$ 表示电子的位置矢量。第 3、4 项分别为 N 个离子实的动能和库仑相互作用能 $V_{nm}(\boldsymbol{R}_i,\boldsymbol{R}_j)$，其中 $\boldsymbol{R}_i$，$\boldsymbol{R}_j$ 表示离子实的位置矢量。最后一项是电子和离子实之间的库仑相互作用能 $V_{en}(\boldsymbol{r}_i,\boldsymbol{R}_n)$。这里为了简单，略去了涉及自旋及粒子磁矩的相互作用项。

描写体系运动的薛定谔方程为

$$\hat{H}\Psi(\boldsymbol{r},\boldsymbol{R})=E\Psi(\boldsymbol{r},\boldsymbol{R})\tag{4-3}$$

式中，$\boldsymbol{r}$ 代表 $\boldsymbol{r}_1$，$\boldsymbol{r}_2$，…，$\boldsymbol{r}_{Nz}$，表示晶体中所有电子运动的位置；$\boldsymbol{R}$ 代表 $\boldsymbol{R}_1$，

$\boldsymbol{R}_2$，…，$\boldsymbol{R}_N$，表示晶体中所有离子实运动的位置。这是一个 N 的量级为 $10^{23}/\text{cm}^3$ 的 $NZ+N$ 体问题，无法直接严格求解，需要做一些假设和近似。

4.1.1 单电子近似

首先采用玻恩和奥本海默在讨论分子中电子状态时引入的绝热近似，或称为 Born-Oppenheimer 近似。基于电子和离子实在质量上的巨大差别，假定在离子实运动的每一瞬间，电子的运动快到足以调整其状态到离子实瞬时分布情况下的本征值。这样，当只关注电子体系的运动时，可以认为离子实固定在其瞬时位置上，电子体系的哈密顿量

$$\hat{H}_e = T_e + V_{ee}(\boldsymbol{r}_i, \boldsymbol{r}_j) + V_{en}(\boldsymbol{r}_i, \boldsymbol{R}_n) \tag{4-4}$$

式中，$\boldsymbol{R}_n$ 为离子实的瞬时位置。

一般温度下，离子实总是围绕其平衡位置做小的振动，称为晶格振动，如第 2 章所讨论的。零级近似下，所有的 $\boldsymbol{R}_n$ 用相应的平衡位置 $\boldsymbol{R}_n^0$ 代替，即忽略晶格振动的影响，只讨论离子实固定在平衡位置情形下 NZ 个电子体系的问题。为简单起见，略去上标“0”，将 $\boldsymbol{R}_n$ 理解为 $\boldsymbol{R}_n^0$。

接着，用平均场来替代其中的 V_{ee} 项，因为这一项使电子运动彼此关联，难以处理。

$$V_{ee}(\boldsymbol{r}_i, \boldsymbol{r}_j) = \frac{1}{2}\sum_{i\neq j}\frac{1}{4\pi\varepsilon_0}\frac{e^2}{|\boldsymbol{r}_i - \boldsymbol{r}_j|} = \frac{1}{2}\sum_{i=1}^{NZ}\sum_{j\neq i}\frac{1}{4\pi\varepsilon_0}\frac{e^2}{|\boldsymbol{r}_i - \boldsymbol{r}_j|} = \sum_{i=1}^{NZ} v_e(\boldsymbol{r}_i) \tag{4-5}$$

电子体系的哈密顿量可写成

$$\begin{aligned}\hat{H}_e &= -\sum_{i=1}^{NZ}\frac{\hbar^2}{2m}\nabla_i^2 + \sum_{i=1}^{NZ} v_e(\boldsymbol{r}_i) - \sum_{i=1}^{NZ}\sum_{n=1}^{N}\frac{1}{4\pi\varepsilon_0}\frac{Ze^2}{|\boldsymbol{r}_i - \boldsymbol{R}_n|} \\ &= \sum_{i=1}^{NZ}\left[-\frac{\hbar^2}{2m}\nabla_i^2 + v_e(\boldsymbol{r}_i) - \sum_n \frac{1}{4\pi\varepsilon_0}\frac{Ze^2}{|\boldsymbol{r}_i - \boldsymbol{R}_n|}\right]\end{aligned} \tag{4-6}$$

总的电子哈密顿量为 NZ 个单电子哈密顿量之和，即

$$\hat{H}_e = \sum_i \hat{H}_{ei} \tag{4-7}$$

其中

$$\hat{H}_{ei} = -\frac{\hbar^2}{2m}\nabla_i^2 + v_e(\boldsymbol{r}_i) - \sum_n \frac{1}{4\pi\varepsilon_0}\frac{Ze^2}{|\boldsymbol{r}_i - \boldsymbol{R}_n|} \tag{4-8}$$

这样，将 NZ 体问题简化成单体问题，即单电子近似。将单电子近似的理论计算结果与实验测量结果比较，可揭示所忽略的多体效应的相对大小及其在决定物理性能中的重要性。

4.1.2 布洛赫定理

对于理想晶体来说，原子规则排列成晶格，晶格具有周期性，因此等效势场 $V(\boldsymbol{r})$ 也应具有周期性。晶格中的电子就是在周期势场中运动，其波动方程为

$$\left[-\frac{\hbar^2}{2m}\nabla^2 + V(\boldsymbol{r})\right]\psi = E\psi \tag{4-9}$$

等效势场 $V(\boldsymbol{r})$ 为

$$V(\boldsymbol{r}) = V(\boldsymbol{r} + \boldsymbol{R}_n) \tag{4-10}$$

式中，$\boldsymbol{R}_n$ 为任意晶格矢量。

这一节从式(4-9) 等效势具有晶格周期性出发，讨论波动方程的解有什么特点。布洛赫

定理指出，当势场具有晶格周期性时，波动方程的解 ψ 具有如下性质

$$\psi(\boldsymbol{r}+\boldsymbol{R}_n)=\exp(\mathrm{i}\boldsymbol{k}\cdot\boldsymbol{R}_n)\psi(\boldsymbol{r}) \tag{4-11}$$

式中，$\boldsymbol{k}$ 为一矢量。

式(4-11) 表明当平移晶格矢量 $\boldsymbol{R}_n$ 时，波函数只增加了位相因子 $\exp(i\boldsymbol{k}\cdot\boldsymbol{R}_n)$，此即布洛赫定理。根据布洛赫定理可以把波函数写成

$$\psi(\boldsymbol{r})=\exp(\mathrm{i}\boldsymbol{k}\cdot\boldsymbol{r})u(\boldsymbol{r}) \tag{4-12}$$

其中 $u(\boldsymbol{r})$ 具有与晶格相同的周期性，即

$$u(\boldsymbol{r}+\boldsymbol{R}_n)=u(\boldsymbol{r}) \tag{4-13}$$

式(4-12) 表达的波函数称为布洛赫波函数，它是平面波与周期性函数的乘积，表明单电子薛定谔方程的本征函数是布拉维格子周期性调幅的平面波。遵从周期性势场单电子薛定谔方程的电子或用布洛赫波函数描述的电子称为布洛赫电子。

接下来证明布洛赫定理。势场的周期性反映了晶格的平移对称性，即晶格平移任意格矢量 $\boldsymbol{R}_m$ 时，势场是不变的。引入描述这些平移对称操作的算符 T_1、T_2 和 T_3，其定义是对于任意函数 $f(\boldsymbol{r})$，有

$$T_\alpha f(\boldsymbol{r})=f(\boldsymbol{r}+\boldsymbol{a}_\alpha),\alpha=1、2、3 \tag{4-14}$$

$$T_\beta f(\boldsymbol{r})=f(\boldsymbol{r}+\boldsymbol{a}_\beta),\beta=1、2、3$$

其中 $\boldsymbol{a}_1$、$\boldsymbol{a}_2$ 和 $\boldsymbol{a}_3$ 为晶格三个基矢。显然，它们是相互对易的，即

$$T_\alpha T_\beta f(\boldsymbol{r})=T_\alpha f(\boldsymbol{r}+\boldsymbol{a}_\beta)=f(\boldsymbol{r}+\boldsymbol{a}_\beta+\boldsymbol{a}_\alpha)=T_\beta T_\alpha f(\boldsymbol{r})$$

或

$$T_\alpha T_\beta-T_\beta T_\alpha=0 \tag{4-15}$$

而平移任意晶格矢量 $\boldsymbol{R}_m=m_1\boldsymbol{a}_1+m_2\boldsymbol{a}_2+m_3\boldsymbol{a}_3$，可以看成是 T_1、T_2 和 T_3 分别连续操作 m_1 次、m_2 次和 m_3 次后总的结果。

在晶体中单电子运动的哈密顿量为

$$H=-\frac{\hbar^2}{2m}\nabla^2+V(\boldsymbol{r})$$

根据晶格周期性，则

$$T_\alpha Hf(\boldsymbol{r})=\left[-\frac{\hbar^2}{2m}\nabla^2_{r+a_\alpha}+V(\boldsymbol{r}+\boldsymbol{a}_\alpha)\right]f(\boldsymbol{r}+\boldsymbol{a}_\alpha)$$

$$=\left[-\frac{\hbar^2}{2m}\nabla^2_r+V(\boldsymbol{r})\right]f(\boldsymbol{r}+\boldsymbol{a}_\alpha)=HT_\alpha f(\boldsymbol{r})$$

其中 ∇_{r+a_α} 只表示相应的 $\partial/\partial x$、$\partial/\partial y$、$\partial/\partial z$ 中变量 x、y、z 改变一常数值，这显然并不影响微分算符。由于 $f(\boldsymbol{r})$ 是任意的，上式表明 T_α 和 H 是对易的，即

$$T_\alpha H-HT_\alpha=0 \tag{4-16}$$

式(4-16) 以算符的形式表示了晶体中单电子运动的平移对称性。

由于存在对易关系式(4-15) 和式(4-16)，根据量子力学原理，可以选择 H 的本征态，使它同时为各平移算符的本征态

$$\left.\begin{aligned}&H\psi=E\psi\\&T_1\psi=\lambda_1\psi,T_2\psi=\lambda_2\psi,T_3\psi=\lambda_3\psi\end{aligned}\right\} \tag{4-17}$$

用 λ_1、λ_2 和 λ_3 来表示量子态，或者引入一些相对应的量子数。例如，在球对称场中，可选本征态为 $-i\hbar\left(x\dfrac{\partial}{\partial y}-y\dfrac{\partial}{\partial x}\right)$ 的本征态，相应本征值为 $m\hbar$，m 即量子数。

为了确定本征值 λ_i，需要引入边界条件。与讨论晶格振动时相类似，选择周期性边界

条件，也称玻恩-卡曼边界条件，即满足

$$\left.\begin{aligned}\psi(\boldsymbol{r})&=\psi(\boldsymbol{r}+N_1\boldsymbol{a}_1)\\ \psi(\boldsymbol{r})&=\psi(\boldsymbol{r}+N_2\boldsymbol{a}_2)\\ \psi(\boldsymbol{r})&=\psi(\boldsymbol{r}+N_3\boldsymbol{a}_3)\end{aligned}\right\} \tag{4-18}$$

式中，N_1、N_2 和 N_3 分别为沿 $\boldsymbol{a}_1$、$\boldsymbol{a}_2$ 和 $\boldsymbol{a}_3$ 方向的原胞数，总的原胞数 $N=N_1\cdot N_2\cdot N_3$。因此，λ_i（量子态本征值）受到严格的限制，即必须满足如下关系式

$$\psi(\boldsymbol{r}+N_1\boldsymbol{a}_1)=T_1^{N_1}\psi(\boldsymbol{r})=\lambda_1^{N_1}\psi(\boldsymbol{r})=\psi(\boldsymbol{r})$$

因此，λ_1 必须为以下形式

$$\lambda_1=\exp\left(2\pi\mathrm{i}\,\frac{l_1}{N_1}\right) \tag{4-19}$$

l_1 为整数，同样

$$\lambda_2=\exp\left(2\pi\mathrm{i}\,\frac{l_2}{N_2}\right),\lambda_3=\exp\left(2\pi\mathrm{i}\,\frac{l_3}{N_3}\right)$$

如果引入矢量

$$\boldsymbol{k}=\frac{l_1}{N_1}\boldsymbol{b}_1+\frac{l_2}{N_2}\boldsymbol{b}_2+\frac{l_3}{N_3}\boldsymbol{b}_3 \tag{4-20}$$

其中 $\boldsymbol{b}_1$、$\boldsymbol{b}_2$ 和 $\boldsymbol{b}_3$ 为倒易矢量，则有 $\boldsymbol{a_1}\cdot\boldsymbol{b_1}=2\pi\delta_{ij}$，则本征值 λ_1、λ_2 和 λ_3 可以写成

$$\lambda_1=\exp(\mathrm{i}\boldsymbol{k}\cdot\boldsymbol{a}_1);\lambda_2=\exp(\mathrm{i}\boldsymbol{k}\cdot\boldsymbol{a}_2);\lambda_3=\exp(\mathrm{i}\boldsymbol{k}\cdot\boldsymbol{a}_3) \tag{4-21}$$

总之，由于对易关系式(4-16)，可以选择 H 的本征态同时为平移算符的本征态。这些本征态在平移算符的作用下的本征值具有式(4-21)的形式。注意到平移任意晶格矢量 $\boldsymbol{R}_m=m_1\boldsymbol{a}_1+m_2\boldsymbol{a}_2+m_3\boldsymbol{a}_3$，可以看成是 T_1、T_2 和 T_3 分别连续操作 m_1 次、m_2 次和 m_3 次的结果，则有

$$\begin{aligned}\psi(\boldsymbol{r}+\boldsymbol{R}_m)&=T_1^{m_1}T_2^{m_2}T_3^{m_3}\psi(\boldsymbol{r})=\lambda_1^{m_1}\lambda_2^{m_2}\lambda_3^{m_3}\psi(\boldsymbol{r})\\&=\exp[\mathrm{i}\boldsymbol{k}\cdot(m_1\boldsymbol{a}_1+m_2\boldsymbol{a}_2+m_3\boldsymbol{a}_3)]\psi(\boldsymbol{r})=\exp(\mathrm{i}\boldsymbol{k}\cdot\boldsymbol{R}_\mathrm{m})\psi(\boldsymbol{r})\end{aligned}$$

这就是布洛赫定理。

$\boldsymbol{k}$ 称为简约波矢，是对应于平移操作本征值的量子数，其物理意义是表示原胞之间电子波函数位相的变化。以式(4-21)中的 λ_1 为例，λ_1 表示沿 $\boldsymbol{a}_1$ 方向相邻原胞之间的位相差。不同的 $\boldsymbol{k}$ 值表明原胞间的位相差是不同的。但是需要注意，如果 $\boldsymbol{k}$ 改变一个倒格子矢量

$$G_n=n_1\boldsymbol{b}_1+n_2\boldsymbol{b}_2+n_3\boldsymbol{b}_3,(n_1,n_2,n_3\text{ 为整数})$$

效果相当于式(4-20)中 l_1、l_2、l_3 分别增加了 N_1、N_2、N_3 的整数倍，这完全不影响本征值 λ_1、λ_2 和 λ_3。因此，为了使 $\boldsymbol{k}$ 能一一对应地表示本征值 λ_1、λ_2 和 λ_3，必须把 $\boldsymbol{k}$ 限在一定范围内，使它既能概括所有不同的 λ_1、λ_2 和 λ_3 值，同时又没有两个 $\boldsymbol{k}$ 相差一个倒格子矢量 $\boldsymbol{G}_n$。与晶格振动时相类似，最明显的办法是把 $\boldsymbol{k}$ 限制在 $\boldsymbol{k}$ 空间中 $\boldsymbol{b}_1$、$\boldsymbol{b}_2$ 和 $\boldsymbol{b}_3$ 形成的倒格子原胞之中，但实际上这不是最方便的。通常是选由原点出发的各倒格子矢量的垂直平分面所围成的第一布里渊区，其优点是环绕原点更为对称。

由边界条件式(4-18)可知，l_1、l_2 和 l_3 只能取整数值，也与晶格振动时类似，则式(4-20)所代表的 $\boldsymbol{k}$ 值代表 $\boldsymbol{k}$ 空间中均匀分布的点，其密度为 $\frac{V}{(2\pi)^3}$。在第一布里渊区中 $\boldsymbol{k}$ 的取值总数为 N，等于原胞数 N。

4.1.3 能带及其图示

周期性边界条件意味着求解式(4-9)薛定谔方程实际上是限制在晶体一个原胞内的有限区域内进行。对于方程中每一参数 $\boldsymbol{k}$ 来说，应该有无穷个分立的本征值，即 $E_1(\boldsymbol{k})$，$E_2(\boldsymbol{k})$、…、$E_n(\boldsymbol{k})$。布洛赫电子的状态应由两个量子数 n 和 $\boldsymbol{k}$ 来标记，相应的能量和波函数应写为 $E_n(\boldsymbol{k})$ 和 $\psi_{\boldsymbol{k}}(\boldsymbol{r})$。

晶格的平移对称性要求：$\exp(\mathrm{i}\boldsymbol{G}_{\mathrm{h}}\cdot\boldsymbol{R}_n)=1$，同时波矢 $\boldsymbol{k}$ 和相差任意倒格矢 $\boldsymbol{G}_{\mathrm{h}}$ 的 $\boldsymbol{k}'=\boldsymbol{k}+\boldsymbol{G}_{\mathrm{h}}$ 实际上是等效的。将相应的布洛赫波函数 $\psi_{\boldsymbol{k}}(\boldsymbol{r})$ 和 $\psi_{\boldsymbol{k}'}(\boldsymbol{r})$ 代入平移算符的本征方程

$$\begin{cases}T_{\alpha}\psi_{\boldsymbol{k}}(\boldsymbol{r})=\exp(\mathrm{i}\boldsymbol{k}\cdot\boldsymbol{R}_n)\psi_{\boldsymbol{k}}(\boldsymbol{r})\\ T_{\alpha}\psi_{\boldsymbol{k}'}(\boldsymbol{r})=\exp(\mathrm{i}\boldsymbol{k}'\cdot\boldsymbol{R}_n)\psi_{\boldsymbol{k}'}(\boldsymbol{r})=\exp(i\boldsymbol{k}\cdot\boldsymbol{R}_n)\exp(i\boldsymbol{G}_{\mathrm{h}}\cdot\boldsymbol{R}_n)\psi_{\boldsymbol{k}'}(\boldsymbol{r})=\exp(\mathrm{i}\boldsymbol{k}\cdot\boldsymbol{R}_n)\psi_{\boldsymbol{k}'}(\boldsymbol{r})\end{cases} \tag{4-22}$$

两个方程有相同的本征值，因而它们描述同一个状态，即

$$\psi_{\boldsymbol{k}}(\boldsymbol{r})=\psi_{\boldsymbol{k}'}(\boldsymbol{r})=\psi_{\boldsymbol{k}+\boldsymbol{G}_{\mathrm{h}}}(\boldsymbol{r}) \tag{4-23}$$

相同的波函数应具有相同的本征值，即

$$E(\boldsymbol{k}+\boldsymbol{G}_{\mathrm{h}})=E(\boldsymbol{k}) \tag{4-24}$$

说明对于确定的 n 值，$E_n(\boldsymbol{x})$ 是 $\boldsymbol{k}$ 的周期函数，只能在一定的范围内变化，有能量的上、下界，从而构成能带。不同的 n 代表不同的能带，量子数 n 称为带指标。$E(\boldsymbol{k})$ 的总体称为晶体的能带结构。由于 $\boldsymbol{k}$ 和 $\boldsymbol{k}+\boldsymbol{G}_n$ 是等价的，可把 $\boldsymbol{k}$ 的取值限制在第一布里渊区内。

如图 4-1 所示，将所有的能带 $E_n(\boldsymbol{k})$ 绘于第一布里渊区内的图示方法称为简约布里渊区图式。第一布里渊区也常称为简约布里渊区。由于 $E_n(\boldsymbol{k})$ 的周期性，也允许 $\boldsymbol{k}$ 的取值遍及整个 $\boldsymbol{k}$ 空间，有时这种取法会更方便处理问题，将这种图示方式称为周期布里渊区图式。当然，也可以将不同的能带绘于 $\boldsymbol{k}$ 空间中不同的布里渊区中，这种做法称为扩展布里渊区图式。

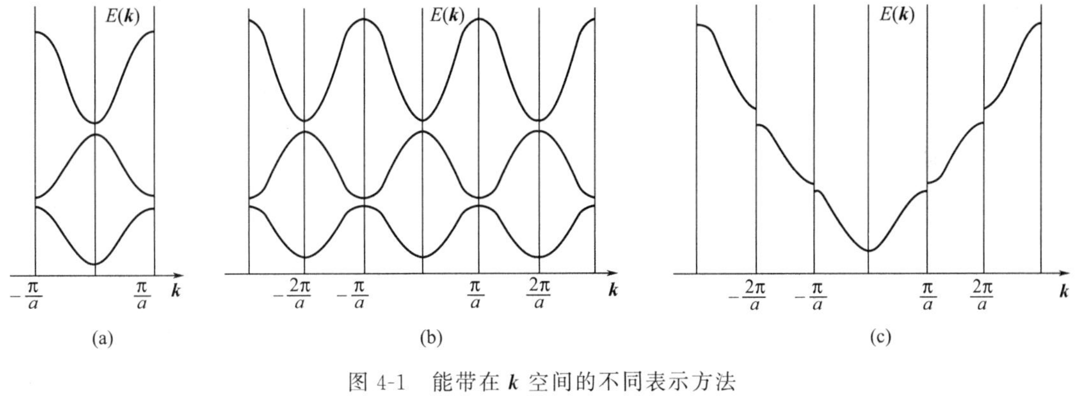

图 4-1 能带在 $\boldsymbol{k}$ 空间的不同表示方法

(a) 简约布里渊区；(b) 周期布里渊区；(c) 扩展布里渊区

4.2 近自由电子近似

第 4.1.3 节从晶格的平移对称性出发，得到了布洛赫定理，发现了能带的周期性。本节将讨论 $V(\boldsymbol{r})$ 随空间位置的变化不太强烈的情形，即 $V(\boldsymbol{r})$ 的空间起伏可以看作对自由电子

（势场为常数）情形的微扰。因此，常将这种假设称为近自由电子近似，将这种处理方法称为微扰法。首先，从一维情形出发，此时式(4-9) 与式(4-10) 分别简化成

$$\left[-\frac{\hbar^2}{2m}\times\frac{\mathrm{d}^2}{\mathrm{d}x^2}+V(x)\right]\psi(x)=E\psi(x) \tag{4-25}$$

$$V(x+la)=V(x) \tag{4-26}$$

式中，a 为一维晶格的周期；l 为任意整数。

4.2.1 一维周期势作为微扰

由于 $V(x)$ 为周期函数，可展开成傅里叶级数

$$V(x)=\sum_n V_n \exp\left(\mathrm{i}n\frac{2\pi}{a}x\right)=V_0+\sum_n{}' V_n \exp\left(\mathrm{i}n\frac{2\pi}{a}x\right) \tag{4-27}$$

式中，a 为一维周期势场的宽度；V_n 为 $V(x)$ 的第 n 个傅里叶分量。

式(4-27) 中撇号表示不包括常数项 V_0，V_0 即为平均势场。$n\dfrac{2\pi}{a}$ 实际上为一维倒格矢，因此式(4-27) 其实为对所有倒格矢求和。为了简化，令

$$V_0=0 \tag{4-28}$$

于是式(4-27) 简化为

$$V(x)=\sum_n{}' V_n \exp\left(in\frac{2\pi}{a}x\right) \tag{4-29}$$

由于势场为实数，有

$$V(x)=V^*(x) \tag{4-30}$$

可得势场的傅里叶分量 V_n 满足

$$V_n^*=V_{-n} \tag{4-31}$$

将式(4-29) 代入式(4-25)，方程化为

$$(H^0+H')\psi=E\psi \tag{4-32}$$

式中，H^0 为自由电子的单电子哈密顿量；H'为微扰势。
其中

$$H^0=-\frac{\hbar^2}{2m}\times\frac{\mathrm{d}^2}{\mathrm{d}x^2} \tag{4-33}$$

为一维电子的动能算符，满足自由电子的薛定谔方程，其中本征函数 ψ^0 即为自由电子波函数

$$H^0\psi^0=E^0\psi^0 \tag{4-34}$$

$$\psi_{\boldsymbol{k}}^0=\frac{1}{\sqrt{L}}\exp(\mathrm{i}\boldsymbol{k}x) \tag{4-35}$$

其中，$1/\sqrt{L}$ 为归一化常数，$L=Na$ 为一维晶体的长度，N 为一维晶体的原胞数。波矢 $\boldsymbol{k}$ 满足自由电子的色散关系

$$E^0(\boldsymbol{k})=\frac{\hbar^2\boldsymbol{k}^2}{2m} \tag{4-36}$$

而周期性边界条件为

$$\psi^0(x)=\psi^0(L+x) \tag{4-37}$$

限制 k 取值为

$$\boldsymbol{k}=2\pi\frac{s}{L} \tag{4-38}$$

s 为任意整数。因此常将一维波矢 $\boldsymbol{k}$ 的范围局限于$\left(-\frac{\pi}{a},\ \frac{\pi}{a}\right)$的一维第一布里渊区内。将式(4-32) 中的

$$H'=\sum_n{}' V_n \exp\left(in\frac{2\pi}{a}x\right) \tag{4-39}$$

看作微扰，可得一级微扰能量

$$E^{(1)}=E^{(1)}(\boldsymbol{k})=H'_{\boldsymbol{kk}}=\int_0^L \psi_{\boldsymbol{k}}^{0*}H'\psi_{\boldsymbol{k}}^0 \mathrm{d}x \tag{4-40}$$

式中，$H'_{\boldsymbol{kk}}=\langle k \mid H' \mid k\rangle$。

由于除 $n=0$ 外

$$\int_0^L \exp\left(\mathrm{i}n\frac{2\pi}{a}x\right)\mathrm{d}x=0 \tag{4-41}$$

$$E^{(1)}=0 \tag{4-42}$$

因此必须计及二级微扰。二级微扰能量为

$$E^{(2)}=E^{(2)}(\boldsymbol{k})=\sum_{\boldsymbol{k}'}\frac{|H'_{\boldsymbol{k}'\boldsymbol{k}}|^2}{E^{(0)}(\boldsymbol{k})-E^{(0)}(\boldsymbol{k}')} \tag{4-43}$$

其中

$$H'_{\boldsymbol{k}'\boldsymbol{k}}=\int_0^L \psi_{\boldsymbol{k}'}^{0*}\sum_n{}' V_n \exp\left(in\frac{2\pi}{a}x\right)\psi_{\boldsymbol{k}}^0 \mathrm{d}x \tag{4-44}$$

由式(4-35) 与式(4-40) 可知

$$\boldsymbol{k}'-\boldsymbol{k}=n\frac{2\pi}{a}\text{ 时}, H'_{\boldsymbol{k}'\boldsymbol{k}}\neq 0 \tag{4-45}$$

$$\boldsymbol{k}'-\boldsymbol{k}\neq n\frac{2\pi}{a}\text{ 时}, H'_{\boldsymbol{k}'\boldsymbol{k}}=0 \tag{4-46}$$

于是式(4-43) 中对 $\boldsymbol{k}'$的累加可转化成对倒格矢的累加

$$E^{(2)}(\boldsymbol{k})=\sum_n\frac{|V_n|^2}{\dfrac{\hbar^2\boldsymbol{k}^2}{2m}-\dfrac{\hbar^2}{2m}\left(\boldsymbol{k}+n\dfrac{2\pi}{a}\right)^2} \tag{4-47}$$

由此得能量

$$E(\boldsymbol{k})=E^0(\boldsymbol{k})+E^{(2)}(\boldsymbol{k})=\frac{\hbar^2\boldsymbol{k}^2}{2m}+\sum_n{}'\frac{|V_n|^2}{\dfrac{\hbar^2\boldsymbol{k}^2}{2m}-\dfrac{\hbar^2}{2m}\left(\boldsymbol{k}+n\dfrac{2\pi}{a}\right)^2} \tag{4-48}$$

而波函数

$$\psi_{\boldsymbol{k}}=\psi_{\boldsymbol{k}}^0+\psi_{\boldsymbol{k}}^{(1)}$$

其中$\psi_{\boldsymbol{k}}^{(1)}$ 为一级微扰波函数

$$\begin{aligned}\psi_{\boldsymbol{k}}^{(1)}&=\sum_{\boldsymbol{k}'}{}'\frac{H'_{\boldsymbol{k}'\boldsymbol{k}}}{E^0(\boldsymbol{k})-E^{(0)}(\boldsymbol{k}')}\psi_{\boldsymbol{k}'}^0\\&=\sum_n{}'\frac{V_n}{\dfrac{\hbar^2\boldsymbol{k}^2}{2m}-\dfrac{\hbar^2}{2m}\left(\boldsymbol{k}+n\dfrac{2\pi}{a}\right)^2}\frac{1}{\sqrt{L}}\exp\left[\mathrm{i}\left(\boldsymbol{k}+n\frac{2\pi}{a}\right)x\right]\end{aligned} \tag{4-49}$$

$$\psi_{\boldsymbol{k}}=\frac{1}{\sqrt{L}}\exp(\mathrm{i}\boldsymbol{k}x)\left[1+\sum_{n}{}' \frac{V_n\exp\left(\mathrm{i}n\dfrac{2\pi}{a}x\right)}{\dfrac{\hbar^2\boldsymbol{k}^2}{2m}-\dfrac{\hbar^2}{2m}\left(\boldsymbol{k}+n\dfrac{2\pi}{a}\right)^2}\right] \tag{4-50}$$

第一项是波矢为 $\boldsymbol{k}$ 的前进平面波，第二项是平面波受到周期性势场作用产生的散射波。如将式(4-50) 写成一维布洛赫函数的形式

$$\psi_{\boldsymbol{k}}=\exp(\mathrm{i}\boldsymbol{k}x)u_{\boldsymbol{k}}(x) \tag{4-51}$$

则函数

$$u_{\boldsymbol{k}}(x)=\frac{1}{\sqrt{L}}\left[1+\sum_{n}{}' \frac{V_n\exp\left(\mathrm{i}n\dfrac{2\pi}{a}x\right)}{\dfrac{\hbar^2\boldsymbol{k}^2}{2m}-\dfrac{\hbar^2}{2m}\left(\boldsymbol{k}+n\dfrac{2\pi}{a}\right)^2}\right] \tag{4-52}$$

$u_{\boldsymbol{k}}(x)$ 明显具有晶格周期性，是体现晶格平移对称性的周期函数，$\psi_{\boldsymbol{k}}$ 满足布洛赫定理。考虑了弱周期势的微扰，计算到一级修正，显示了波函数从自由电子的平面波向布洛赫波的过渡，即

$$u_{\boldsymbol{k}}(x+la)=u_{\boldsymbol{k}}(x) \tag{4-53}$$

应当注意，式(4-48) 与式(4-50) 的适用性要求 $\boldsymbol{k}^2$ 与 $\left(\boldsymbol{k}+n\dfrac{2\pi}{a}\right)^2$ 的差别远大于 $2m|V_n|/\hbar^2$。如果 $\boldsymbol{k}^2$ 与 $\left(\boldsymbol{k}+n\dfrac{2\pi}{a}\right)^2$ 相差很小，以 $\boldsymbol{k}$ 与 $\left(\boldsymbol{k}+n\dfrac{2\pi}{a}\right)$ 标志的自由电子的状态接近简并，就必须采用简并情形的微扰理论来处理，并将揭示能隙（带隙）的由来。

4.2.2 能隙

当波矢 $\boldsymbol{k}$ 满足如下关系时

$$(\boldsymbol{k}')^2=\left(\boldsymbol{k}+n\frac{2\pi}{a}\right)^2=\boldsymbol{k}^2 \tag{4-54}$$

即

$$\boldsymbol{k}=-n\frac{\pi}{a} \tag{4-55}$$

此时，式(4-48) 与式(4-50) 发散，需要用简并微扰法处理。因此，当 $\boldsymbol{k}$ 在 $-n\dfrac{\pi}{a}$ 附近时，假设

$$\boldsymbol{k}=-n\frac{\pi}{a}(1+\Delta) \tag{4-56}$$

式中，Δ 为一个小量。

波函数由简并的自由电子波函数的线性组合构成

$$\psi^0=A\psi_{\boldsymbol{k}}^0+B\psi_{\boldsymbol{k}'}^0 \tag{4-57}$$

这里 Δ 为小量，满足 $|\Delta|\ll 1$，而根据式(4-45)

$$\boldsymbol{k}'=\boldsymbol{k}+n\frac{2\pi}{a}=n\frac{\pi}{a}(1-\Delta) \tag{4-58}$$

将式(4-32) 中的 ψ 近似代以式(4-57) 的 ψ^0，代入单电子薛定谔方程

$$(H^0+H')(A\psi_k^0+B\psi_{k'}^0)=E(A\psi_k^0+B\psi_{k'}^0) \tag{4-59}$$

分别对式(4-59)乘以 ψ_k^{0*} 及 $\psi_{k'}^{0*}$，并对一维晶体在空间积分。利用 ψ_k^0 的正交归一性可得出如下关于系数 A 和 B 的线性齐次方程

$$\left.\begin{aligned}[E-E^0(\boldsymbol{k})]A-V_{-n}B=0\\ -V_nA+[E-E^0(\boldsymbol{k}')]B=0\end{aligned}\right\} \tag{4-60}$$

由于 ψ^0 不应为零，则系数 A 和 B 不为零，那么式(4-60)的系数行列式为零，由此得到如下关于电子能量 $E(\boldsymbol{k})$ 的久期方程

$$\begin{vmatrix} E-E^0(\boldsymbol{k}) & -V_{-n} \\ -V_n & E-E^0(\boldsymbol{k}') \end{vmatrix}=0 \tag{4-61}$$

由此得

$$E(\boldsymbol{k})=\frac{1}{2}[E^0(\boldsymbol{k})+E^0(\boldsymbol{k}')]\mp\{[E^0(\boldsymbol{k})-E^0(\boldsymbol{k}')]^2+|V_n|^2\}^{\frac{1}{2}} \tag{4-62}$$

将式(4-56)与式(4-58)代入式(4-62)，并令

$$T_n=\frac{\hbar^2}{2m}\left(n\frac{\pi}{a}\right)^2 \tag{4-63}$$

可将电子能量写成

$$E(\boldsymbol{k})=T_n(1+\Delta^2)\mp\{|V_n|^2+4T_n^2\Delta^2\}^{\frac{1}{2}} \tag{4-64}$$

由于 Δ 为小量，式(4-64)中的第二项可用泰勒级数展开成

$$\left.\begin{aligned}E(\boldsymbol{k})=E(\boldsymbol{k})_+=T_n+|V_n|+T_n\left(1+\frac{2T_n}{|V_n|}\right)\Delta^2\\ E(\boldsymbol{k})=E(\boldsymbol{k})_-=T_n-|V_n|-T_n\left(\frac{2T_n}{|V_n|}-1\right)\Delta^2\end{aligned}\right\} \tag{4-65}$$

以上结果表明，在 $\boldsymbol{k}=n\pi/a$ 的附近，电子的能量具有抛物线式的色散关系，而且 $E(\boldsymbol{k})$ 要么大于 $T_n+|V_n|$，要么小于 $T_n-|V_n|$，即存在 $2|V_n|$ 范围的能量不为电子所占有，将这一能量范围称为能隙（禁带），如图 4-2 所示。

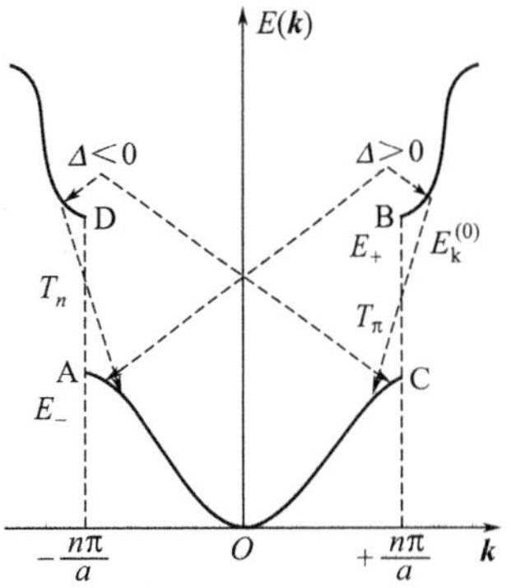

图 4-2 电子的能带

对于 $\boldsymbol{k}$ 与 $n\dfrac{\pi}{a}$ 相距稍远的范围，可适用非简并微扰理论，电子的能量近似等于自由电子的能量，且是 $\boldsymbol{k}$ 的连续函数，这时周期场对电子运动的影响很小，电子的运动性质与自由电子基本相同。在约化布里渊区 $\left(-\dfrac{\pi}{a},\dfrac{\pi}{a}\right)$ 内，电子能量表示成若干能带，能带之间隔以宽度为 $2|V_n|$ 的禁带。每个能带之中能量与波矢具有确定的色散关系 $E_n(\boldsymbol{k})$，n 即为能带或许可带的标号。

这里还可以注意到，$\boldsymbol{k}=n\dfrac{\pi}{a}$ 正是一维布里渊区的边界，而式(4-65)正表明电子能带不连续发生在布里渊区的边界处，即对应于禁带的出现。禁带的宽度为周期性势场傅里叶分量绝对值的两倍，表明禁带的出现是电子在周期场中运动的必然结果。

在波矢偏离布里渊区边界较远的情形，式(4-52) 是较好的近似，可将其理解为一波矢为 k 的自由电子入射晶体的结果。第一项为入射波，第二项为散射波，散射波的振幅都很小，对入射波的干扰很小，于是电子态与自由电子相差很微小，这正是近自由电子近似的含义。然而，当入射自由电子的波矢接近布里渊区边界 $\left(-n\dfrac{\pi}{a}\right)$ 时，与其波矢相差为倒格矢 $n\dfrac{\pi}{a}$ 的散射波振幅比较大，与入射波发生干涉而形成驻波，这也正是式(4-57) 的含义，其中 $\psi_{k'}^0$ 代表这一大振幅的散射波。因此，具有这种能量的电子波不能进入晶体，也不能在晶体中传播，这就是禁带的意义。事实上根据 $\boldsymbol{k}=n\dfrac{\pi}{a}$，可得 $2a=n\lambda$ ($\lambda=2\pi/\boldsymbol{k}$，为电子波长)，这正是一维布拉格反射的条件，即相邻原子的背散射波干涉相长，使入射波受到全反射而不得进入晶体内部。

从上面的分析可以看出，在近自由电子近似中，所谓“弱周期场”式(4-29) 可作为微扰的含义是傅里叶分量的绝对值 $|V_n|$ 远小于波矢为相应布里渊区边界 $n\dfrac{\pi}{a}$ 的自由电子动能 T_n。

4.3 紧束缚模型

紧束缚近似的出发点是，当电子在一个原子附近时，将主要受到该原子场的作用，把其他原子场的作用看成是微扰，由此可以得到电子的原子能级与晶体中能带之间的相互联系。

4.3.1 原子轨道线性组合

如果完全不考虑原子之间的相互影响，那么，在某格点的位置为

$$\boldsymbol{R}_m=m_1\boldsymbol{a}_1+m_2\boldsymbol{a}_2+m_3\boldsymbol{a}_3$$

附近的电子将以原子束缚态 $\varphi_i(\boldsymbol{r}-\boldsymbol{R}_m)$ 的形式环绕$\boldsymbol{R}_m$ 点运动。这里假定是简单晶格，每个原胞中只含一个原子，φ_i 表示孤立原子波动方程的本征态

$$\left[-\frac{\hbar^2}{2m}\nabla^2+V(\boldsymbol{r}-\boldsymbol{R}_m)\right]\varphi_i(\boldsymbol{r}-\boldsymbol{R}_m)=E_i\varphi_i(\boldsymbol{r}-\boldsymbol{R}_m) \tag{4-66}$$

$V(\boldsymbol{r}-\boldsymbol{R}_m)$ 为 $\boldsymbol{R}_m$ 格点的原子势场，E_i 为某原子能级。晶体中电子运动的波动方程为

$$\left[-\frac{\hbar^2}{2m}\nabla^2+U(\boldsymbol{r})\right]\psi(\boldsymbol{r})=E\psi(\boldsymbol{r})$$

$U(\boldsymbol{r})$ 为周期性势场，它是各格点原子势场之和。在紧束缚近似中把方程式(4-66) 看作零级近似，把 $U(\boldsymbol{r})-V(\boldsymbol{r}-\boldsymbol{R}_m)$ 看成微扰。环绕 N 个不同的格点，将有 N 个类似的波函数，它们具有相同的能量 E_i，即为 N 重简并。这实际上是把原子间相互影响看作微扰的简并微扰方法，微扰以后的状态是 N 个简并态的线性组合，即用原子轨道 $\varphi_i(\boldsymbol{r}-\boldsymbol{R}_m)$ 的线性组合来构成晶体中电子共有化运动的轨道 $\psi(\boldsymbol{r})$，因而也称为原子轨道线性组合法。因此有

$$\psi(\boldsymbol{r})=\sum_m a_m\varphi_i(\boldsymbol{r}-\boldsymbol{R}_m) \tag{4-67}$$

式中，a_m 为线性组合的系数。

把式(4-67) 代入晶体中电子的波动方程，并利用式(4-66)，得到

$$\sum_m a_m [E_i + U(\boldsymbol{r}) - V(\boldsymbol{r} - \boldsymbol{R}_m)] E_i \varphi_i(\boldsymbol{r} - \boldsymbol{R}_m) = E \sum_m a_m \varphi_i(\boldsymbol{r} - \boldsymbol{R}_m) \tag{4-68}$$

当原子间距比原子轨道半径大时，不同格点 φ_i 的重叠很小，将近似认为

$$\int \varphi_i^*(\boldsymbol{r} - \boldsymbol{R}_m) \varphi_i(\boldsymbol{r} - \boldsymbol{R}_n) \mathrm{d}\boldsymbol{r} = \delta_{nm} \tag{4-69}$$

这个近似只是为了数学表述上的简化，没有实质性的影响。以 $\varphi_i^*(\boldsymbol{r} - \boldsymbol{R}_n)$ 左乘式(4-68)并积分就得到

$$\sum_m a_m \left\{ E_i \delta_{nm} + \int \varphi_i^*(\boldsymbol{r} - \boldsymbol{R}_n) [U(\boldsymbol{r}) - V(\boldsymbol{r} - \boldsymbol{R}_m)] \varphi_i(\boldsymbol{r} - \boldsymbol{R}_m) \mathrm{d}\boldsymbol{r} \right\} = E a_n$$

化简得

$$\sum_m a_m \int \varphi_i^*(\boldsymbol{r} - \boldsymbol{R}_n) [U(\boldsymbol{r}) - V(\boldsymbol{r} - \boldsymbol{R}_m)] \varphi_i(\boldsymbol{r} - \boldsymbol{R}_m) \mathrm{d}\boldsymbol{r} = (E - E_i) a_n \tag{4-70}$$

注意 $\varphi_i^*(\boldsymbol{r} - \boldsymbol{R}_n)$实际上有 N 种可能的选取办法，式(4-70) 实际上是 N 个联立方程中的一个典型方程。先考虑式(4-70) 中的积分，若改换变数

$$\xi = \boldsymbol{r} - \boldsymbol{R}_m$$

并考虑到 $U(\boldsymbol{r})$ 为周期函数，式(4-70) 中的积分可表示为

$$\int \varphi_i^* [\xi - (\boldsymbol{R}_n - \boldsymbol{R}_m)] [U(\xi) - V(\xi)] \varphi_i(\xi) \mathrm{d}\xi = -\boldsymbol{J}(\boldsymbol{R}_n - \boldsymbol{R}_m) \tag{4-71}$$

式(4-71) 表明积分只取决于相对位置 $\boldsymbol{R}_n - \boldsymbol{R}_m$，因此引入符号 $\boldsymbol{J}(\boldsymbol{R}_n - \boldsymbol{R}_m)$。式中引入负号的原因是，$U(\xi) - V(\xi)$ 就是周期场减掉在原点的原子场，这个场仍为负值，如图 4-3 所示。

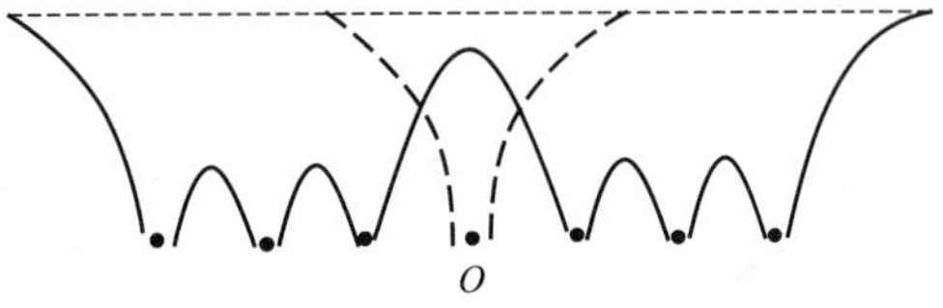

图 4-3　晶体势场和原子势场的差值

将式(4-71) 代入式(4-70) 则得到

$$-\sum_m a_m \boldsymbol{J}(\boldsymbol{R}_n - \boldsymbol{R}_m) = (E - E_i) a_n \tag{4-72}$$

这是以 a_m 为未知数的齐次线性方程组。由于方程式(4-70) 中系数只由 $(\boldsymbol{R}_m - \boldsymbol{R}_n)$ 决定，方程有以下简单形式的解

$$a_m = C \exp(\mathrm{i}\boldsymbol{k} \cdot \boldsymbol{R}_m) \tag{4-73}$$

其中 C 为归一化因子，$\boldsymbol{k}$ 为任意常数矢量，代入式(4-72)，可以得到

$$\begin{aligned} E - E_{\mathrm{i}} &= -\sum_m \boldsymbol{J}(\boldsymbol{R}_n - \boldsymbol{R}_m) \exp[\mathrm{i}\boldsymbol{k} \cdot (\boldsymbol{R}_m - \boldsymbol{R}_n)] \\ &= -\sum_s \boldsymbol{J}(\boldsymbol{R}_s) \exp(-\mathrm{i}\boldsymbol{k} \cdot \boldsymbol{R}_s) \end{aligned}$$

其中$\boldsymbol{R}_s = \boldsymbol{R}_n - \boldsymbol{R}_m$。注意方程的右边不再依赖于 m 或 n。

因此，对一个确定的 $\boldsymbol{k}$ 值，由式(4-67)、式(4-69)、式(4-73) 得到周期场中电子运动方程的解为

$$\psi_k(\boldsymbol{r}) = \frac{1}{\sqrt{N}} \sum_m \exp(\mathrm{i}\boldsymbol{k} \cdot \boldsymbol{R}_m) \varphi_i(\boldsymbol{r} - \boldsymbol{R}_m) \tag{4-74}$$

本征值为

$$E(\boldsymbol{k}) = E_i - \sum_s \boldsymbol{J}(\boldsymbol{R}_s) \exp(-\mathrm{i}\boldsymbol{k} \cdot \boldsymbol{R}_s) \tag{4-75}$$

在式(4-74) 中选定了归一化因子，可由归一化条件得到

$$C=\frac{1}{\sqrt{N}}$$

式中，N 为原胞总数。

很容易验证，式(4-74) 表示的 $\psi_{\boldsymbol{k}}$ 是布洛赫波函数，满足布洛赫定理，因为式(4-74) 可以改写成

$$\psi_{\boldsymbol{k}}(\boldsymbol{r})=\frac{1}{\sqrt{N}}\exp(\mathrm{i}\boldsymbol{k}\cdot\boldsymbol{r})\left[\sum_{m}\exp[-\mathrm{i}\boldsymbol{k}(\boldsymbol{r}-\boldsymbol{R}_m)]\varphi_i(\boldsymbol{r}-\boldsymbol{R}_m)\right]$$

如括号内 $\boldsymbol{r}$ 增加晶格式量 $\boldsymbol{R}_m=m_1\boldsymbol{a}_1+m_2\boldsymbol{a}_2+m_3\boldsymbol{a}_3$，它可以直接并入 $\boldsymbol{R}_m$ 。由于求和遍及所有的格点，结果并不改变连加式的值，这表明括号内是一周期性函数。而矢量 $\boldsymbol{k}$ 为简约波数，它的取值应限制在简约布里渊区。考虑到周期性边界条件，可得 $\boldsymbol{k}$ 的取值为

$$\boldsymbol{k}=\frac{l_1}{N_1}\boldsymbol{b}_1+\frac{l_2}{N_2}\boldsymbol{b}_2+\frac{l_3}{N_3}\boldsymbol{b}_3$$

共得 N 个如式(4-74) 形式的解。正如一般简并微扰计算的结果一样，它们和 N 个原子波函数 $\varphi_i(\boldsymbol{r}-\boldsymbol{R}_m)$ 之间存在如下变换关系

$$\begin{bmatrix}\psi_{\boldsymbol{k}_1}\\ \psi_{\boldsymbol{k}_2}\\ \vdots\\ \psi_{\boldsymbol{k}_3}\end{bmatrix}=\frac{1}{\sqrt{N}}\begin{pmatrix}\exp(\mathrm{i}\boldsymbol{k}_1\cdot\boldsymbol{R}_1),\exp(\mathrm{i}\boldsymbol{k}_1\cdot\boldsymbol{R}_2),\cdots,\exp(\mathrm{i}\boldsymbol{k}_1\cdot\boldsymbol{R}_N)\\ \vdots\\ \exp(\mathrm{i}\boldsymbol{k}_N\cdot\boldsymbol{R}_1),\exp(\mathrm{i}\boldsymbol{k}_N\cdot\boldsymbol{R}_2),\cdots,\exp(\mathrm{i}\boldsymbol{k}_N\cdot\boldsymbol{R}_N)\end{pmatrix}\begin{pmatrix}\varphi_i(\boldsymbol{r}-\boldsymbol{R}_1)\\ \varphi_i(\boldsymbol{r}-\boldsymbol{R}_2)\\ \vdots\\ \varphi_i(\boldsymbol{r}-\boldsymbol{R}_N)\end{pmatrix}$$

相当于进行表象变换，由 $\{\varphi_i(\boldsymbol{r}-\boldsymbol{R}_m)\}$ 表象变为 $\{\psi_{\boldsymbol{k}}\}$ 表象，在新的表象中哈密顿矩阵是对角化的。

由 $E(\boldsymbol{k})$ 的表达式(4-75) 可知，每一个 $\boldsymbol{k}$ 对应一个能量本征值（一个能级）。对应于准连续的 N 个 $\boldsymbol{k}$ 值，$E(\boldsymbol{k})$ 将形成一准连续的能带。以上分析说明，形成固体时原子态将形成一相应的能带。通常 $E(\boldsymbol{k})$ 表达式(4-75) 还可以做些简化，考察其中的

$$-\boldsymbol{J}(\boldsymbol{R}_s)=\int\varphi_i^*(\boldsymbol{\xi}-\boldsymbol{R}_s)[U(\boldsymbol{\xi})-V(\boldsymbol{\xi})]\varphi_i(\boldsymbol{\xi})\mathrm{d}\boldsymbol{\xi} \tag{4-76}$$

$\varphi_i^*(\boldsymbol{\xi}-\boldsymbol{R}_s)$ 和 $\varphi_i(\boldsymbol{\xi})$ 表示相距为 $\boldsymbol{R}_s$ 的两格点上的波函数。很显然，积分只有当它们有一定相互重叠时才不为 0。重叠最完全的是 $\boldsymbol{R}_s=0$，并用 J_0 表示，即

$$J_0=-\int|\varphi_i(\boldsymbol{\xi})|^2[U(\boldsymbol{\xi})-V(\boldsymbol{\xi})]\mathrm{d}\boldsymbol{\xi}$$

此外，$\boldsymbol{R}_s$ 为近邻格点的格矢量。求和中一般只保留到近邻项，而把其他项略去，式(4-75) 变为

$$E(\boldsymbol{k})=E_i-J_0-\sum_{\boldsymbol{R}_s=\text{近邻}}\boldsymbol{J}(\boldsymbol{R}_s)\exp(-\mathrm{i}\boldsymbol{k}\cdot\boldsymbol{R}_s) \tag{4-77}$$

下面讨论两个简单的例子。

(1) 计算简单立方晶格中由原子 s 态 $\varphi_s(\boldsymbol{r})$ 形成的能带

s 态波函数是球对称的，在各个方向的重叠积分相同，因此在式(4-77) 中 $J(\boldsymbol{R}_s)$ 有相同的值，简单表示为

$$J_1=J(\boldsymbol{R}_s),(\boldsymbol{R}_s\ \text{为近邻矢量}) \tag{4-78}$$

s 在波函数为偶宇称，即 $\varphi_s(-\boldsymbol{r})=\varphi_s(\boldsymbol{r})$，在近邻重叠积分式(4-78) 中，波函数的贡献

为正，所以 $J_1>0$。

简单立方晶格六个近邻格点坐标分别为（a，0，0）、（0，a，0）、（0，0，a）、（$-a$，0，0）、（0，$-a$，0）、（0，0，$-a$）。把近邻格矢代入式(4-77)，得到

$$E(\boldsymbol{k})=E_s-J_0-2J_1(\cos k_x a+\cos k_y a+\cos k_z a) \tag{4-79}$$

立方晶格的布里渊区为图 4-4 所示的立方。根据式(4-79)，得到在 $\boldsymbol{\Gamma}$、$\boldsymbol{X}$、$\boldsymbol{R}$ 点的能量为

$\boldsymbol{\Gamma}$ 点：$\boldsymbol{k}=(0,0,0)$，$E^{\Gamma}=E_s-J_0-6J_1$

$\boldsymbol{X}$ 点：$\boldsymbol{k}=\left(\frac{\pi}{a},0,0\right)$，$E^{X}=E_s-J_0-2J_1$

$\boldsymbol{R}$ 点：$\boldsymbol{k}=\left(\frac{\pi}{a},\frac{\pi}{a},\frac{\pi}{a}\right)$，$E^{R}=E_s-J_0+6J_1$

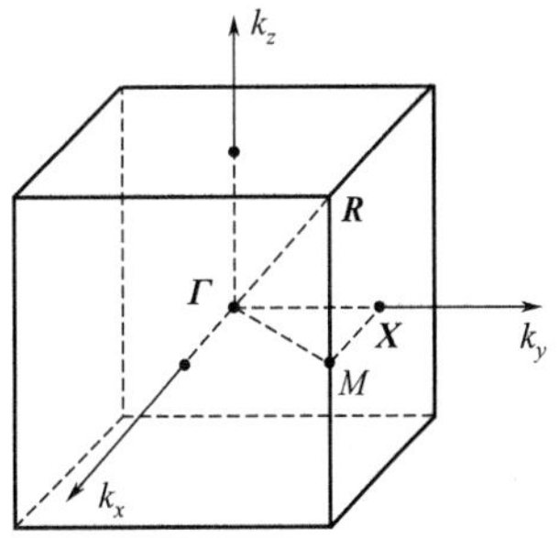

图 4-4　简单立方布里渊区

因为 $J_1>0$，$\boldsymbol{\Gamma}$ 点和 $\boldsymbol{R}$ 点分别对应带底和带顶。由以上计算可知，当 N 个原子相距较远时，每个原子都处于原子能级 E_i 上。如果原子自身的能级 E_i 不存在简并情况（如 s 态），整个体系是 N 重简并的，那么每个原子的电子都处在原子能级为 E_i 的态上运动。当这 N 个原子相互靠近形成晶格时，最近邻原子的波函数发生重叠，N 重简并被解除，晶体形成能带。

s 带能带的宽度（$12J_1$）决定于 J_1，而 J_1 的大小取决于近邻原子波函数之间的重叠。重叠得越多，形成的能带就越宽。能量 E_i 越低，对应的能带就越窄；能量 E_i 越高，能带就越宽。由于能量最低的能带对应于电子轨道很小的最内层电子，不同原子间波函数的重叠很少，因此能带较窄。而能量较高的能带对应于外层电子，不同原子间波函数有较多的重叠，因此形成的能带就较宽。

（2）计算简单立方晶格中由原子 p 态形成的能带

原子 p 态是三重简并的，三个 p 轨道可以写成

$$\varphi_{p_x}=xf(\boldsymbol{r}),\varphi_{p_y}=yf(\boldsymbol{r}),\varphi_{p_z}=zf(\boldsymbol{r})$$

根据简单立方晶格的对称性，这三个 p 轨道各自形成一个能带，其波函数为各自原子轨道的线性组合

$$\psi_{\boldsymbol{k}}^{p_x}=C\sum_n \exp(\mathrm{i}\boldsymbol{k}\cdot\boldsymbol{R}_n)\varphi_{p_x}(\boldsymbol{r}-\boldsymbol{R}_n)$$

$$\psi_{\boldsymbol{k}}^{p_y}=C\sum_n \exp(\mathrm{i}\boldsymbol{k}\cdot\boldsymbol{R}_n)\varphi_{p_y}(\boldsymbol{r}-\boldsymbol{R}_n)$$

$$\psi_{\boldsymbol{k}}^{p_z}=C\sum_n \exp(\mathrm{i}\boldsymbol{k}\cdot\boldsymbol{R}_n)\varphi_{p_z}(\boldsymbol{r}-\boldsymbol{R}_n)$$

各自能带的能量本征值仍可以用式(4-77)表示，只是近邻重叠积分 $J(\boldsymbol{R}_s)$ 是不完全相同的。以 φ_{p_x} 为例，电子云主要集中在 x 轴方向，6 个近邻重叠积分中，沿 x 轴的（a，0，0）与（$-a$，0，0）重叠积分大，用 J_1 表示；其他 4 个近邻重叠积分小（它们彼此相等），用 J_2 表示，所以

$$E_{(\boldsymbol{k})}^{p_x}=E_p-J_0-2J_1\cos \boldsymbol{k}_x a-2J_2(\cos \boldsymbol{k}_y a+\cos \boldsymbol{k}_z a) \tag{4-80}$$

同理可以得到

$$E_{(\boldsymbol{k})}^{p_y}=E_p-J_0-2J_1\cos \boldsymbol{k}_y a-2J_2(\cos \boldsymbol{k}_x a+\cos \boldsymbol{k}_z a) \tag{4-81}$$

$$E_{(\boldsymbol{k})}^{p_z}=E_p-J_0-2J_1\cos\boldsymbol{k}_z a-2J_2(\cos\boldsymbol{k}_x a+\cos\boldsymbol{k}_y a) \tag{4-82}$$

注意到原子 p 态是奇宇称，以 φ_{p_x} 为例，x 点与 $-x$ 点波函数是异号的。在图 4-5(a) 中，示意画出了 4 个原子排列成正方时，原子轨道 φ_{p_x} 的正值和负值的区域，可以得到沿 x 轴的重叠积分 $J_1<0$，沿 y 轴、z 轴的重叠积分 $J_2>0$。对于 φ_{p_y} 和 φ_{p_z}，也有相对应的结果。

根据式(4-79)、式(4-80)、式(4-81) 和式(4-82)，在图 4-5(b) 中画出了这些能带 $E(\boldsymbol{k})$ 函数沿 $\boldsymbol{\Gamma X}$ 轴（也称 $\boldsymbol{\Delta}$ 轴）的变化。图中最下面的曲线为前面所讨论的 s 态形成的能带，中间的一条是 p_x 态形成的能带，上面一条是 p_y 和 p_z 态形成的能带，这两个能带沿 $\boldsymbol{\Delta}$ 轴是简并的。在简单情况下，原子能级和能带之间具有简单的对应关系，如 ns 带、np 带、nd 带等。但是，由于 p 态是三重简并的，对应的能带会发生相互交叠，d 态等一些态也有类似的能带交叠。

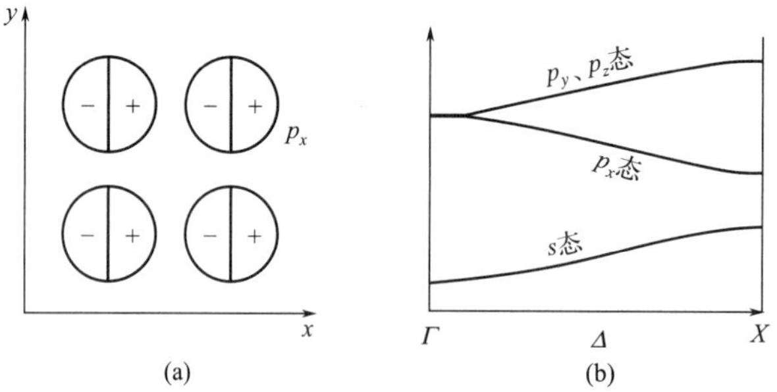

图 4-5　φ_{p_x} 原子波函数的正值和负值区域（a）与简单立方晶格 s 能带和 p 能带沿 Δ 轴的 $E(\boldsymbol{k})$ 函数（b）

在紧束缚模型的讨论和分析中，只考虑了不同原子的相同原子态之间的相互作用，并未考虑不同原子态之间的相互作用。对于内层电子，能级和能带有一一对应关系，但对于外层电子，能级和能带的对应关系较为复杂。一般的处理方法为：①主要由几个能量相近的原子态相互组合形成能带；②略去其他较多原子态的影响。例如，在讨论分析同一主量子数中的 s 态和 p 态之间的相互作用时，忽略其它主量子数原子态的影响。先将各原子态组成的布洛赫波函数求和，再将能带中的电子态写成布洛赫波函数的线性组合，最后代入薛定谔方程求解组合系数和能量本征值。

4.3.2　瓦尼尔函数

在紧束缚近似中，能带中的电子波函数可以写成原子波函数的布洛赫函数

$$\psi_{\boldsymbol{k}}^{i}=\frac{1}{\sqrt{N}}\sum_{n}\exp(\mathrm{i}\boldsymbol{k}\cdot\boldsymbol{R}_n)\varphi_i(\boldsymbol{r}-\boldsymbol{R}_n)$$

这里需要指出的是，对于任何能带，布洛赫函数都可以写成类似的形式

$$\psi_{n\boldsymbol{k}}=\frac{1}{\sqrt{N}}\sum_{n}\exp(\mathrm{i}\boldsymbol{k}\cdot\boldsymbol{R}_n)W_n(\boldsymbol{r}-\boldsymbol{R}_n) \tag{4-83}$$

其中 $W_n(\boldsymbol{r}-\boldsymbol{R}_n)$ 称为瓦尼尔（Wannier）函数。由式(4-83) 可以得到

$$W_n(\boldsymbol{r}-\boldsymbol{R}_n)=\frac{1}{\sqrt{N}}\sum_{\boldsymbol{k}}\exp(-\mathrm{i}\boldsymbol{k}\cdot\boldsymbol{R}_n)\psi_{n\boldsymbol{k}}$$

即一个能带的瓦尼尔函数是由同一能带的布洛赫函数所定义。瓦尼尔函数之间是完全正交

的，很容易证明

$$\int W_n^*(\boldsymbol{r}-\boldsymbol{R}_m)W_n(\boldsymbol{r}-\boldsymbol{R}_{m'})\,\mathrm{d}\boldsymbol{r}=\delta_{mm'}$$

因此，布洛赫函数的集合和瓦尼尔函数的集合是两组完备的正交函数集，它们之间由幺正矩阵相联系。

在紧束缚近似中，如果忽略原子波函数的交叠，如式(4-69) 近似认为

$$\int \varphi_i^*(\boldsymbol{r}-\boldsymbol{R}_n)\varphi_i(\boldsymbol{r}-\boldsymbol{R}_m)\,\mathrm{d}\boldsymbol{r}=\delta_{nm}$$

在这种情况下，瓦尼尔函数就是各个格点上孤立原子的波函数。如果某些能带与紧束缚近似模型相差很远，瓦尼尔函数很少保留孤立原子波函数的信息，但它仍然是较为定域化的。瓦尼尔函数在讨论那些电子空间局域性起重要作用的问题时将会是比较好的工具。

4.4 费米面与态密度

4.4.1 布里渊区中的费米面

以二维正方格子为例，每个原子电离出 4 个价电子，并假定晶格周期势很弱，以此推导出费米面的主要特征。由周期性边界条件可以得到布洛赫电子费米波矢满足的关系式

$$\boldsymbol{k}=\frac{l_1}{N_1}\boldsymbol{b}_1+\frac{l_2}{N_2}\boldsymbol{b}_2=\frac{l_1}{N_1}\times\frac{2\pi}{a}\boldsymbol{i}+\frac{l_2}{N_2}\times\frac{2\pi}{a}\boldsymbol{j} \tag{4-84}$$

在 $\boldsymbol{k}$ 空间中，许可的 $\boldsymbol{k}$ 值是一些分立的点，每个代表点所占的空间体积为

$$\Delta\boldsymbol{k}=\left(\frac{1}{N_1}\times\frac{2\pi}{a}\right)\cdot\left(\frac{1}{N_2}\times\frac{2\pi}{a}\right)=\frac{(2\pi)^2}{N_1aN_2a}=\frac{(2\pi)^2}{A} \tag{4-85}$$

其中 A 为所取二维体系的大小，即面积。在 $\boldsymbol{k}$ 空间中，单位体积代表点数目为

$$\frac{1}{\Delta\boldsymbol{k}}=\frac{A}{(2\pi)^2} \tag{4-86}$$

与三维自由电子气费米波矢的推导相似。在 $\boldsymbol{k}$ 空间中，利用单位面积代表点数目的表达式，可以将费米波矢与电子数联系起来。因为“单位体积的代表点数目”与“$\boldsymbol{k}$ 空间中电子所占据的面积”相乘就得到“在 $\boldsymbol{k}$ 空间中电子所占据的代表点数目”，即

$$2\times\frac{A}{(2\pi)^2}\times\pi\boldsymbol{k}_F^2=N \tag{4-87}$$

可以得到

$$\boldsymbol{k}_F=\sqrt{\frac{2\pi N}{A}}=\sqrt{2\pi n} \tag{4-88}$$

其中 n 为二维正方格子单位面积的电子数，$\boldsymbol{k}_F$ 为费米圆的半径。原胞边长为 a 的二维正方格子，每个原子电离出 4 个价电子，则 $n=\frac{4}{a^2}$，由此可得

$$\boldsymbol{k}_F=\sqrt{2\pi n}=\frac{2\sqrt{2\pi}}{a} \tag{4-89}$$

这样可以确定二维正方格子费米圆的大小。

根据弱周期势微扰理论，在远离布里渊区边界的地方，费米圆维持圆形，在布里渊区边界上，将出现能隙。通过对晶体能带对称性的讨论，可以知道能带也具有一定的对称性，即 $E_n(\boldsymbol{k})=E_n(-\boldsymbol{k})$，$E_n(\boldsymbol{k}+\boldsymbol{G}_h)=E_n(\boldsymbol{k})$，因而

$$\nabla_{\boldsymbol{k}}E(\boldsymbol{k})\big|_{\boldsymbol{k}}=\nabla_{-\boldsymbol{k}}E(-\boldsymbol{k})\big|_{-\boldsymbol{k}}=\nabla_{-\boldsymbol{k}}E(\boldsymbol{k})\big|_{-\boldsymbol{k}}=-\nabla_{\boldsymbol{k}}E(\boldsymbol{k})\big|_{-\boldsymbol{k}} \tag{4-90}$$

表示 $\boldsymbol{k}$ 点处能量对 $\boldsymbol{k}$ 的梯度。根据能带对称性

$$\nabla_{\boldsymbol{k}}E(\boldsymbol{k})\big|_{\boldsymbol{k}}=\nabla_{\boldsymbol{k}+\boldsymbol{G}_h}E(\boldsymbol{k}+\boldsymbol{G}_h)\big|_{\boldsymbol{k}+\boldsymbol{G}_h}=\nabla_{\boldsymbol{k}}E(\boldsymbol{k})\big|_{\boldsymbol{k}+\boldsymbol{G}_h} \tag{4-91}$$

在布里渊区边界，即 $\boldsymbol{k}=\pm\boldsymbol{G}_h/2$ 处

$$\nabla_{\boldsymbol{k}}E(\boldsymbol{k})\big|_{-\frac{1}{2}\boldsymbol{G}_h}=\nabla_{\boldsymbol{k}}E(\boldsymbol{k})\big|_{\frac{1}{2}\boldsymbol{G}_h} \tag{4-92}$$

根据 $\nabla_{\boldsymbol{k}}E(\boldsymbol{k})\big|_{\boldsymbol{k}}=-\nabla_{\boldsymbol{k}}E(\boldsymbol{k})\big|_{-\boldsymbol{k}}$

$$\nabla_{\boldsymbol{k}}E(\boldsymbol{k})\big|_{\frac{1}{2}\boldsymbol{G}_h}=-\nabla_{\boldsymbol{k}}E(\boldsymbol{k})\big|_{-\frac{1}{2}\boldsymbol{G}_h} \tag{4-93}$$

因此，在布里渊区边界

$$\nabla_{\boldsymbol{k}}E(\boldsymbol{k})\big|_{\frac{1}{2}\boldsymbol{G}_h}=\nabla_{\boldsymbol{k}}E(\boldsymbol{k})\big|_{-\frac{1}{2}\boldsymbol{G}_h}=0 \tag{4-94}$$

即在布里渊区的边界上，能带对 $\boldsymbol{k}$ 的梯度为 0，费米面（等能面）与边界面垂直相交。如果能带在布里渊区边界简并，该结论可能会失效。因此，在远离布里渊区边界时，费米圆近似为圆形；在布里渊区边界上时，费米圆与界面垂直，出现能隙，如图 4-6 所示。此时，费米面将不再保持连续。费米面所包围的面积，与电子数密度相关，对于每个电子电离 4 个价电子的情形，费米圆半径为 $\boldsymbol{k}_F=\dfrac{2\sqrt{2\pi}}{a}$，费米圆所占的面积等于第一布里渊区面积的两倍。

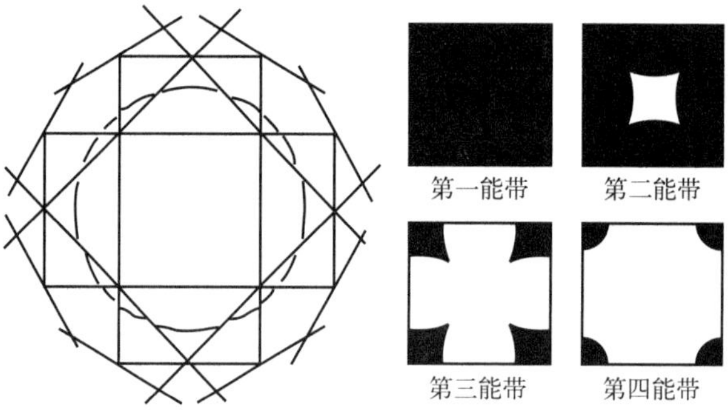

图 4-6 扩展布里渊区图示中的费米圆以及简约布里渊区图示中的费米圆

如图 4-6 所示，第一布里渊区被电子完全填满，形成第一个能带；在第二布里渊区中，大部分被电子填满形成连通的区域，包围着空态，称为空穴型费米面，也称空穴袋；在第三和第四布里渊区，电子仅仅填充一小部分，形成电子袋，费米圆是非连通的。与高布里渊区的平移相似，可以把第 N 个布里渊区的费米圆通过平移倒格矢 $\boldsymbol{G}_h$ 的整数倍平移到第一个布里渊区，形成简约布里渊区。

4.4.2 态密度

如第 3 章所讨论的，态密度是指在单位体积样品中，单位能量间隔内所包含自旋电子的态数。与自由电子的情况不同，由于在周期势作用下，电子形成能带，每个能带中存在一个态密度。如果第 n 个能带的态密度为 $g_n(E)$，则总的态密度

$$g(E)=\sum_n g_n(E) \tag{4-95}$$

假定 $S_n(E)$ 为等能面，$\delta \boldsymbol{k}$ 为在点 $\boldsymbol{k}$ 处与等能面 $S_n(E)$ 和 $S_n(E+\mathrm{d}E)$ 的垂直距离，则单位体积样品中，$\mathrm{d}E$ 单位能量间隔内包含自旋电子的态数为

$$g_n(E)\mathrm{d}E=\frac{2}{V}\times\frac{V}{8\pi^3}\int_{S_n(E)}\delta\boldsymbol{k}\,\mathrm{d}S \tag{4-96}$$

其中 $\frac{V}{8\pi^3}\int_{S_n(E)}\delta\boldsymbol{k}\,\mathrm{d}S$ 表示面积为 $S_n(E)$、厚度为 $\delta\boldsymbol{k}$ 的体积内电子占据代表点（$\boldsymbol{k}$ 许可点）数目。由于 $\mathrm{d}E=|\nabla_{\boldsymbol{k}}E_n(\boldsymbol{k})|\delta\boldsymbol{k}$，可得

$$\delta\boldsymbol{k}=\frac{\mathrm{d}E}{|\nabla_{\boldsymbol{k}}E_n(\boldsymbol{k})|} \tag{4-97}$$

则式(4-96) 可变换为

$$g_n(E)\mathrm{d}E=\frac{2}{V}\times\frac{V}{8\pi^3}\int_{S_n(E)}\frac{\mathrm{d}E}{|\nabla_{\boldsymbol{k}}E_n(\boldsymbol{k})|}\mathrm{d}S=\mathrm{d}E\int_{S_n(E)}\frac{1}{|\nabla_{\boldsymbol{k}}E_n(\boldsymbol{k})|}\times\frac{\mathrm{d}S}{4\pi^3} \tag{4-98}$$

可以得到

$$g_n(E)=\int_{S_n(E)}\frac{1}{|\nabla_{\boldsymbol{k}}E_n(\boldsymbol{k})|}\times\frac{\mathrm{d}S}{4\pi^3} \tag{4-99}$$

下面举例计算紧束缚近似下二维正方格子的电子能态密度。二维正方格子的近邻格点为 $\boldsymbol{R}_s=(\pm a,0)$，$(0,\pm a)$。根据之前的推导，紧束缚近似下，简单二维正方格子 s 带的能带 $E_s(\boldsymbol{k})$ 可从式(4-79) 得到，计算可得

$$|\nabla_{\boldsymbol{k}}E(\boldsymbol{k})|=2aJ_1\sqrt{\sin^2(\boldsymbol{k}_x a)+\sin^2(\boldsymbol{k}_y a)} \tag{4-100}$$

在二维情况下

$$g_n(E)\mathrm{d}E=\frac{2}{L^2}\times\frac{L^2}{4\pi^2}\int_{S_n(E)}\delta\boldsymbol{k}\,\mathrm{d}S \tag{4-101}$$

可得

$$g_n(E)=\frac{1}{2\pi^2}\int_{S_n(E)}\frac{\mathrm{d}S}{|\nabla_{\boldsymbol{k}}E_n(\boldsymbol{k})|}=\frac{1}{2\pi^2}\int_{S_n(E)}\frac{\mathrm{d}S}{2aJ_1\sqrt{\sin^2(\boldsymbol{k}_x a)+\sin^2(\boldsymbol{k}_y a)}} \tag{4-102}$$

4.5 能带特征与导电性

固体导电性的表现之一便是在恒定的外加电压或电场作用下有一定数值的电流通过，而此电流则由电子的定向运动产生。如果固体材料包含 N 个原子，每个原子又有 n 个电子，固体中就包含 Nn 个电子。但是，在讨论固体导电性时，不必研究所有 Nn 个电子对外电场的响应，而只需研究价电子的行为。一个填满的能带，即所有的状态都被电子占有的能带被称为满带。即使存在外场，满带中电子的填充情形并不会发生变化，因而对电流仍无贡献。简言之，满带中电子虽然很多，但并不导电。能带只有部分被电子填充，即部分低能量状态为电子填充，而其余高能量状态并无电子占据时，这些部分填充的能带或不满的能带对电导有贡献。

4.5.1 绝缘体、导体和半导体的区别

晶体中所有的电子按能量由低而高逐一填充各个许可能带。除价电子外，原子内壳层为

电子填满，从而过渡到晶体的情形也填满相应的能带，它们对电导自然毫无贡献。因此，一般情况下，判断固体材料的导电性，只需分析价电子填充价带的程度。如价带为满带，为绝缘体；倘为半满，则应为导体。

不过，当针对一具体能带，统计其中的状态数时应计及原子能级的简并性。例如，p 态不计自旋是三重简并的，由 p_x 、p_y 与 p_z 态展宽而成的能带在能量上会交叠成一个能带。因此，这一能带如果不与其他能带交叠则应视为包含 $3N$ 个轨道状态，计入自旋则应可容纳 $6N$ 个电子。如果是复式格子，则还应计及其中所有原子的原子态。而且，实际情形往往是比较复杂的，在原子情形是能量分开状态下，在形成晶体的时候可能产生耦合，如Ⅳ族元素锗、硅等。但是原子能级展宽成能带，同时展宽过程保持量子态数目不变的一般原则总是不变的。

碱卤族化合物是典型的绝缘体，因为碱金属的外层电子转移到卤族元素，使得碱金属正离子与卤族元素负离子的最外层电子组态都是满壳层，从而展宽成被填满的能带，即价带是满带，合理解释了这类物质的绝缘性能。与此形成对照的是碱金属，其原子只有一个价电子，从而价带只有一半状态被填充，这半满的价带说明了碱金属的高导电性。

金属中导电电子的密度高达 $10^{29}\,\mathrm{m}^{-3}$ 数量级，电阻率为 $10^{-6}\,\Omega\cdot\mathrm{cm}$ 量级，而碱卤族绝缘体的电阻率一般为 $10^{2}\sim10^{8}\,\Omega\cdot\mathrm{cm}$。还有一类材料的导电本领介于两者之间，包括半导体和半金属。讨论这一类材料的导电机理最好借助空穴的概念，即空缺一个状态的能带的电流犹如由一个带正电荷 e 具有空缺电子速度的“粒子”对电流的贡献，这一粒子称为空穴。由此可见，空穴可用来描述少数顶部状态的能带的导电性，其波矢也就是空缺电子的波矢 $\boldsymbol{k}$。在外电场 $\boldsymbol{E}$ 作用下，状态为 $\boldsymbol{k}$ 的电子的加速度各向同性的能带情形可表示为

$$\boldsymbol{a}=\frac{\mathrm{d}}{\mathrm{d}t}\boldsymbol{v}(\boldsymbol{k})=\frac{1}{m'^{*}}\boldsymbol{F}=\frac{1}{m'^{*}}(-e\boldsymbol{E}) \tag{4-103}$$

式中，m'^{*} 为能带顶附近电子的有效质量。

由于$\boldsymbol{v}(\boldsymbol{k})$也就是空穴的速度，式中 $\boldsymbol{a}$ 也就是空穴的加速度。式(4-103) 可改写成 $\boldsymbol{a}=\dfrac{1}{-m'^{*}}e\boldsymbol{E}$ ，并引入

$$m_{\mathrm{h}}=-m'^{*} \tag{4-104}$$

得

$$\boldsymbol{a}=\frac{1}{m_{\mathrm{h}}}e\boldsymbol{E} \tag{4-105}$$

由于空穴多产生在能带顶部，即 $m'^{*}<0$，因而 $m_{\mathrm{h}}>0$。将式(4-105) 与式(4-103) 对比，可认为 m_{h} 为空穴的有效质量。综上所述，可将一波矢为 $\boldsymbol{k}$ 的电子状态形成的空穴的属性概括如下：带正电荷 e ，速度为该电子速度$\boldsymbol{v}(\boldsymbol{k})$，有效质量为正且数值上等于该电子有效质量的绝对值。

半导体（这里只指本征半导体，详见半导体章节的内容）的价带在低温下是满带。然而价带与其上的许可带之间隔开的禁带宽度 E_{g} 较小，通常小于 3.5eV。在室温下，价带顶部的电子有一定的概率被激发至价带之上的空带（常称为导带），同时在价带中留下空穴，使价带与导带都成为部分电子填充的能带，只是导带中只有很少一部分带底为电子占据，而价带中也只有极少的带顶部分为空穴占据。导带中的电子与价带中的空穴都能对电导有贡献，因此常将它们统称为载流子。由于半导体的载流子数密度通常为 $10^{16}\sim10^{21}\,\mathrm{m}^{-3}$ 量级，远

小于金属中导电电子的数密度，故常温下半导体的电导率较低。半导体的电导率随温度增加或光照会迅速增加，同时也能通过掺杂增加导电本领，这些将在后面的章节中详细介绍。在低温下，半导体的价带是满带，本质上表现为绝缘体。这里值得注意的是，切勿以为半导体中电子与空穴的荷电符号不同而使其对导电性的贡献相消。恰恰相反，它们对导电性的贡献是相加的。另外，空穴这一概念不仅适用于半导体，也适用于某些金属，如通常认为金属铝中基本上是由空穴提供导电性，每个原子约平均提供 1 个空穴，而不看作提供 3 个电子。

4.5.2 几种常见材料的能带及属性

图 4-7 表示钠的能带结构，其能级分布取决于原子之间的距离，垂直线位置表示固体钠中钠原子之间的平均距离。钠原子的核外电子结构为 $1s^2 2s^2 2p^6 3s^1$，越是处于内层的电子，受到其他原子的影响就越小，而最外层的 3s 电子受到其他原子的影响最大。因此，对于钠来说，3s 电子是价电子，所以 3s 能级组成的能带就成为价带。3p 能带又称为导带，该导带在基态时没有电子，但这并不意味电子不能占据 3p 能带。事实上，如果受到外来能量的激发，处在下面较低能级的电子是可能跃迁到这个 3p 能带甚至更高的能带上去。在 3s 能带和 3p 能带之间，有一段能量区域是不可能有电子占据的，这个能量区域称为禁带，或者称为带隙。

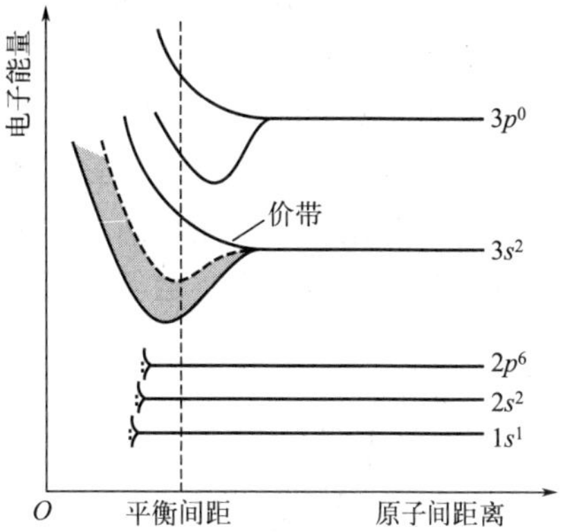

图 4-7 钠的能带结构

由于钠只有 1 个 3s 电子，所以在 3s 价带上只有一半的能级被电子所占据。很显然，这些被电子所占据的能带应该是能量较低的能带，而 3s 价带中能量较高的处于上方的能带很少有电子占据。当温度为绝对零度时，只有下面一半的能带被电子占据，上面一半的能带没有电子占据，这个区分电子占据与未占据的能量称为费米能级。当温度高于绝对零度时，有一些电子获得了能量，跳到价带中较高能级，而在相对应能量较低的能级上失去了电子，产生了相同数量的空穴，如图 4-8 所示。这些激发的电子和空穴都是携带电荷的载流子。

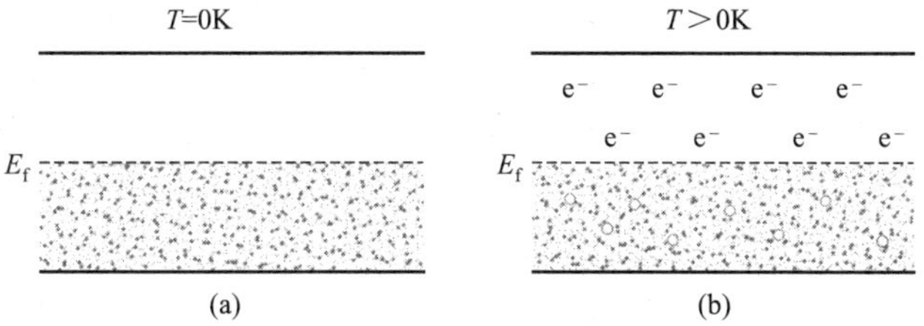

图 4-8 能带中电子随温度升高而进行能级跃迁

(a) 温度 $T=0$ 时能带中电子分布状态；(b) 温度升高，$T>0$K 时能带电子随温度升高而进行能级跃迁

图 4-9 表示镁的能带结构。元素周期表中镁所在的ⅡA 族元素的最外层 s 轨道有 2 个电子，如镁原子的核外电子结构为 $1s^2 2s^2 2p^6 3s^2$，所以镁的 3s 能带就会被电子全部占满。但是，由于固体镁的 3p 能带与 3s 能带有交叠，这种交叠使得电子能够激发到 3s 和 3p 重叠能带里的高能级，所以镁具有导电性。铝和元素周期表中其他的ⅢA 族元素的 3s 能带和 3p

能带也有类似的能带重叠现象。

从铜到镍的过渡族金属中，未被电子充满的 $3d$ 能带和 $4s$ 能带也会发生重叠，这种能带重叠的电子能够被激发到高能量的能级。能带之间复杂的相互作用使得这些金属的导电性不够理想。但铜是一个例外，铜的外层 $3d$ 能带已经被电子充满，这些电子被原子紧紧束缚，不能与 $4s$ 能带相互作用。由于铜的 $3d$ 能带和 $4s$ 能带之间基本没有相互作用，所以铜的导电性特别好，类似的情况也出现在银和金中。

元素周期表中ⅣA族元素，如碳、硅、锗、锡等，最外层 p 轨道有 2 个电子。根据前面的讨论，因为这些元素的 p 能带没有被电子充满，似乎应该具有良好的导电性，但实际情况却不是这样。这些元素都是以共价键结合的，最外层的 s 能带电子和 p 能带电子都被原子紧紧束缚。共价键使能带结构发生比较复杂的变化，即杂化现象。

金刚石中碳原子的 $2s$ 能级和 $2p$ 能级可以容纳 8 个电子，但实际上只有 4 个电子可用。当碳原子形成固体金刚石时，$2s$ 能级和 $2p$ 能级相互作用，形成如图 4-10 所示的 2 个杂化能带。每个杂化能带都能容纳 $4N$ 个电子，但是由于总共只有 $4N$ 个电子，所以较低的杂化能带（价带）完全填满了电子，而较高的杂化能带则没有一个电子。

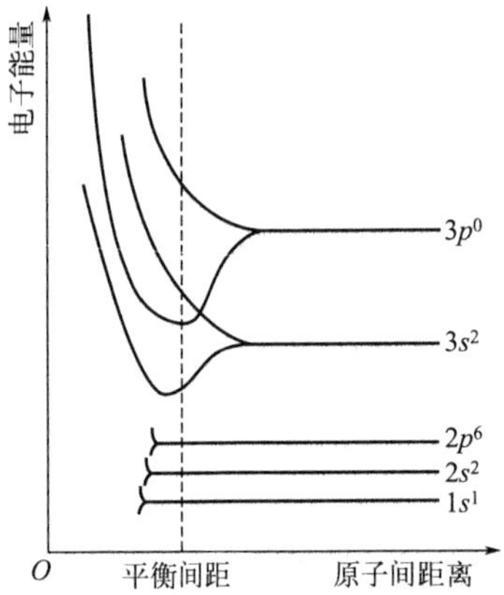

图 4-9 镁的能带结构

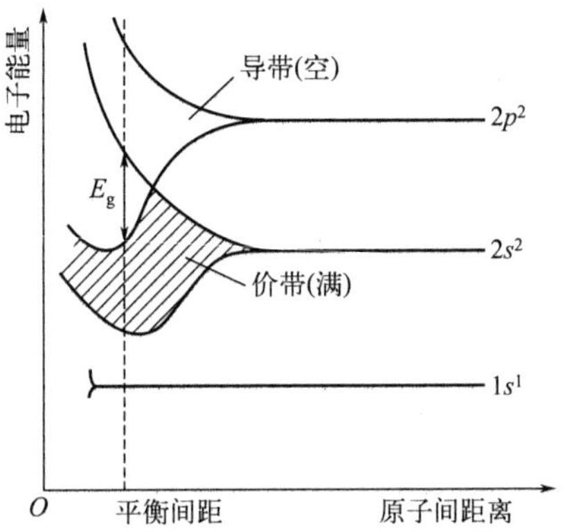

图 4-10 金刚石的能带结构

在金刚石的价带和导带之间有一个较大的禁带 E_g。很少有电子具有足够的能量，能够从价带跃迁到导带去，所以金刚石的电导率很低。其他共价键和离子键材料也有类似的杂化能带结构，导电性都像绝缘体一样。提高温度或者施加电压，可以使价带电子获得能量，跃迁到导带，从而增加电导率。例如，氮化硼的室温电导率为 $10^{-13}/(\Omega \cdot cm)$，温度升到 800℃时则为 $10^{-4}/(\Omega \cdot cm)$。虽然锗、硅和锡的能带结构与金刚石相似，但这些材料的禁带宽度 E_g 较小。如禁带宽度 E_g 比较小的锡具有相似导体的导电性，而禁带宽度 E_g 稍大一点的锗和硅成了典型的半导体。绝缘体的能带结构与半导体相似，价带上都排满了电子，而导带上则没有电子。不同之处在于，许多半导体的禁带宽度为 0.3～2.0eV，而绝缘体的禁带宽度则为 4～5eV。不过，并没有一个严格的禁带宽度数值可以截然区分半导体和绝缘体。

4.6 第一性原理计算方法

随着科学技术和计算机运算速度的不断发展，人们现在已可以用计算机模拟微观系统的演化过程、模拟设计新型材料，通过求解系统和材料的量子力学方程，就可计算出微观系统的演化结果，找到最佳的材料设计方案。但这项工作的主要障碍是一些系统中的原子、分子都是海量的多体问题，体系或材料的薛定谔方程很难求解，特别是对于固体中包含的大量且复杂的大质量离子实与自由电子、价电子、束缚电子等的相互作用问题更是无法解决。为此，人们发展了第一性原理计算用于研究材料的能带结构和物理性能。

根据原子核和电子相互作用的原理及其基本运动规律，运用量子力学原理，从具体要求出发，经过一些近似处理后直接求解薛定谔方程的算法，称为第一性原理计算。所谓第一性原理（first-principle），是一个计算物理或计算化学专业名词。第一性原理计算基于量子力学理论，主要考虑原子核与电子、电子与电子的相互作用，在电子层次上研究分析材料的各种性能。第一性原理计算在固体材料性质理论研究的广泛应用主要受益于霍恩伯格（Hobenberg）、科恩（Kohn）和沈吕九（Sham）发展的密度泛函理论。在此理论中，单电子将代替多电子体系来求解体系的薛定谔方程。

随着计算机等相关技术的发展，多种第一性原理的计算软件也随之出现，如 VASP、Gaussian98、Castep、WIEN2K 等。本章简要介绍一下 VASP 软件的功能、特点及优势。VASP 软件的核心思路是对薛定谔方程进行近似求解得到体系的电子态和能量，不仅能够基于密度泛函理论求解 Kohn-Sham 方程，也能够在 Hartree-Fock 的近似下求解 Roothaan 方程，而且现在已经可以进行混合泛函计算。

VASP 软件的计算功能十分强大，可以计算材料的键长和键角等晶体结构参数、能带和电子态密度等电子结构特性，以及光学和磁学等物理性质。由于在计算过程中可采用并行计算，因此操作步骤简单、计算效率更高且计算时软件运行更为稳定。利用 VASP 进行第一性计算的过程一般分为三部分，首先是对建立的计算模型进行结构优化，获得一个相对稳定的结构，确定基态原子比较准确的位置信息；然后利用优化后的模型进行自洽计算，获得体系的能量、电荷密度、波函数等一系列结果；最后读取相关的自洽计算结果，计算材料的能带结构、态密度等不同的性质。

4.6.1 密度泛函理论

密度泛函理论是量子力学中用于研究多电子体系电子结构的理论方法之一，在物理和化学研究方面应用广泛，尤其是在研究分子和凝聚态的性质方面，是凝聚态物理与计算材料学和计算化学研究中最常使用的一种研究方法。但是，人们普遍认为量子计算不能给出十分精确的结果。直到 20 世纪 90 年代，理论中所采用的近似方法被优化成更好的交换关联作用模型。通过建立真实多电子相互作用体系和一个与其具有相同基态电子密度的虚拟无相互作用体系之间的映射关系，将复杂的量子多体问题重新表述为一个形式上的单体问题。

虽然密度泛函理论的概念起源于 Thomas-Fermi 模型，但直到霍恩伯格-科恩定理提出之后才有了坚实的理论依据。霍恩伯格-科恩第一定理指出，体系的基态能量仅仅是电子密度的泛函。所谓“泛函”也是一种“函数”，它的独立变量一般不是通常函数的“自变量”，而是函数本身，简而言之，泛函是函数的函数。霍恩伯格-科恩第一定理中能量是电子密度的函数，而电子密度是坐标的函数，因此能量是电子密度的泛函。霍恩伯格-科恩第二定理证明，以基态密度为变量，将体系能量最小化之后就得到了基态能量，这实际上就是对于密度函数的变分原理。这两条定理阐述了密度泛函理论的核心内容，即计算出电子密度的泛函，就可以知道整个体系基态的能量。

4.6.2 霍恩伯格-科恩定理

密度泛函理论指出电子体系基态的能量由基态电荷密度唯一确定，因此可以表示为 $E=E(n_0)$，其中n_0 是体系基态电荷密度。霍恩伯格-科恩第一定理提出不计自旋的全同费米子系统的基态能量是电荷密度 $\rho(\boldsymbol{r})$ 的唯一泛函，其中电荷密度定义为

$$\rho(\boldsymbol{r})=N\int\cdots\int|\psi(X_1,X_2,\cdots,X_N)|^2\mathrm{d}X_1\mathrm{d}X_2\cdots\mathrm{d}X_N \tag{4-106}$$

且满足条件

$$\int\rho(\boldsymbol{r})\,\mathrm{d}\boldsymbol{r}=N \tag{4-107}$$

上两式中，N 为系统中的总电荷数；X_i 包含坐标变量 $\boldsymbol{r}_l$ 以及自旋变量 s_i。

霍恩伯格-科恩第一定理指出，基态电荷密度是确定多粒子系统基态物理性质的基本变量，能量、波函数等系统中所有的基态物理性质以及每个算符的期待值均由电荷密度唯一确定。这就表明问题的基本变量可以从 $3N$ 维的波函数转变为三维电荷密度，使得在概念或者实际处理时均更为方便简单。

霍恩伯格-科恩第二定理表明，当体系总电荷数固定不变时，能量泛函 $E[\rho]$ 取电荷密度函数 $\rho(\boldsymbol{r})$ 的极小值，即等于体系的基态能量。也就是说，对于任意的电荷密度函数，当 $\rho'(\boldsymbol{r})\geqslant0$ 时，可以得到 $E[\rho]\geqslant E_0$，其中 E_0 是体系基态能量。由此表明，当基态电荷密度函数被确定后，就可以得到能量泛函的极小值，体系的基态能量和该极小值相等，这实际上就是电荷密度函数的变分原理。

根据上述霍恩伯格-科恩第一和第二定理，对于给定的外部势能 $v(\boldsymbol{r})$，与外部势能相关的能量泛函 $E[\rho]$ 可以表示为电子相互作用能量泛函 $U_{ee}[\rho]$、动能泛函 $T[\rho]$ 以及外部势能泛函 $V[\rho]$ 三者之和的形式，即

$$E[\rho]=U_{ee}[\rho]+T[\rho]+V[\rho] \tag{4-108}$$

其中，与外部势能无关的电子相互作用势能和动能部分可以用 $F_{HK}[\rho]$ 表示，即

$$F_{HK}[\rho]=U_{ee}[\rho]+T[\rho] \tag{4-109}$$

这一部分泛函的形式和具体的体系没有关系，即对于不同的体系均适用。

4.6.3 科恩-沈吕九方程

目前材料的第一性原理计算最常用方法是基于局域密度近似（LDA）或广义梯度近似（GGA）的科恩-沈吕九密度泛函理论。科恩-沈吕九方程用势能 $U_H[\rho]$ 和动能 $T_S[\rho]$ 这类无相互作用并且方便求解计算的泛函来代替真实的电子相互作用势能和动能泛函，将这两部分的近似值和实际值之差用交换关联泛函 $E_{xc}[\rho]$ 表示。其核心思想是仅用交换关联泛函这一项来表示全部的误差和未知的效应，即

$$E[\rho]=U_H[\rho]+T_S[\rho]+V[\rho]+E_{xc}[\rho] \tag{4-110}$$

其中

$$E_{xc}[\rho]=(U_{ee}[\rho]-U_H[\rho])+(T[\rho]-T_S[\rho])+E_{unknown}[\rho] \tag{4-111}$$

科恩-沈吕九理论可表述为如下能量分布最小化以获得基态能量

$$E_0=\min_{\rho(\boldsymbol{r})}\left\{\min_{\Phi\to\rho(\boldsymbol{r})}\langle\Phi\mid T\mid\Phi\rangle+\int\rho(\boldsymbol{r})V_{ext}(\boldsymbol{r})\,\mathrm{d}\boldsymbol{r}+U_H[\rho]+E_{xc}[\rho]\right\} \tag{4-112}$$

式中，Φ 表示 N 个电子行列式波函数；T 为 N 个电子体系的动能算符（本文采用原子

单位制)，$T=\sum_{i=1}^{N}-\frac{1}{2}\nabla_i^2$；$V_{ext}(\boldsymbol{r})$ 为电子感受到的所有原子核电荷产生的外势场；$U_H[\rho]=\frac{1}{2}\iint\frac{\rho(\boldsymbol{r})\rho(\boldsymbol{r}')}{|\boldsymbol{r}-\boldsymbol{r}'|}\mathrm{d}\boldsymbol{r}\mathrm{d}\boldsymbol{r}'$ 为电子间的经典库仑排斥能，$E_{xc}[\rho]=\min_{\Phi\to\rho}\langle\Phi\mid T+V_{ee}\mid\Phi\rangle-\min_{\Phi\to\rho}\langle\Phi\mid T\mid\Phi\rangle-E_H[\rho]$ 为交换关联能泛函，其中 $V_{ee}=\sum_{i<j}^{N}v_{ee}(\boldsymbol{r}_{ij})$ 表示对应于库伦作用 $v_{ee}(\boldsymbol{r}_{12})=1/|\boldsymbol{r}_1-\boldsymbol{r}_2|$ 的电子间相互作用算符。在此基础上可以得到科恩-沈吕九单电子方程

$$\left[-\frac{1}{2}\nabla^2+V_S(\boldsymbol{r})\right]\psi_i(\boldsymbol{r})=E_i\psi_i(\boldsymbol{r});V_S(\boldsymbol{r})=V_{ext}(\boldsymbol{r})+V_H(\boldsymbol{r})+V_{xc}(\boldsymbol{r}) \quad (4\text{-}113)$$

式中，$V_H(\boldsymbol{r})$ 为电子密度 $\rho(\boldsymbol{r})$ 产生的经典库伦势，$V_H(\boldsymbol{r})=\int\frac{\rho(\boldsymbol{r}')}{|\boldsymbol{r}-\boldsymbol{r}'|}\mathrm{d}\boldsymbol{r}'$；$V_{xc}(\boldsymbol{r})$ 为交换关联势，$V_{xc}(\boldsymbol{r})=\frac{\delta E_{xc}[\rho]}{\delta\rho(\boldsymbol{r})}$。

4.7 紧束缚近似计算方法

紧束缚近似计算方法（TB）第一次由 Bloch（布洛赫）在 1928 年提出，主要是以原子轨道的线性组合（LCAO）来作为一组基函数，由此求解薛定谔方程。该方法认为固体中的电子态与组成固体元素的自由电子态差别不大。

这种方法在体材料能带计算中显示出较大优势，并适用于表面态和低维材料能带的计算。其模型被不断修正，所得到的结果也越来越接近实验数据和第一性原理计算所得到的结果。与第一性原理计算方法不同，紧束缚近似计算方法需要一些拟合参数，但其计算效率高，物理图像清晰，因此既适合于能带的定量计算又适合定性分析，在物理学中被广泛采用。下面以石墨烯能带结构的计算为例，介绍紧束缚近似方法的应用。

石墨烯是由碳六元环组成的二维周期蜂窝状点阵结构，如图 4-11 所示。每个碳原子都具有 4 个价电子，并按平面正三角形等距离的和 3 个碳原子相连，每个碳原子以 sp^2 杂化和周围的 3 个碳原子形成 3 个 σ 键。它们的波函数形式为

$$\frac{1}{\sqrt{3}}\left[\Psi_c(2s)+\sqrt{2}\Psi_c(\delta_i 2p)\right](i=1,2,3)$$

式中，$\Psi_c(2s)$ 、$\Psi_c(\delta_i 2p)$ 分别为 $2s$、δ_i 方向上 $2p$ 轨道的波函数。在垂直于石墨层的方向上还剩余 1 个 $2p_z$ 轨道和 1 个价电子，与近邻原子相互作用形成贯穿于整个石墨层的离域 π 键。由于位于平面内 σ 键的 3 个电子并不参与导电，因此在计算石墨烯的能带结构时只考虑位于 π 键上的那一个电子。

石墨烯的每个原胞包含 2 个不等价的碳原子 A 和 B，它们之间的键长 $a=1.42\text{Å}$。如图 4-11(a) 所示，取晶格的基矢为

$$\boldsymbol{a}_1=\frac{3a}{2}\boldsymbol{i}+\frac{\sqrt{3}a}{2}\boldsymbol{j} \quad (4\text{-}114)$$

$$\boldsymbol{a}_2=\frac{3a}{2}\boldsymbol{i}-\frac{\sqrt{3}a}{2}\boldsymbol{j} \quad (4\text{-}115)$$

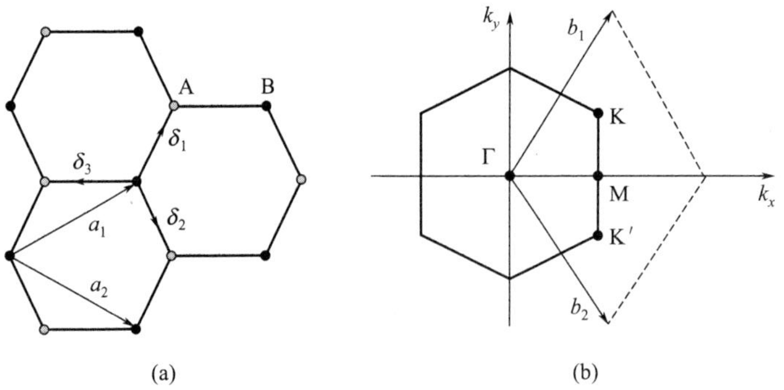

图 4-11　石墨烯六角蜂窝状晶格及其布里渊区

对应 $\boldsymbol{K}$ 空间的石墨烯倒格子基矢为

$$\boldsymbol{b}_1=\frac{2\pi}{3a}\boldsymbol{i}+\frac{2\sqrt{3}\pi}{3a}\boldsymbol{j} \tag{4-116}$$

$$\boldsymbol{b}_2=\frac{2\pi}{3a}\boldsymbol{i}-\frac{2\sqrt{3}\pi}{3a}\boldsymbol{j} \tag{4-117}$$

由此可以计算出图 4-11(b) 所标示的 $\boldsymbol{K}=\left(\frac{2\pi}{3a},\ \frac{2\pi}{3\sqrt{3}a}\right)$ 和 $\boldsymbol{K}'=\left(\frac{2\pi}{3a},\ -\frac{2\pi}{3\sqrt{3}a}\right)$。

每个碳原子 A 有 3 个最近邻的碳原子 B，它们之间的连接矢量分别为

$$\boldsymbol{\delta}_1=\frac{a}{2}\boldsymbol{i}+\frac{\sqrt{3}a}{2}\boldsymbol{j} \tag{4-118}$$

$$\boldsymbol{\delta}_2=\frac{a}{2}\boldsymbol{i}-\frac{\sqrt{3}a}{2}\boldsymbol{j} \tag{4-119}$$

$$\boldsymbol{\delta}_3=-a\boldsymbol{i} \tag{4-120}$$

选择一组紧束缚近似下的归一化基矢 $\{\varphi_1,\ \varphi_2\}$

$$\varphi_1=\frac{1}{\sqrt{N}}\sum_j \exp(\mathrm{i}\boldsymbol{k}\cdot\boldsymbol{R}_j^{\mathrm{A}})\phi(\boldsymbol{r}-\boldsymbol{R}_j^{\mathrm{A}}) \tag{4-121}$$

$$\varphi_2=\frac{1}{\sqrt{N}}\sum_j \exp(\mathrm{i}\boldsymbol{k}\cdot\boldsymbol{R}_j^{\mathrm{B}})\phi(\boldsymbol{r}-\boldsymbol{R}_j^{\mathrm{B}}) \tag{4-122}$$

式中，N 为晶体的原胞数；$\phi(\boldsymbol{r})$ 为碳原子 p_z 轨道的波函数；矢量 $\boldsymbol{R}$ 为第 $j=(n,\ m)$ 个原胞的位矢，$\boldsymbol{R}_j=n\boldsymbol{a}_1+m\boldsymbol{a}_2$；$\boldsymbol{R}_j^{\mathrm{A}}$、$\boldsymbol{R}_j^{\mathrm{B}}$ 则分别为第 j 个原胞中 A 原子和 B 原子的位矢。

在紧束缚近似下，石墨烯体系的波函数可由原子轨道线性组合得到，这种组合通常可以表示为

$$\begin{aligned}\Psi(\boldsymbol{r})&=c_1\varphi_1+c_2\varphi_2\\&=\frac{1}{\sqrt{N}}\sum_j\left[\exp(\mathrm{i}\boldsymbol{k}\cdot\boldsymbol{R}_j^{\mathrm{A}})c_1\varphi(\boldsymbol{r}-\boldsymbol{R}_j^{\mathrm{A}})+\exp(\mathrm{i}\boldsymbol{k}\cdot\boldsymbol{R}_j^{\mathrm{B}})c_2\varphi(\boldsymbol{r}-\boldsymbol{R}_j^{\mathrm{B}})\right]\end{aligned} \tag{4-123}$$

其中 c_1 和 c_2 为组合系数。系统波函数满足薛定谔方程 $H\Psi(\boldsymbol{r})=E\Psi(\boldsymbol{r})$，故将式(4-123) 代入，有

$$H|c_1\varphi_1+c_2\varphi_2\rangle=E|c_1\varphi_1+c_2\varphi_2\rangle \tag{4-124}$$

用 $\langle\varphi_1|$ 左乘式(4-124)，得

$$c_1H_{11}+c_2H_{12}=c_1E \tag{4-125}$$

$$c_1H_{21}+c_2H_{22}=c_2E \tag{4-126}$$

其中，$H_{11}=\langle\varphi_1|H|\varphi_1\rangle$，$H_{12}=H_{21}=\langle\varphi_1|H|\varphi_2\rangle$，$H_{22}=\langle\varphi_2|H|\varphi_2\rangle$，有

$$H_{11}=\langle\frac{1}{\sqrt{N}}\sum_j \exp(\mathrm{i}\boldsymbol{k}\cdot\boldsymbol{R}_j^{\mathrm{A}})\phi(\boldsymbol{r}-\boldsymbol{R}_j^{\mathrm{A}})\,|H|\,\frac{1}{\sqrt{N}}\sum_j \exp(\mathrm{i}\boldsymbol{k}\cdot\boldsymbol{R}_j^{\mathrm{A}})\phi(\boldsymbol{r}-\boldsymbol{R}_j^{\mathrm{A}})\rangle=E_{p_z} \tag{4-127}$$

$$H_{22}=\langle\frac{1}{\sqrt{N}}\sum_j \exp(\mathrm{i}\boldsymbol{k}\cdot\boldsymbol{R}_j^{\mathrm{B}})\phi(\boldsymbol{r}-\boldsymbol{R}_j^{\mathrm{B}})\,|H|\,\frac{1}{\sqrt{N}}\sum_j \exp(\mathrm{i}\boldsymbol{k}\cdot\boldsymbol{R}_j^{\mathrm{B}})\phi(\boldsymbol{r}-\boldsymbol{R}_j^{\mathrm{B}})\rangle=E_{p_z} \tag{4-128}$$

$$H_{12}=\langle\frac{1}{\sqrt{N}}\sum_j \exp(\mathrm{i}\boldsymbol{k}\cdot\boldsymbol{R}_j^{\mathrm{A}})\phi(\boldsymbol{r}-\boldsymbol{R}_j^{\mathrm{A}})\,|\,H\,|\,\frac{1}{\sqrt{N}}\sum_j \exp(\mathrm{i}\boldsymbol{k}\cdot\boldsymbol{R}_j^{\mathrm{B}})\phi(\boldsymbol{r}-\boldsymbol{R}_j^{\mathrm{B}})\rangle \tag{4-129}$$

在紧束缚近似下，只考虑最近邻原子间的相互作用。而对于每一个碳原子来说，它有 3 个最近邻原子，因此将式(4-118)、式(4-119)、式(4-120) 代入式(4-129)，有

$$\begin{aligned}H_{12}=&[\exp(\mathrm{i}\boldsymbol{k}\cdot\boldsymbol{\delta}_1)+\exp(\mathrm{i}\boldsymbol{k}\cdot\boldsymbol{\delta}_2)\\&+\exp(\mathrm{i}\boldsymbol{k}\cdot\boldsymbol{\delta}_3)]\langle\phi(\boldsymbol{r}-\boldsymbol{R}_j^{\mathrm{A}})\,|\,H\,|\,\phi(\boldsymbol{r}-\boldsymbol{R}_j^{\mathrm{B}})\rangle=E(\boldsymbol{k})t\end{aligned} \tag{4-130}$$

其中

$$E(\boldsymbol{k})=\{\exp(-\mathrm{i}\boldsymbol{k}_x a)+2\cos\boldsymbol{k}_y(\sqrt{3}a/2)\cdot\exp[-\mathrm{i}\boldsymbol{k}_x(a/2)]\},$$

$$t=\langle\phi(\boldsymbol{r}-\boldsymbol{R}_j^{\mathrm{A}})\,|\,H\,|\,\phi(\boldsymbol{r}-\boldsymbol{R}_j^{\mathrm{B}})\rangle$$

方程式(4-125) 和式(4-126) 组成系数 c_1 和 c_2 的线性齐次方程组。根据线性代数理论，要使这个方程组有一组非零的解，则需满足

$$\begin{vmatrix}H_{11}-E & H_{12}\\ H_{21} & H_{22}-E\end{vmatrix}=0 \tag{4-131}$$

解这个行列式即可得本征能量的关系式

$$E=\frac{1}{2}\{H_{11}+H_{22}\pm[(H_{11}-H_{22})^2+4|H_{12}|^2]^{\frac{1}{2}}\} \tag{4-132}$$

将式(4-127)、式(4-128)、式(4-129) 代入式(4-132)，有

$$E=E_{p_z}\pm t\sqrt{3+2\cos(\sqrt{3}\boldsymbol{k}_y a)+4\cos\left(\frac{3}{2}\boldsymbol{k}_x a\right)\cos\left(\frac{\sqrt{3}}{2}\boldsymbol{k}_y a\right)} \tag{4-133}$$

由于能带的值是相对的，所以可令 $E_{p_z}=0$，则石墨烯的能量本征值表达式为

$$E=\pm t\sqrt{3+2\cos(\sqrt{3}\boldsymbol{k}_y a)+4\cos\left(\frac{3}{2}\boldsymbol{k}_x a\right)\cos\left(\frac{\sqrt{3}}{2}\boldsymbol{k}_y a\right)} \tag{4-134}$$

式(4-134) 的正负号分别对应导带和价带，$\boldsymbol{k}_x$ 和 $\boldsymbol{k}_y$ 是倒格矢 $\boldsymbol{k}$ 在 (x, y) 上的分量。根据石墨烯的能量本征值表达式，利用 Matlab 程序即可画出石墨烯的能带结构图。

图 4-12 为石墨烯的能带结构图，描述了电子运动的能量依赖性。石墨烯是一种半金属，其价带和导带仅在布里渊区的离散点接触。能量-动量色散关系在这些点附近变成线性关系，色散关系由相对论能量方程描述，即 $E=|\hbar\boldsymbol{k}|v_{\mathrm{F}}$，此处 v_{F} 代表费米速度，$\hbar\boldsymbol{k}$ 是动量。因此，石墨烯的电子有效质量为零，其行为更像光子，而不是能量-动量色散为抛物线的传统大质量粒子。

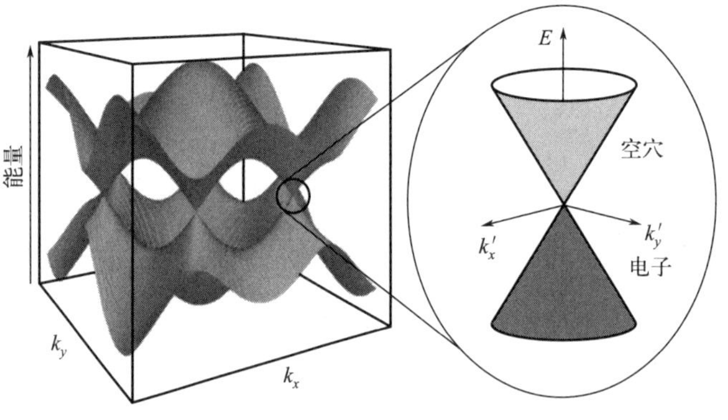

图 4-12 石墨烯的能带结构

4.8 角分辨光电子能谱

角分辨光电子能谱（ARPES）是利用爱因斯坦的光电效应，用清晰的二维图像展现材料能带结构的一种分析方法。角分辨光电子能谱是研究材料电子结构的最直接手段，可以直接观测到固体电子态相关信息，得到电子的能量 E、动量 k 和自旋 S 等信息，可以探测能带结构、费米面、能隙、多体相互作用等微观物理特性。ARPES 技术同时集成了光学、电子光学、单电子探测、精密机械、超高真空技术、低温、电子学等一系列的知识和技术。

在凝聚态物理领域中，许多固体材料的性质往往取决于材料本身的电子能带结构。通过固体能带理论，可以对绝缘体、半导体和导体进行清晰的辨别和区分。不仅如此，电子能带结构可以体现出电子在周期性晶格场中的运动行为，包括了电子能量、动量和自旋等诸多信息。ARPES 是研究固体材料中电子结构不可或缺的重要手段之一，同时也是可以直接探测动量空间中电子能带结构的实验技术。通过能带结构，可以直接获取载流子的有效质量、载流子的浓度、费米速度等重要信息。除此之外，ARPES 在超导库珀对的配对机制以及拓扑狄拉克材料的研究中也发挥着至关重要的作用。自 1974 年第一台 ARPES 问世之后，经过几十年的不断改进和优化，ARPES 的仪器性能得到了极大的改善，实验效率大大提高，探测不同性能的 ARPES 实验装置层出不穷，例如探测电子自旋的自旋分辨 ARPES、探测电子弛豫过程的时间分辨 ARPES 以及适合小样品探测的 Nano ARPES 等。

4.8.1 角分辨光电子能谱的实验原理

1887 年德国物理学家 Hertz（赫兹）不经意间发现了紫外线能够产生火花的奇特现象，使得光电效应开始为世人所知。光电效应就是一束入射光投射到金属表面，当入射光的频率超过某个临界值时，在金属表面就会有光电子溢出。然而，当时对于这一现象的解释众说纷纭，直到 1905 年，爱因斯坦在文章中正确地解释了这一现象。他认为光束是由离散的量子（即光子）组成，每一个量子都是具有一定的能量，为 $h\nu$ 。光照射到样品表面，光子与样品中的电子之间产生了能量的转移，当电子的能量大于表面逸出功，就可以逃逸到真空形成光电子，即光电效应。角分辨光电子能谱使用紫外线或者 X 射线激发这些光电子逃逸到材料外部，并通过某种特殊的谱仪接收它们。通过分析它们的能量和动量，从而推断出样品内部的电子状态信息。

如图 4-13 所示，光电子的最大动能可以表示为

$$E_{kin} = h\nu - E_B - W \tag{4-135}$$

式中，E_B 为固体电子的束缚能；E_{kin} 为出射电子动能；$h\nu$ 为入射光子能量；W 为样品的功函数。绝大多数金属的功函数测量值介于 3～5eV。

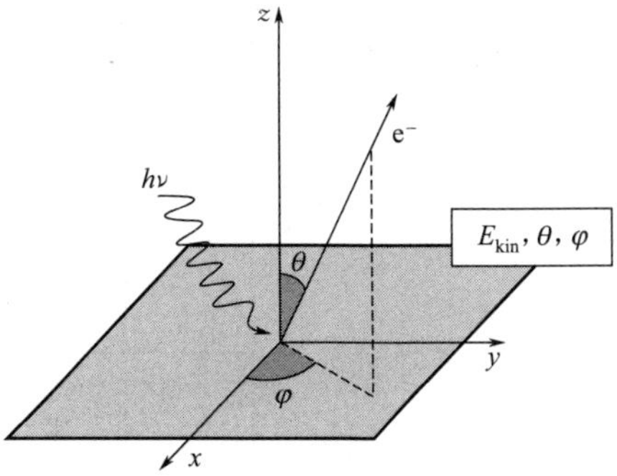

图 4-13　光电效应

光电子能谱还可以用来分析电子动量。如图 4-13 所示，电子倾角为 θ，方位角为 φ。先考虑面内的动量守恒

$$K_{in} = K_{pe} - K_{ph} \tag{4-136}$$

式中，K_{in} 表示在固体内受激发的电子面内动量；K_{pe} 表示光电子面内动量；K_{ph} 表示光子的面内动量。在光电效应下，电子从固体表面逃逸到真空，接下来分析跨越表面前后电子的瞬间动量能量守恒。由于在低能光电子能谱中，光子的动量可以忽略，动量守恒表示为

$$\hbar K_{\parallel 前} \approx \hbar K_{\parallel 后} = \sqrt{2mE_{kin}}\sin\theta \tag{4-137}$$

则有

$$K_{x前} \approx K_{x后} = \frac{1}{\hbar}\sqrt{2m_e E_{kin}}\sin\theta\cos\varphi$$

$$K_{y前} \approx K_{y后} = \frac{1}{\hbar}\sqrt{2m_e E_{kin}}\sin\theta\sin\varphi \tag{4-138}$$

再代入式(4-135) 中，得到能带中电子动量和入射光子能量以及电子出射角度之间的关系

$$K_{x前} \approx K_{x后} = \frac{1}{\hbar}\sqrt{2m_e(hv - E_B - W)}\sin\theta\cos\varphi$$

$$K_{y前} \approx K_{y后} = \frac{1}{\hbar}\sqrt{2m_e(hv - E_B - W)}\sin\theta\sin\varphi \tag{4-139}$$

由此，可以知道 E_B 和 K_x 以及 K_y 的关系，这就是通常意义上的 E-$\boldsymbol{K}$ 色散关系，也就是电子的能带结构。

已知入射光子能量 $h\nu$ 和功函数 W，通过能量分析器探测光电子的动能 E_{kin}，就可以得到电子占据能带的束缚能 E_B。由于电子动量在平行表面方向分量 $K_{\parallel}$ 保持守恒，可以得到样品内部平行方向的电子动量。但对于垂直方向动量 $K_{\perp}$，由于垂直方向晶格周期性被破坏，光电子会经历非弹性散射，并不能直接通过垂直分量来反映样品内部电子动量，这也说明 ARPES 更适合于二维材料研究。

要理解 ARPES 的原理，就需要了解光电子的激发和逃逸过程。光电子发射过程非常复杂，因此在数据处理时，通常不考虑多体相互作用和光电效应的弛豫，利用突发近似以及独立粒子图像简化这一过程，并用三步模型进行进一步简化。

如图 4-14 所示，三步模型将光电效应整个过程分为了三个阶段：①光子进入样品内部激发电子；②受激电子逃逸到达样品表面；③光电子发射进入真空。

总的光电子发射概率是由相互独立的三部分相乘得到的，即光子引起的跃迁几率、受激电子传输到表面概率和电子穿过表面势垒概率。在步骤②中可以用电子平均自由程来表示，

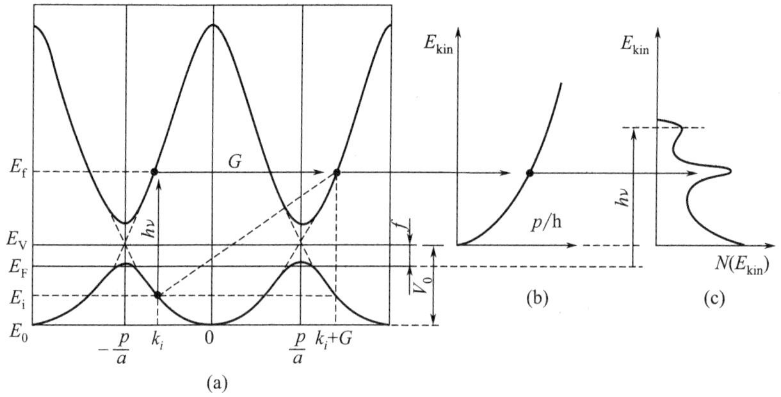

图 4-14 三步模型

（a）晶体中的直接跃迁；（b）真空中的近自由电子终态；（c）对应光电子谱

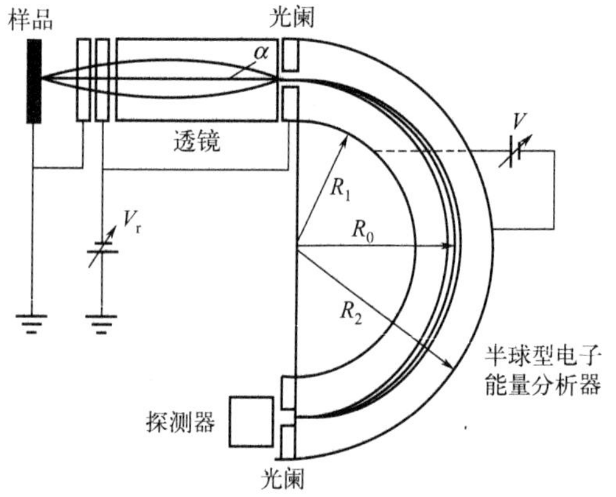

图 4-15 ARPES 谱仪中的能量分析器

与激发的电子直接到达样品表面的概率成正比。但是在实际的实验过程中，由于非弹性散射，会产生一定的能量和动量损失，并且会产生二次电子，故而使得在实验结果中存在能量展宽。虽然在步骤③中会损失电子能量，但不影响到所探测的能带结构，也不影响到电子态密度，因此 ARPES 中主要考虑第①步骤。

如图 4-15 所示，电子从样品表面逃逸至真空中，再进入多级电子透镜。光电子通过透镜进行减速和聚焦后从狭缝中进入金属半球的能量分析器，电子通过能量分析器内外两个半球之间施加的恒定电场而发生偏转，从而使得特定能量的电子透过金属半球的能量分析器，到达探测器区域。

4.8.2 角分辨光电子能谱的应用

利用电脑采谱软件 SES 获取的原始数据，需要通过 IGOR、MATLAB 等软件进行分析和处理。材料的众多物理性质基本都是由 E_F 附近的载流子决定的，所以对于 E_F 的确定是实验数据处理的第一步，也是至关重要的一步。对于金属和半金属材料，它们的态密度在费米能级处有着明显的截止，通常将这个截止设为费米能级。对于半导体材料，由于费米能级（或化学势）位于价带顶和导带底之间的禁带位置，这时不能通过态密度的截止设定费米能级，需要通过多晶金箔或样品架上的金门标定整体的费米能级位置。

以下为几种常见的 ARPES 实验数据形式。

① 费米面及等能面信息。在某一光子能量下，通过转动极角对每个角度下的谱图进行叠加，这样就可以获取费米面以及等能面的信息。通过费米面几何拓扑构型就可以确定布里渊区的高对称点和方向。

② 能量分布曲线（EDC）和动量分布曲线（MDC）。当费米能级确定后，费米面的相关信息就可以显示出来。对费米面上的某一方向进行剖面，就可以得到该剖面的色散关系谱

图。如果以恒定的结合能对该色散关系进行剖面，就可以得到该结合能处的 MDC。如果在某一恒定动量下进行剖面，可以获取该动量上的 EDC，然后需要将不同动量空间下的能量分布曲线拼在一起。

③ 沿着高对称方向改变入射光子能量，可用来研究能带的维度性质、k_z 色散的周期性以及体态和表面态信息等。需要将单个能量下获取的角度与能量关系的谱图转变为动量与能量的色散关系，然后按照拼费米面的方式就可以得到相应的色散关系。同时，对于半金属的体态狄拉克点，可以描绘不同 k_z 空间位置的狄拉克点能量位置，从而构建出节点线的形貌。

④ 变温 ARPES 实验数据的展现形式。对于备受青睐的热电材料 SnSe，变温实验可以了解化学势的移动，从而可以估算出材料的塞贝克系数，从能带的角度解释具有高热电优值的原因。对于具有低温电荷密度波的材料（如 $TiSe_2$），通过变温实验可以很直观地了解发生相变前后费米面和能带结构的变化。

图 4-16 为单层 WSe_2 的 ARPES 测量结果，其中（a）～（f）为 K 点附近等能面，（g）为二维布里渊区及高对称点，（h）为沿着 M-Γ-K-M 的高对称方向费米能级附近的能带结构原始数据图，（i）为（h）图进行 EDC 二次微分得到的结果图，其中虚线为计算的能带结构。相应的高对称方向在动量空间中以蓝线表示。

单层 WSe_2 的能带结构中最明显的特征是 Γ 点附近的平带以及 K 点附近双层及多层形状的能带劈裂。从 K 点到 Γ 点，两条劈裂的能带在 Γ 点附近逐渐合并成一条简并的能带，成了 Γ 点附近的平带，而 K 点附近能带的劈裂主要是由于 W 原子的电子自旋轨道耦合导致。

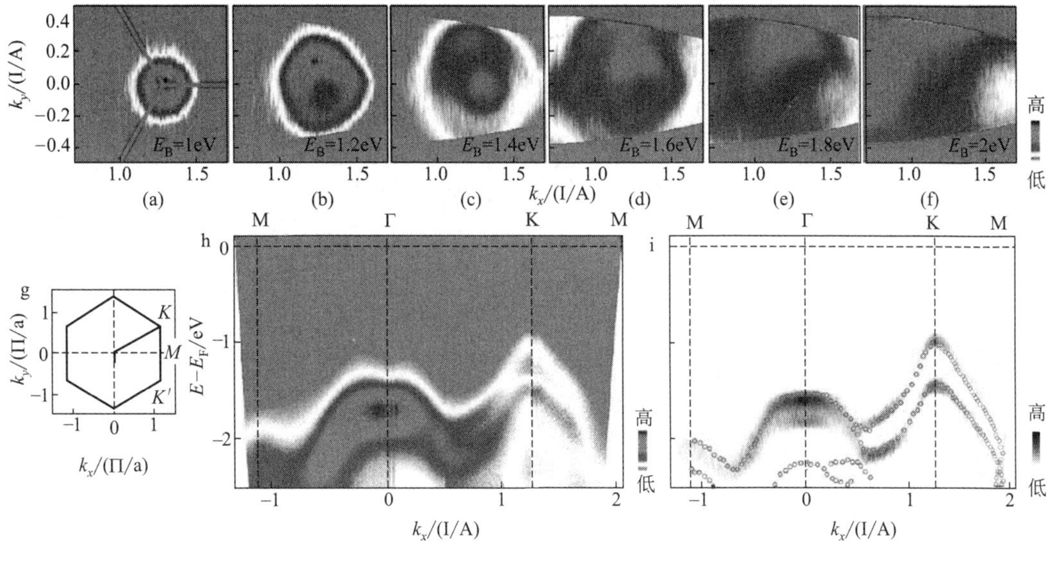

图 4-16　单层 WSe_2 在 K 点附近的等能面及高对称方向能带结构

4.9 扫描隧道显微镜技术

扫描隧道显微镜（STM）是基于量子隧穿效应的表面探测仪器。1981 年，首台 STM

研制成功，开启了在原子尺度研究物理化学性质的新时代。STM 不仅能够在微观尺度上表征材料表面的原子级形貌，还可以进一步实现原子操控和微纳加工等。同时，它使用灵活、性能优越，可以在真空、气体环境及液体环境下工作，工作温度既可以是低温也可以是室温。近年来，根据实验探测的需要，人们将 STM 与超高真空系统、分子束外延系统、低温强磁场等技术相结合，使得测量系统的性能更加强大、功能更加完备。

STM 技术主要应用于各种表面科学研究中，在物理、化学、生物、材料等领域都得到了广泛引用。在低温下，人们还可以利用其探针精确地操纵原子，因此 STM 在纳米领域既是重要的测量工具又是重要的加工工具。此外，通过 STM 测量扫描隧道谱（STS）可以直接探测样品的局域电子态密度，得到样品的局域电子性质。因此，STM 不仅可以探测原子级的表面形貌，还可以用来探测与能带相关的电学性质。

4.9.1 量子隧穿效应

量子力学中的隧穿效应是指电子具有波粒二象性，当质量为 m、能量为 E 的电子入射一个高度为 V_0、宽度为 a 的势垒，即使在电子能量小于势垒高度时，电子依然有一定的概率可以穿过该势垒。STM 就是利用这种量子力学中的隧穿效应来成像的。如图 4-17(a) 所示，考虑一维方势垒模型，由薛定谔方程可得

$$-\frac{\hbar^2}{2m}\times\frac{\mathrm{d}^2\psi(x)}{\mathrm{d}x^2}+V(x)\psi(x)=E\psi(x) \tag{4-140}$$

波函数 $\psi(x)$ 的解为

$$\psi(x)=\begin{cases}A\exp(\mathrm{i}k_1x)+B\exp(\mathrm{i}k_1x),x<0\\ C\exp(\mathrm{i}k_2x)+D\exp(\mathrm{i}k_2x),0<x<a\\ F\exp(\mathrm{i}k_1x),x>a\end{cases} \tag{4-141}$$

其中，$k_1=\sqrt{2mE/\hbar^2}$，$k_2=\sqrt{2m(V_0-E)/\hbar^2}$，电子的透射几率

$$T\propto\exp\left(-\frac{2}{\hbar}\right)\sqrt{\frac{2m(V_0-E)}{a}} \tag{4-142}$$

从式(4-140) 可以看出，电子的透射几率会随着势垒宽度 a 的增大而指数衰减。在 STM 中，针尖和样品之间的真空层为势垒，当针尖和样品之间的距离 d 减小至 1nm 时，电子有很大概率将隧穿该势垒。

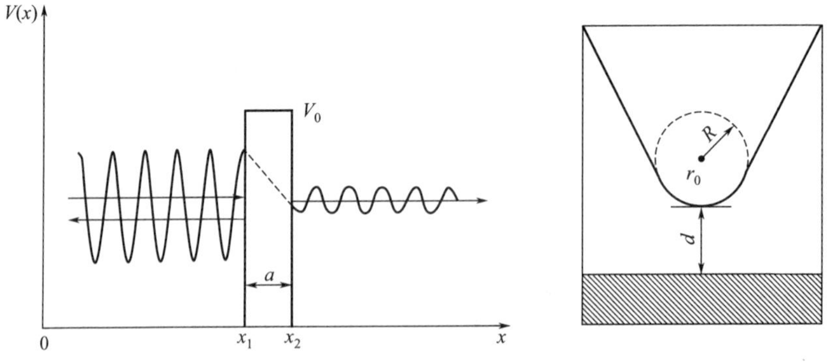

(a) (b)

图 4-17 STM 的基本工作原理

(a) 一维量子隧穿效应；(b) 球形针尖模型

在 STM 中，导电样品和针尖作为两个电极，它们之间的真空层作为势垒。金属针尖（通常为 W 合金或 Pt-Ir 合金）向导电样品逐步靠近，当它们之间的距离很近时，针尖与样品中电子的波函数将会交叠。在不加偏压时，当针尖和样品的距离小于 1nm，电子就会在样品和针尖之间产生隧穿。样品的功函数 W_s 和针尖的功函数 W_t 一般是不相等的，这就导致电子在针尖到样品和样品到针尖的隧穿几率不同，从而产生一定的净电流。平衡后，针尖和样品两侧的功函数趋于相等，这时电子在两个方向拥有相同的透射概率，不再产生净电流。因此，在实验中往往需要在针尖和样品之间加一个偏压 V，使电子在两个方向具有不同的隧穿几率，从而产生隧道电流 I。隧道电流 I 与样品表面电子态密度 $\rho_s(\varepsilon)$、针尖表面电子态密度 $\rho_t(\varepsilon)$ 之间的关系可以表示为

$$I=\frac{4\pi e}{\hbar}\int_{-\infty}^{\infty}[f(E_F-eV+\varepsilon)-f(E_F+\varepsilon)]\rho_s(E_F-eV+\varepsilon)\rho_t(E_F+\varepsilon)|M_{st}|^2 d\varepsilon \qquad (4\text{-}143)$$

$$M_{st}=\frac{\hbar^2}{2m}\int_{\Sigma}[\varphi_t^{*}\nabla\phi_s-\varphi_s\nabla\phi_t^{*}]\,d\vec{S}$$

其中，费米分布函数 $f(E)=\{1+\exp[(E-E_F)/k_BT]\}^{-1}$，$M_{st}$ 为隧穿矩阵元，式(4-141) 考虑了样品和针尖上的所有电子态。而在实际测量中，电子只填充在费米面以下，而且偏压 V 远远小于针尖和样品的功函数，M_{st} 可看作一个与偏压 V 无关的常数，所以式(4-143) 可以简化为

$$I=\frac{4\pi e}{\hbar}|M_{st}|^2\int_0^{eV}\rho_s(E_F-eV+\varepsilon)\rho_t(E_F+\varepsilon)\,d\varepsilon \qquad (4\text{-}144)$$

1984 年 J. Tersoff 和 D. R. Hamann 提出了 Tersoff-Hamann 模型，针尖可以简化为一个曲率半径为 R 的索末菲球，如图 4-17(b) 所示，并且只考虑针尖波函数中 s 波分量的影响，隧道电流 I 的表达式可以写为

$$I\propto\int_{E_F}^{E_F+eV}\rho_s(\boldsymbol{r}_0,\varepsilon)\,d\varepsilon=eV\rho_s(\boldsymbol{r}_0,E_F) \qquad (4\text{-}145)$$

其中 $\rho_s(\boldsymbol{r}_0,E)=\sum_i|\psi(\boldsymbol{r}_0)|^2\delta(E_i-E_F)$，$\boldsymbol{r}_0$ 为球形针尖模型中的中心位置，所以隧道电流 I 与针尖中心位置 $\boldsymbol{r}_0$ 处样品费米能级附近的局域电子态密度成正比。STM 通过探测隧道电流，就可以得到样品上不同空间位置的局域电子态密度，从而可以得到样品表面形貌和电子态信息。

4.9.2 扫描隧道谱的原理

STM 技术不仅可以探测样品表面原子级的实空间形貌特征，还能通过探测 STS 谱反映样品局域的电学性质。STS 谱通常包括 I-V 谱、微分电导谱（dI/dV-V 谱）、二阶微分谱（d^2I/dV^2-V 谱）。研究中使用最多的是 dI/dV-V 谱，它可以反映样品局域电子态密度。

对式(4-145) 求微分，可以得到微分电导的表达式为

$$\frac{dI}{dV}\propto\rho_s(\boldsymbol{r}_0,E_F+eV) \qquad (4\text{-}146)$$

由式(4-144) 可知，微分电导 dI/dV 反映样品在能量为 eV 时的局域电子态密度。dI/dV-V 谱的基本原理为：通过测量 dI/dV 随偏压 V 的变化关系，就能够得到样品局域电子态密度随能量的变化关系。在实验测量 dI/dV-V 谱时，为了使针尖和样品的间距在改变偏压的过程

中保持不变，需要关闭反馈电路。如图 4-18 所示，在针尖接地的情况下，当在样品上加负偏压时，电子从样品的占据态流向针尖的空态，测量的是样品占据态的信息；当在样品上加正偏压时，电子从针尖的占据态流向样品的空态，测量样品未占据态的信息。在测量 dI/dV-V 谱线时，通过控制测量的偏压范围，就可以得到相应能量范围内样品局域态密度随能量的变化关系。

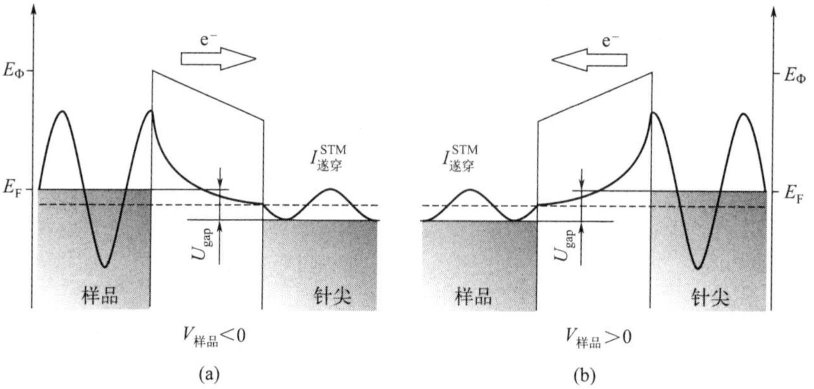

图 4-18　在样品上分别加负偏压和正偏压时电子的隧穿方向
（a）负偏压；（b）正偏压

4.9.3　系统构造

STM 系统的主要组成部分包括扫描探针系统、信号检测与反馈系统、超高真空系统。图 4-19 为 STM 系统几个基本组成部分的示意图。

（1）压电扫描系统

STM 系统的核心部分是压电扫描系统，实现原子级空间分辨和单原子操控都有赖于压电扫描系统的高精度空间定位功能。一般情况下，为了控制针尖和样品的移动，针尖架和样品台各配备有一套压电扫描器。常用的压电材料是锆钛酸铅陶瓷（PZT），它具有逆压电效应，可以通过改变施加的电压来改变材料的形变。利用压电陶瓷的这一特性，在实验中可以把 1～1000mV 的电压信号在压电陶瓷中转化为 0.1nm 到几微米的空间位移。

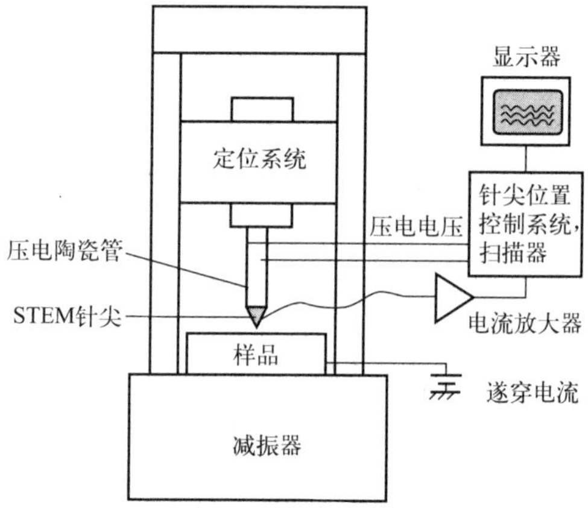

图 4-19　扫描隧道显微镜几个基本组成部分

目前应用最多的压电陶瓷扫描器是圆形单管扫描器，由外壁电极和内壁电极组成。外壁电极沿轴向平均分为四个电极（$\pm X$、$\pm Y$），当给相对的两个电极施加电压时，由于逆压电效应，压电陶瓷会发生弯曲，使得针尖横向移动。当在内壁电极两端施加电压时，压电陶瓷则产生纵向的拉伸或者压缩，从而带动针尖产生 Z 方向的位移。在 STM 探测过程中，由压电扫描管带动 STM 针尖，其横向扫描精度可达 0.1nm，纵向扫描精度约为 0.01nm。

（2）反馈系统

STM 针尖直接探测到的隧穿电流一般为 pA～nA 级别，是非常小的，因此需要通过前置放大器对隧穿电流信号进行放大，其放大倍数为 10^6～10^{12}。STM 有恒流模式和恒高模式两种基本工作模式，这两种模式的反馈系统工作方式并不相同，如图 4-20 所示。

在恒流模式下，要求隧穿电流值与设定的电流保持一致，也就是针尖和样品的相对距离保持不变。而在实际探测中，由于样品表面存在起伏，使得实际探测到的隧穿电流会发生变化。实际隧穿电流经过前置放大器放大后，被输入到反馈系统中，并计算出实际隧穿电流与设定电流值之间的差值。反馈系统将这一差值作为反馈信号用于调节针尖的压电陶瓷，从而进一步改变针尖与样品之间的距离，使得实际隧穿电流更接近于设定电流值。在这一过程中，样品表面的起伏由针尖高度的变化反映。在恒流模式中，反馈系统保持打开，能够随时根据样品起伏调节针尖高度，适用于扫描起伏较大的样品，能够避免损伤针尖。在 STM 实验中，使用的模式均为恒流模式。

在恒高模式下，保持针尖的绝对高度不变。当样品表面存在起伏时，针尖和样品之间的相对距离会发生改变，因此隧穿电流也会随之改变。在扫描过程中，隧穿电流的变化反映样品的表面起伏情况。在利用恒高模式进行探测时，反馈系统处于关闭状态，因此该模式适合探测表面非常平整的样品，否则易损坏针尖。

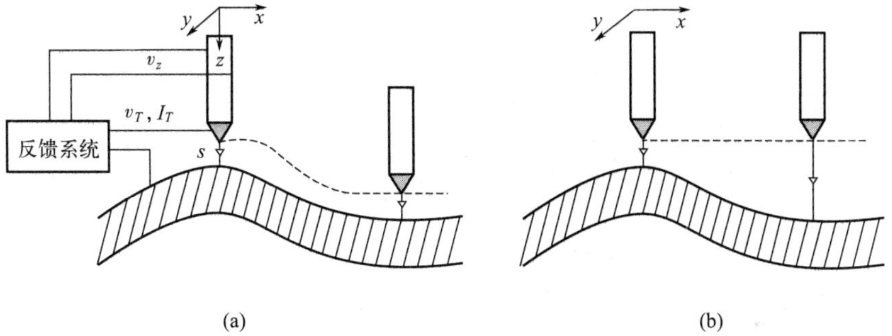

图 4-20　STM 的两种工作模式

（a）恒流模式；（b）恒高模式

（3）超高真空系统

STM 通常可以在大气、真空和液体环境下工作，但是作为一种精确的表面探测手段，STM 测量对样品的表面清洁程度要求很高，因此大多数的 STM 研究工作都是在真空环境下进行的。在真空环境下不仅可以有效避免样品表面出现杂质气体的吸附，而且也能避免杂质气体影响针尖和样品间的量子隧穿。在 STM 系统中，主要包含两个高真空腔，分别是扫描腔和制备腔，腔体由非磁性的钢材料制作而成，真空度可达 10^{-11} torr。STM 的核心探测部件——扫描头置于扫描腔中，而制备腔用于样品表面退火清洁，也可用于分子束外延法制备样品。

两个腔内的超高真空度需要一套真空泵组来实现，一般真空泵组配备有机械泵、分子泵和离子泵。机械泵可以在大气压下工作，所以它作为“前级泵”首先给腔体抽到粗真空。分子泵和离子泵属于“次级泵”，不能直接在大气压下运行，需要在“前级泵”运行之后才能开启。实验中使用的分子泵通常是涡轮分子泵，其工作原理是通过高速运转的扇叶与气体分子碰撞使其产生定向运动，从而将多余的气体分子排出。离子泵在运行时，正交的电场和磁场会使稀薄的气体发生放电进而产生气体阳离子，这些气体阳离子会高速打向由钛板制成的阴极，与钛结合形成钛化合物被泵组抽出。同时，阳离子高速打向阴极钛板时会使金属钛产生溅射，溅射出的钛在泵壁及阳极处产生新鲜的钛膜，用于吸附活泼的气体分子，加速这些气体分子的抽出。离子泵运行时无噪声无振动，可以在 STM 探测过程中保持开启。在干泵抽取粗真空后，分子泵和离子泵相结合可以使腔体内部达到超高真空状态。

除了以上三个主要的组成部分，STM 系统还包含减震降噪系统、数据处理和显示系统等。这些系统各司其职、相辅相成，是保证整个 STM 系统正常运行的基础。研究者也可以根据不同的研究需要，给 STM 系统配备如蒸发源、样品解理操作台等附加配件，使 STM 系统实现更多的实验功能。

4.9.4 扫描隧道显微镜的应用

STM 技术既有原子级的空间分辨率，又可以探测电学性质，在二维材料研究中得到了广泛应用。图 4-21 为 STM 对石墨烯的实验测量结果，其中图 4-21(a) 为原子分辨的石墨烯形貌图，直观显示了石墨烯的晶格。图 4-21(b) 是 STS 技术测得的石墨烯在零磁场和外加 9T 磁场时的 dI/dV-V 谱线。在零磁场下，石墨烯的 dI/dV-V 谱线为 V 形，反映了石墨烯的局域电子态密度。而在外加 9T 磁场时，石墨烯的 dI/dV-V 谱线中出现了分立的态密度峰，它们对应石墨烯在磁场下的朗道能级。

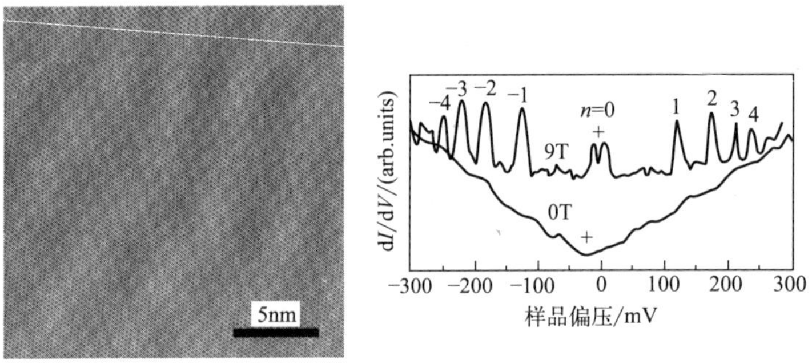

(a) (b)

图 4-21 利用 STM 表征石墨烯的实验测量结果

(a) 原子分辨形貌像；(b) 利用 STS 技术获得的石墨烯在零磁场和外加 9T 磁场时的 dI/dV-V 谱线

习题

(1) 若晶格常数是 a，电子的波函数为：① $\psi_k(x)=\sin\frac{x}{a}\pi$；② $\psi_k(x)=i\cos\frac{3x}{a}\pi$；③ $\psi_k(x)=\sum\limits_{i=-\infty}^{\infty}f(x-la)$（$f$ 是某个确定的函数）。

请证明一维周期场中这些电子波函数 $\psi_k(x)$ 均满足布洛赫定理。

(2) 电子在一维周期场中的势能函数为

$$V(x)=\begin{cases}\dfrac{1}{2}m\omega^2\left[b^2-(x-na)^2\right], 当 na-b\leqslant x\leqslant na+b\\0, 当 (n-1)a+b\leqslant x\leqslant na-b\end{cases}$$

其中 $a=4b$，ω 为常数。试画出此势能曲线，求其平均值，并利用近自由电子近似模型求出晶体的第一个及第二个禁带的宽度。

（3）假设晶格常数为 a 的二维正方晶格的晶格势场为

$$V(x,y)=-4U\cos(2\pi x/a)\cos(2\pi y/a)$$

按弱周期场处理，求出在布里渊区边界点处（π/a，π/a）的能隙。

（4）证明晶体能带的对称性 $E_n(\boldsymbol{k})=E_n(\boldsymbol{k}+\boldsymbol{G}_h)$、$E_n(\boldsymbol{k})=E_n(-\boldsymbol{k})$，其中 $\boldsymbol{k}$ 为波矢，为 $\boldsymbol{G}_h$ 倒格矢。

（5）简述近自由电子近似下电子能带的主要特征，并画出一维情况下 $E(\boldsymbol{k})$ 关系曲线。

（6）利用紧束缚近似模型求出简单立方晶体中由电子 p 态形成的能带，并分别画出（000）至（010）以及（000）至（110）方向的能带示意图。

（7）利用紧束缚近似模型求出面心立方金属中由电子的 s 态所形成的能带 $E(\boldsymbol{k})$ 函数。

（8）利用紧束缚近似模型求出体心立方金属中由电子的 s 态所形成的能带 $E(\boldsymbol{k})$ 函数。

（9）由相同原子组成的一维原子链，每个原胞内有两个原子，其相对距离为 b，原胞长度为 a。①根据紧束缚近似，只计入近邻相互作用，写出 s 态对应的晶体波函数形式。②求出相应能带的 $E(\boldsymbol{k})$ 函数。

第5章

电子在电场和磁场中的运动

第4章中，在绝热近似、单电子近似和周期势场近似的假设下，借助布洛赫波函数的形式，讲述了如何求解周期势下单电子的薛定谔方程，获得了一种基态条件下的电子能带色散关系和能带结构，并以此为基础建立了固体的能带理论。当今信息时代的重要基石——半导体器件就是在能带理论的指导下建立起来的。电学特性是材料的重要特性之一，而研究材料的电学特性就需要了解和计算电子在材料中的运动行为。本章首先将电子在固体中的运动等效为一具有有效质量的经典粒子，其在外场作用下的运动可以用经典牛顿力学的方式进行描述，这就是电子的准经典运动模型。在准经典模型下，材料的导电性能与材料的能带结构息息相关，并根据能带结构分为导体、半导体和绝缘体。电子在静态磁场的作用下，会在垂直于磁场的方向呈现能量的量子化，能级重组为多个朗道能级，在 $\boldsymbol{k}$ 空间的排布形成朗道管。并在此基础上，进一步讨论在磁场作用下的回旋共振和德哈斯-范阿尔芬效应，根据这两种效应，分别确定材料中粒子的有效质量与费米面。

5.1 电子的准经典运动模型

5.1.1 准经典近似

晶体中电子在外场中的势能与晶格周期势相比是很弱的，可以近似地将能带中的电子态看成一个准经典粒子，然后研究它们在外场中的运动。这个近似实质上就是在基态布洛赫电子波动性描述的基础上，引入经典物理牛顿力学的方式描述布洛赫电子在外场中的运动规律，因此称为准经典近似。

当讨论外场作用下晶体电子的运动规律时，首先要知道电子在任意波矢 $\boldsymbol{k}$ 状态下的平均运动速度。根据量子力学，电子在晶体中平均速度为

$$v=\frac{\hbar}{2m}\int(\psi_k^* \nabla\psi_k-\psi_k\nabla\psi_k^*)\,\mathrm{d}\tau \tag{5-1}$$

其中 ψ 是描述 $\boldsymbol{k}$ 态的电子波函数，具有布洛赫函数形式。可以证明 $\boldsymbol{k}$ 态电子的平均速度为

$$v(\boldsymbol{k})=\frac{1}{\hbar}\nabla_k E(\boldsymbol{k}) \tag{5-2}$$

因此，对于晶体中的电子，无需严格地根据量子力学方法计算，而只要已知 $E(\boldsymbol{k})$ 函数，就可得到电子在晶体中运动的平均速度。式(5-2) 表明电子在晶体中的平均速度与时间无关，仅仅依赖 $E(\boldsymbol{k})$，一直不会衰减。但事实上，由于材料总会存在杂质或者缺陷，不是理想的晶体结构，同时离子实具有平衡位置附近的热振动，所以电子在材料中的运动总是会遇到一定的散射作用，使得电子的平均速度衰减。

在准经典近似条件下，外加电磁场对于电子的作用采用经典牛顿力学的方式进行处理，而晶格中周期场对于电子的作用则采用量子力学的方式进行处理。对于一个具有确定位置 $\boldsymbol{r}$、动量为 $\hbar\boldsymbol{k}$ 的电子，假定其具有 $E(\boldsymbol{k})$ 的能带结构，在外加电场 $\boldsymbol{E}(\boldsymbol{r}, t)$ 和磁场 $\boldsymbol{B}(\boldsymbol{r}, t)$ 的作用下，电子的运动行为遵从如下规则：

① 电子总是在同一个能带中运动，忽略不同能带之间的电子跃迁可能性；

② 电子的平均运动速度满足

$$\frac{\mathrm{d}\boldsymbol{r}}{\mathrm{d}t}=\boldsymbol{v}(\boldsymbol{k})=\frac{1}{\hbar}\nabla_{\boldsymbol{k}}E(\boldsymbol{k}) \tag{5-3}$$

③ 电子在外加电磁场的作用下，其动量随时间的变化满足牛顿运动方程

$$\frac{\mathrm{d}}{\mathrm{d}t}\hbar\boldsymbol{k}=-e\left[\boldsymbol{E}(\boldsymbol{r},t)+\boldsymbol{v}(\boldsymbol{k})\times\boldsymbol{B}(\boldsymbol{r},t)\right] \tag{5-4}$$

5.1.2 波包与电子平均速度

经典的粒子具备确定的位置和动量，而在量子力学中，如果一个态能够用经典力学近似地描述，那么在量子力学中这个态就由一个波包来代表。波包是指在空间分布以 $\boldsymbol{r}_0$ 为中心的 $\Delta\boldsymbol{r}$ 范围内，波矢以 $\boldsymbol{k}_0$ 为中心的 $\Delta\boldsymbol{k}$ 范围内的布洛赫波，其中 $\Delta\boldsymbol{r}$ 和 $\Delta\boldsymbol{k}$ 由量子力学的测不准关系限制。在该模型下，晶体中处于 $\psi_{\boldsymbol{k}_0}$ 状态的电子，在经典近似下其平均速度相当于以 $\boldsymbol{k}_0$ 为中心的由布洛赫波组成的波包的速度。

下面对波包的运动进行分析，为简化计算和分析，仅考虑一维情况。假设波包是由以 $\boldsymbol{k}_0$ 为中心、波矢范围为 $\Delta\boldsymbol{k}$ 的布洛赫波组成的，当 $\Delta\boldsymbol{k}\ll 2\pi/a$ 时，把电子看作准经典粒子(后面将给出证明)，在该条件下，描写波包的函数为

$$\psi(\boldsymbol{x},t)=\int_{\boldsymbol{k}_0-\frac{\Delta k}{2}}^{\boldsymbol{k}_0+\frac{\Delta k}{2}}u_{\boldsymbol{k}}(\boldsymbol{x})\exp[\mathrm{i}(\boldsymbol{k}\cdot\boldsymbol{x}-\omega t)]\mathrm{d}\boldsymbol{k}\cong u_{\boldsymbol{k}_0}(\boldsymbol{x})\cdot\int_{\boldsymbol{k}_0-\frac{\Delta k}{2}}^{\boldsymbol{k}_0+\frac{\Delta k}{2}}\exp[i(\boldsymbol{k}\cdot\boldsymbol{x}-\omega t)]\mathrm{d}\boldsymbol{k} \tag{5-5}$$

通过一系列的计算和化简过程，可以得到该波包所描写的粒子的概率分布为

$$|\psi(\boldsymbol{x},t)|^2=|u_{\boldsymbol{k}_0}(\boldsymbol{x})|^2\left\{\frac{\sin\dfrac{\Delta\boldsymbol{k}}{2}\left[x-\left(\dfrac{\mathrm{d}\omega}{\mathrm{d}\boldsymbol{k}}\right)_{\boldsymbol{k}_0}t\right]}{\dfrac{\Delta\boldsymbol{k}}{2}\left[x-\left(\dfrac{\mathrm{d}\omega}{\mathrm{d}\boldsymbol{k}}\right)_{\boldsymbol{k}_0}t\right]}\right\}^2\Delta\boldsymbol{k}^2 \tag{5-6}$$

从式(5-6) 的形式 $\dfrac{\sin^2 x}{x^2}$ 可以看出，波函数主要集中在 $-\dfrac{2\pi}{\Delta\boldsymbol{k}}\leqslant\Delta\boldsymbol{x}\leqslant\dfrac{2\pi}{\Delta\boldsymbol{k}}$ 的波包范围内，其中心

$$\boldsymbol{x}=\left(\frac{\mathrm{d}\omega}{\mathrm{d}\boldsymbol{k}}\right)_{\boldsymbol{k}_0}t \tag{5-7}$$

那么，如果把波包看作一个准经典粒子，则其运动速度

$$v(\boldsymbol{k}_0)=\left(\frac{\mathrm{d}\omega}{\mathrm{d}\boldsymbol{k}}\right)_{\boldsymbol{k}_0}=\frac{1}{\hbar}\left(\frac{\mathrm{d}E}{\mathrm{d}\boldsymbol{k}}\right)_{\boldsymbol{k}_0} \tag{5-8}$$

要满足该近似，需要波包的范围很小。那么要在多小的范围内才能将波包看成准粒子呢？一个布里渊区内包含所有的状态 $\boldsymbol{k}$，而由于波包内的布洛赫波存在能量不同的本征态，一个稳定的波包所包含的波矢范围必须是一个很小的量，若把 $\Delta\boldsymbol{k}$ 大小与布里渊区的宽度相

比较，显然应有

$$\Delta \boldsymbol{k} \ll 2\pi/a \tag{5-9}$$

另外，由式(5-6) 可见，波包集中在以下空间范围内

$$-\frac{2\pi}{\Delta \boldsymbol{k}} \leqslant \Delta \boldsymbol{x} \leqslant \frac{2\pi}{\Delta \boldsymbol{k}} \tag{5-10}$$

这里用 Δx 表示波包的大小。根据式(5-9)，应有 $\Delta x \gg a$。所以，如果波包比原胞大得多，则晶体中电子的运动可以用波包运动的规律来描述，即波包中心的速度等于粒子处于波包中心那个状态所具有的平均速度。也就是说，在电子的输运过程中，只有当平均自由程远远大于原胞的情况下，才可以把电子看作一个准经典运动的粒子。

5.1.3 电子在外场作用下的状态与有效质量

将电子看作准经典粒子时，晶体中的电子在外力作用下的状态可以使用经典力学方法进行求解。当电子在外力 $\boldsymbol{F}$ 的作用下，处于单位时间 $\mathrm{d}t$ 范围内，外力对电子做功 E 应满足

$$\mathrm{d}E/\mathrm{d}t = \boldsymbol{F}\boldsymbol{v} \tag{5-11}$$

由于电子能量 E 取决于状态波矢 $\boldsymbol{k}$，因而在外力作用下，电子的波矢 $\boldsymbol{k}$ 必然发生相应的变化，并由此引起电子能量的变化，即

$$\frac{\mathrm{d}E}{\mathrm{d}t} = \frac{\mathrm{d}E}{\mathrm{d}\boldsymbol{k}} \times \frac{\mathrm{d}\boldsymbol{k}}{\mathrm{d}t} = \boldsymbol{v}\frac{\mathrm{d}(\hbar \boldsymbol{k})}{\mathrm{d}t} \tag{5-12}$$

比较式(5-11) 和式(5-12)，得到

$$\frac{\mathrm{d}(\hbar \boldsymbol{k})}{\mathrm{d}t} = \boldsymbol{F} \tag{5-13}$$

式(5-13) 即为外力作用时，电子状态变化的基本方程。例如，在恒定外电场（$\boldsymbol{F} = -q\boldsymbol{E}$）作用下，电子在 $\boldsymbol{k}$ 空间做匀速运动，它和经典力学方法中的牛顿运动定律具有相似的形式，只是以 $\hbar \boldsymbol{k}$ 代替了经典力学中粒子的动量，故称 $\hbar \boldsymbol{k}$ 为电子的准动量。在电子的准经典运动以及其他一些物理过程中，$\hbar \boldsymbol{k}$ 具有动量的性质。

因此，当电子受到外电场 $\boldsymbol{E}_{外}$ 和磁场 $\boldsymbol{B}$ 的作用时，有

$$\boldsymbol{F} = -e(\boldsymbol{E}_{外} + \boldsymbol{v} \times \boldsymbol{B}) \tag{5-14}$$

联系式(5-13) 与式(5-14)，可以得到 5.1.1 节中的式(5-4)

$$\frac{\mathrm{d}}{\mathrm{d}t}(\hbar \boldsymbol{k}) = -e(\boldsymbol{E}_{外} + \boldsymbol{v} \times \boldsymbol{B}) \tag{5-15}$$

从式(5-3) 与式(5-4) 这两个电子准经典运动模型的两个基本关系式出发，可以计算出电子的加速度

$$\frac{\mathrm{d}v}{\mathrm{d}t} = \frac{\mathrm{d}}{\mathrm{d}t}\left(\frac{1}{\hbar} \times \frac{\mathrm{d}E}{\mathrm{d}\boldsymbol{k}}\right) = \frac{1}{\hbar} \times \frac{\mathrm{d}}{\mathrm{d}\boldsymbol{k}}\left(\frac{\mathrm{d}E}{\mathrm{d}t}\right) \tag{5-16}$$

由式(5-12)，有

$$\frac{\mathrm{d}E}{\mathrm{d}t} = \boldsymbol{F}\boldsymbol{v} = \boldsymbol{F} \times \frac{1}{\hbar} \times \frac{\mathrm{d}E}{\mathrm{d}\boldsymbol{k}} \tag{5-17}$$

于是有

$$\frac{\mathrm{d}v}{\mathrm{d}t} = \boldsymbol{F} \times \frac{\mathrm{d}}{\mathrm{d}\boldsymbol{k}}\left(\frac{1}{\hbar^2} \times \frac{\mathrm{d}E}{\mathrm{d}\boldsymbol{k}}\right) = \frac{1}{\hbar^2} \times \frac{\mathrm{d}^2 E}{\mathrm{d}\boldsymbol{k}^2} \times \boldsymbol{F} \tag{5-18}$$

联系式(5-18) 与牛顿运动定律 $\boldsymbol{F}=m\frac{\mathrm{d}v}{\mathrm{d}t}$，可以定义

$$\frac{1}{m^*}=\frac{1}{\hbar^2}\times\frac{\mathrm{d}^2E}{\mathrm{d}\boldsymbol{k}^2} \tag{5-19}$$

其中 m^* 是一个由 $E\sim\boldsymbol{k}$ 函数的二阶导数决定的物理量，被称为晶体中电子的有效质量。将式(5-19) 代入式(5-18)，则式(5-18) 的形式可以写成与牛顿定律相似的形式

$$\frac{\mathrm{d}v}{\mathrm{d}t}=\frac{1}{m^*}\times\boldsymbol{F} \tag{5-20}$$

将式(5-20) 写成张量形式为

$$\frac{\mathrm{d}v}{\mathrm{d}t}=\begin{pmatrix}\frac{\mathrm{d}v_x}{\mathrm{d}t}\\ \frac{\mathrm{d}v_y}{\mathrm{d}t}\\ \frac{\mathrm{d}v_z}{\mathrm{d}t}\end{pmatrix}=\frac{1}{m^*}\boldsymbol{F}=\frac{1}{\hbar^2}\begin{pmatrix}\frac{\partial^2E}{\partial k_x^2} & \frac{\partial^2E}{\partial k_x\partial k_y} & \frac{\partial^2E}{\partial k_x\partial k_z}\\ \frac{\partial^2E}{\partial k_y\partial k_x} & \frac{\partial^2E}{\partial k_y^2} & \frac{\partial^2E}{\partial k_y\partial k_z}\\ \frac{\partial^2E}{\partial k_z\partial k_x} & \frac{\partial^2E}{\partial k_z\partial k_y} & \frac{\partial^2E}{\partial k_z^2}\end{pmatrix}\begin{pmatrix}F_x\\ F_y\\ F_z\end{pmatrix} \tag{5-21}$$

与牛顿定律相比，现在以一个张量代替了 $1/m^*$，称其为有效质量倒易张量 $(1/m^*)$。如果选 k_x、k_y 和 k_z 坐标轴为张量的主轴方向，若只有 $i=j$ 的分量不为 0，这时有效质量倒易张量呈现对角化的特征，即

$$\frac{1}{m^*}=\frac{1}{\hbar^2}\begin{pmatrix}\frac{\partial^2E}{\partial k_x^2} & \frac{\partial^2E}{\partial k_x\partial k_y} & \frac{\partial^2E}{\partial k_x\partial k_z}\\ \frac{\partial^2E}{\partial k_y\partial k_x} & \frac{\partial^2E}{\partial k_y^2} & \frac{\partial^2E}{\partial k_y\partial k_z}\\ \frac{\partial^2E}{\partial k_z\partial k_x} & \frac{\partial^2E}{\partial k_z\partial k_y} & \frac{\partial^2E}{\partial k_z^2}\end{pmatrix}=\frac{1}{\hbar^2}\begin{pmatrix}\frac{\partial^2E}{\partial k_x^2} & 0 & 0\\ 0 & \frac{\partial^2E}{\partial k_y^2} & 0\\ 0 & 0 & \frac{\partial^2E}{\partial k_z^2}\end{pmatrix} \tag{5-22}$$

可以简写为

$$\left(\frac{1}{m^*}\right)_{ij}=\frac{1}{\hbar^2}\frac{\partial^2E}{\partial k_i\partial k_j},(i,j=x,y,z) \tag{5-23}$$

所以在主轴坐标系中可以定义有效质量张量

$$m^*=\begin{pmatrix}m_x^*\\ m_y^*\\ m_z^*\end{pmatrix}=\begin{pmatrix}\hbar^2/\frac{\partial^2E}{\partial k_x^2} & 0 & 0\\ 0 & \hbar^2/\frac{\partial^2E}{\partial k_y^2} & 0\\ 0 & 0 & \hbar^2/\frac{\partial^2E}{\partial k_z^2}\end{pmatrix} \tag{5-24}$$

由式(5-24) 可知，有效质量不是一个常数，是波矢 $\boldsymbol{k}$ 的函数，而且是一个张量。m_x^*、m_y^* 和 m_z^* 可以不相等，其数值不仅可以取正值，也可取负值。有效质量是一个非常重要的概念，它描述了电子在外力作用下的加速度和受力之间的关系。需要注意的是，这里的有效质量不同于电子本身的质量，它包含了晶格内部周期场的作用。因此，不同于经典牛顿力

学，晶体中的电子所受外力方向与电子的加速度方向往往不平行，有时候还可能相反。

例如，对于简单立方晶体，在紧束缚近似下的 s 能带

$$E^s(k)=E_s-J_0-2J_1(\cos k_x a+\cos k_y a+\cos k_z a) \tag{5-25}$$

那么，可以计算出，当电子位于能带底，也就是 $\boldsymbol{k}=(0,0,0)$ 时，电子的有效质量

$$m^*=\frac{\hbar^2}{2a^2J_1}\begin{pmatrix}1&0&0\\0&1&0\\0&0&1\end{pmatrix} \tag{5-26}$$

则

$$m_x^*=m_y^*=m_z^*=\frac{\hbar^2}{2a^2J_1}>0$$

而在能带顶，也就是 $\boldsymbol{k}=(\pm\pi/a,\pm\pi/a,\pm\pi/a)$ 处，则有

$$m^*=-\frac{\hbar^2}{2a^2J_1}\begin{pmatrix}1&0&0\\0&1&0\\0&0&1\end{pmatrix} \tag{5-27}$$

同样有

$$m_x^*=m_y^*=m_z^*=-\frac{\hbar^2}{2a^2J_1}<0$$

具有普遍意义的是，由于能带底和能带顶的 $E(\boldsymbol{k})$ 值为极值，分别具有正值和负值的二阶微商。因此，在一个能带底附近，有效质量总是正的；而在一个能带顶附近，有效质量总是负的。一般来说，对于较宽的能带，能量随着波矢 $\boldsymbol{k}$ 的变化比较剧烈，有效质量较小，而对于窄的能带，应有大的有效质量。

5.2 静态电场下的电子运动

这一节，将以一维紧束缚近似下能带论的结果为例，讨论晶体中电子在恒定外电场作用下的运动。基于电子的准经典模型，在静态电场的作用下，如果忽略电子在不同能带间的跃迁，固体中的电子将被加速。在 $\boldsymbol{k}$ 空间中的电子的运动将满足

$$\frac{\mathrm{d}}{\mathrm{d}t}\hbar\boldsymbol{k}=-e\boldsymbol{E} \tag{5-28}$$

求解该方程，其解为

$$\boldsymbol{k}(t)=\boldsymbol{k}(0)-\frac{e\boldsymbol{E}}{\hbar}t \tag{5-29}$$

式中，$\boldsymbol{k}(0)$ 代表电子在 0 时刻的 $\boldsymbol{k}$ 值。式(5-29) 表明，对于自由电子，电子的波矢（同样也可以表征电子的动量）将会沿着电场的反方向不断加速。但实际上，因为受到了晶格的散射，这种加速是有限的。

对于布洛赫电子，其行为则完全不同。以紧束缚近似下的一维原子链为例，一维紧束缚近似下的 $E(\boldsymbol{k})$ 函数为

$$E^i(\boldsymbol{k})=E_i-J_0-2J_1\cos\boldsymbol{k}a \tag{5-30}$$

其中 E_i 为某原子能级。基于式(5-30)，可以求出电子的速度与有效质量分别为

$$v(\boldsymbol{k})=\frac{1}{\hbar}\times\frac{\mathrm{d}E}{\mathrm{d}\boldsymbol{k}}=\frac{2aJ_1}{\hbar}\sin\boldsymbol{k}a$$

$$m^*=\frac{\hbar^2}{\dfrac{\mathrm{d}^2E}{\mathrm{d}k^2}}=\frac{\hbar^2}{2a^2J_1\cos\boldsymbol{k}a} \tag{5-31}$$

图 5-1 给出了在一维紧束缚近似下的 $E(\boldsymbol{k})$、$\boldsymbol{v}(\boldsymbol{k})$、$m^*$ 随 $\boldsymbol{k}$ 值的变化图。这里只画出一个能带，且用第一布里渊区进行表示。如果电场使得 $\boldsymbol{k}$ 不断增加，在 $0<\boldsymbol{k}<\pi/2a$ 时，速度 $\boldsymbol{v}(\boldsymbol{k})$ 是关于 $\boldsymbol{k}$ 的增函数，有效质量 $m^*>0$。在 $\boldsymbol{k}$ 接近布里渊区边界，即 $\boldsymbol{k}=\pi/2a$ 时，电子的速度 $\boldsymbol{v}(\boldsymbol{k})$ 达到极大值，此时有效质量趋于无穷大，无论外力有多大，此时电子没有加速度。当 $\boldsymbol{k}>\pi/2a$ 时，速度 $\boldsymbol{v}(\boldsymbol{k})$ 是关于 $\boldsymbol{k}$ 的减函数，有效质量 $m^*<0$，电子的加速度方向与电场作用力方向相反。这种特殊的行为实际上是因为电子受到了晶格周期势场的作用。在电子的准经典模型，这种晶格周期势场的作用被隐含在了 $E(\boldsymbol{k})$ 函数中。

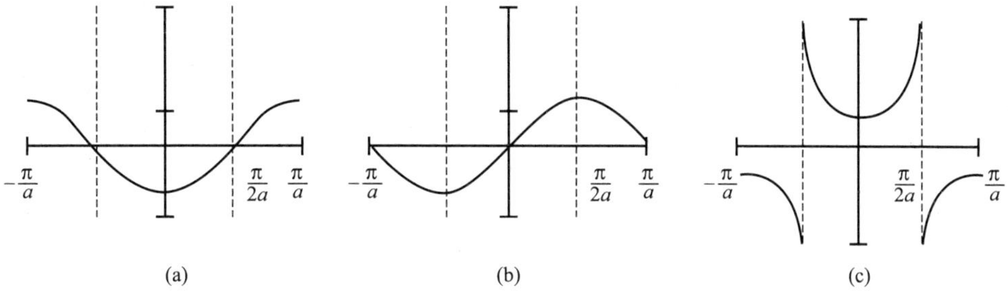

图 5-1 一维紧束缚近似下的 $E(\boldsymbol{k})$、$\boldsymbol{v}(\boldsymbol{k})$、$m^*$ 随 $\boldsymbol{k}$ 值的变化图

(a) $E(\boldsymbol{k})$-$\boldsymbol{k}$ 关系图；(b) $\boldsymbol{v}(\boldsymbol{k})$-$\boldsymbol{k}$ 关系图；(c) $m^*(\boldsymbol{k})$-$\boldsymbol{k}$ 关系图

在图 5-1 的基础上，进一步讨论在恒定电场作用下电子的运动。当电子到达第一布里渊区的边界位置时，若在电场的作用下，$\boldsymbol{k}$ 继续增加，电子将进入第二布里渊区。由于 $\boldsymbol{k}=-\pi/a$ 和 $\boldsymbol{k}=+\pi/a$ 相差一个倒格矢 $\boldsymbol{k}=2\pi/a$，实际代表同一状态，所以电子从 $\boldsymbol{k}=\pi/a$ 移出等于又从 $\boldsymbol{k}=-\pi/a$ 移进来，并重复在图 5-1 中简约布里渊区中的运动。所以，在稳定电场作用下，电子将在 $\boldsymbol{k}$ 空间中做永无休止的循环运动，相应的电子速度随时间振荡，如图 5-2 所示。电子速度的振荡，意味着电子在实空间（坐标空间）位置的振荡，即直流的外加电场作用在电子上，却产生了交变的电流，这种效应被称为布洛赫振荡。

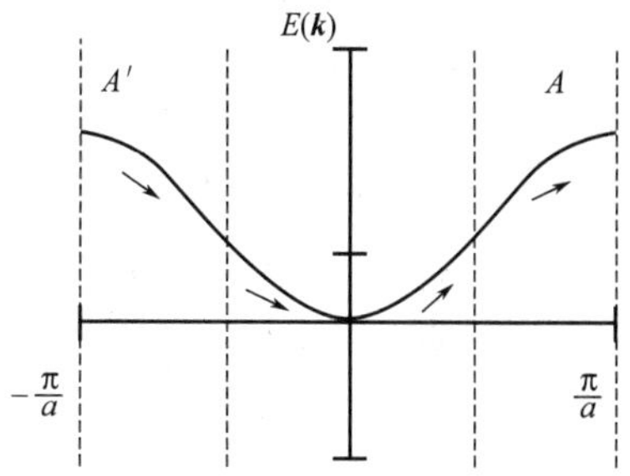

图 5-2 电子在恒定电场下的运动

实际上，上述振荡现象很难观察到，这是由于电子在运动过程中，不断受到声子、杂质和缺陷的散射。相邻两次散射间，电子在 $\boldsymbol{k}$ 空间的移动距离与布里渊区的尺度相比非常小，因而电子还来不及完成一次振荡过程就已被散射。

5.3 材料导电性能的能带论解释

本节将从能带论的角度对不同材料的导电性能进行阐述，并对导体、半导体和绝缘体进行理论上的区分与说明。在外场作用下，能带中每个电子对于电流密度的贡献为 $-e\boldsymbol{v}(\boldsymbol{k})$，那么能带中所有电子对于电流密度贡献为

$$\boldsymbol{J}=2\int_{\mathrm{occ}}-e\boldsymbol{v}(\boldsymbol{k})\frac{1}{(2\pi)^3}\mathrm{d}\boldsymbol{k} \tag{5-32}$$

式中，$\int_{\mathrm{occ}}$ 表示对能带中的占据态进行积分。在晶体能带理论中，由于 $E(\boldsymbol{k})$ 函数的对称性，即存在 $E(\boldsymbol{k})=E(-\boldsymbol{k})$，由式(5-3) 可知

$$\boldsymbol{v}(\boldsymbol{k})=-\boldsymbol{v}(-\boldsymbol{k}) \tag{5-33}$$

在一个被电子填满的能带中，每一个电子都贡献了一定的电流，但根据式(5-33)，可推断出，处于 $\boldsymbol{k}$ 态和 $-\boldsymbol{k}$ 态的电子电流恰好抵消。因此，如果 $\boldsymbol{k}$ 空间中电子占据状态是对称的，那么式(5-32) 的积分值为 0。即使该被填满的能带受到外加电场的作用，也不会改变这种情况。如图 5-3 所示，在横轴上均匀分布的点表示 $\boldsymbol{k}$ 轴的各量子态被电子填满。在外界电场的作用下，由式(5-29) 可知，电子在 $\boldsymbol{k}$ 空间内做减速运动。在此过程中，虽然有部分电子从 A 点移出布里渊区的边界，但同时会有同样数量的电子从 A'点移进来。由于能带具有周期性，$E_n(\boldsymbol{k})=E_n(\boldsymbol{k}+\boldsymbol{G}_{\mathrm{h}})$，所以 A 与 A'状态完全等价。该过程相当于从 A 点移出的电子又从 A'点移回布里渊区，所以该能带依然是处于满带状态，即满带电子不参与导电。

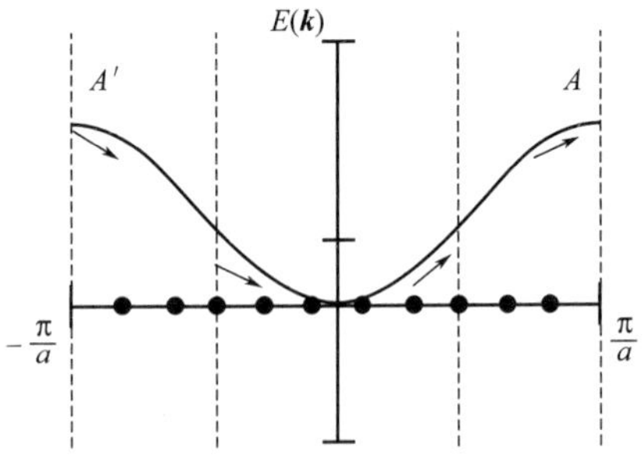

图 5-3　满带中的电子运动

部分填充的能带与满带情况不同。图 5-4(a) 表示一个被部分填充的能带。由于 $\boldsymbol{k}$ 与 $-\boldsymbol{k}$ 态电子均对称地被电子填充，所以在没有外加电场作用时，其总电流为 0。如图 5-4(b) 所示，当受到外加电场作用时，所有的电子均向某一个方向移动，之前电子的对称分布将受到影响，产生一个小的偏移。在 $\boldsymbol{k}$ 空间中电子电流仅仅只有一部分被抵消，整体仍将产生一定的电流，因而部分填充的能带可以导电。

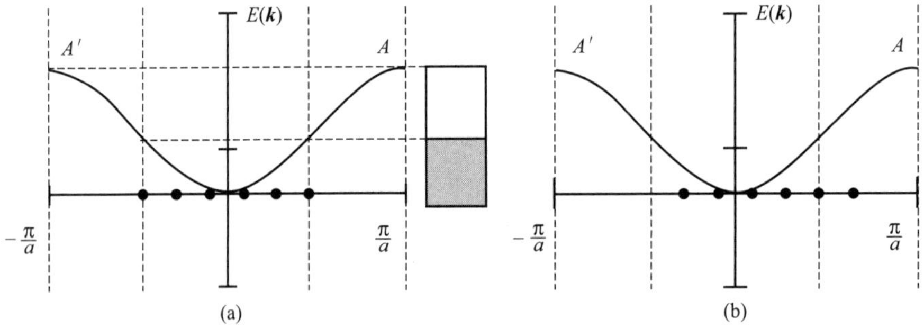

图 5-4　部分填充能带中的电子运动

(a) 无外场时；(b) 外加电场时

基于以上的结论，可以建立导体、半导体与绝缘体的能带模型，并对这些材料的导电性能进行解释。如图 5-5 所示，在导体中，电子除填满能量最低的一系列能带外，还存在被部分电子填充的能带，这些能带被称为导带，可以起到导电作用。

如果电子刚好能够填满能量较低的能带，高能量的各能带均没有电子填充（即空带），那么这些材料就是非导体。这种能量最高的满带与能量最低的空带之间的能量间隔为带隙

E_g。如果带隙 E_g 较小，比如为 0～3.5eV，其在绝对零度情况下由于电子处于满带状态不导电。但在一定温度下，由于热激发的作用使得一部分电子可以由能量最高的满带激发进入空带，从而获得导电能力。在这里，被热激发的少量电子部分填充的空带被称为导带，而大部分由电子填充的近满带则被称作价带。价带和导带都没有达到满带状态，故都可以起到导电作用。这些带隙比较小的非导体材料，被称为半导体。

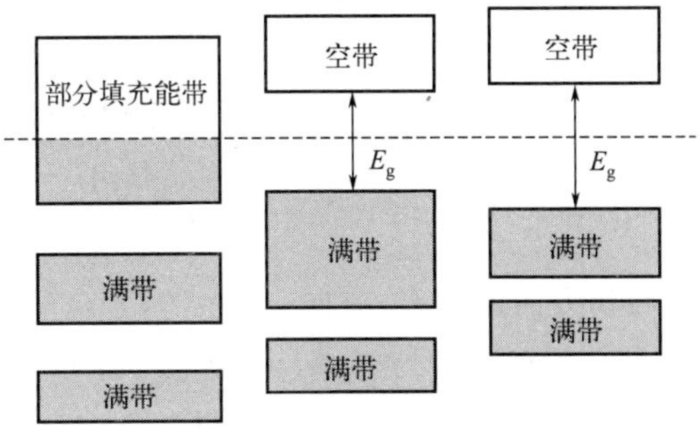

图 5-5　金属（左）、半导体（中）、绝缘体（右）的能带

如果带隙 E_g 很大，比如大于 5eV，在通常情况下满带中的电子很难被激发进入空带，因而导电性能极差，这些材料被归属为绝缘体。

如上所述，半导体材料的能隙较窄，因而在一定温度下将有少量电子从满带顶跃迁到空带底，从而形成一个由少量电子填充的导带和由大部分电子填充的近满带（价带）。对于该近满带，根据式(5-32)，利用满带不导电的规律，可以写出以下方程

$$J+(-e)\int_{\text{unocc}}\boldsymbol{v}(\boldsymbol{k})\frac{1}{4\pi^3}\mathrm{d}\boldsymbol{k}=0 \tag{5-34}$$

其中，下标 unocc 表示电子未占据态。那么，根据式(5-34) 可以得到近满带中的电流

$$J=e\int_{\text{unocc}}\boldsymbol{v}(\boldsymbol{k})\frac{1}{4\pi^3}\mathrm{d}\boldsymbol{k} \tag{5-35}$$

这表明，近满带的所有电子引起的总电流相当于是一个电荷为 $+e$ 的粒子以速度 $\boldsymbol{v}(\boldsymbol{k})$ 运动所引起的。因此，尽管固体中实际上只有电子传输电荷，但可以引入一种假想的带正电荷 e 的粒子去填满整个能带中未被电子占据的态，这种假想的粒子被称为空穴。利用空穴这种假想粒子，可以将近满带中大量电子的导电效应转换为少数空穴的运动行为，从而使得整个研究问题得到简化。

在外加电磁场中，根据式(5-4)，可以利用电子的准经典模型写出电子在近满带中的运动方程

$$\frac{\mathrm{d}}{\mathrm{d}t}(\hbar\boldsymbol{k})=m^*\frac{\mathrm{d}\boldsymbol{v}(\boldsymbol{k})}{\mathrm{d}t}=-e\left[\boldsymbol{E}+\boldsymbol{v}(\boldsymbol{k})\times\boldsymbol{B}\right] \tag{5-36}$$

实际上，处于近满带的未占据电子态通常位于能带的顶部，而能带顶部附近的电子有效质量为负值，故式(5-36) 可以等价于

$$\frac{\mathrm{d}v(\boldsymbol{k})}{\mathrm{d}t}=\frac{e}{|m^*|}\left[\boldsymbol{E}+\boldsymbol{v}(\boldsymbol{k})\times\boldsymbol{B}\right] \tag{5-37}$$

式(5-37) 表明，在近满带中，外加电磁场对于电子的作用可以等效为带有正电荷 $+e$ 和正质量 $|m^*|$ 的粒子受到电磁场的作用，这种粒子即上述的空穴。空穴概念的引入使得满带顶缺少一些电子的问题和导带底存在少量电子的问题十分相似，在这两种情况下所产生的导电行为分别被称为空穴导电和电子导电。

5.4 静态磁场下的电子运动

当固体中的自由电子只受到静态磁场的作用时，自由电子的准经典基本运动方程可以改

写为

$$\boldsymbol{v}(\boldsymbol{k})=\frac{1}{\hbar}\nabla_k E(\boldsymbol{k})$$

$$\hbar\times\frac{\mathrm{d}\boldsymbol{k}}{\mathrm{d}t}=(-e)\,\boldsymbol{v}(\boldsymbol{k})\times\boldsymbol{B} \tag{5-38}$$

若将磁场方向选为 $\boldsymbol{k}_z$ 方向，$\boldsymbol{B}=(0,\ 0,\ B)$，则可以将式(5-38) 写成以下分量形式

$$\begin{cases}\dfrac{\mathrm{d}k_x}{\mathrm{d}t}=-\dfrac{e}{m}(\boldsymbol{k}\times\boldsymbol{B})_x=-\dfrac{eB}{m}k_y\\[2mm]\dfrac{\mathrm{d}k_y}{\mathrm{d}t}=-\dfrac{e}{m}(\boldsymbol{k}\times\boldsymbol{B})_y=\dfrac{eB}{m}k_x\\[2mm]\dfrac{\mathrm{d}k_z}{\mathrm{d}t}=-\dfrac{e}{m}(\boldsymbol{k}\times\boldsymbol{B})_z=0\end{cases} \tag{5-39}$$

由式(5-39) 可以看出，$\boldsymbol{k}_z$ 保持不变，为一常数。求解式（5-39）前两个方程可以得到，在 $\boldsymbol{k}_x$-$\boldsymbol{k}_y$ 平面内电子做匀速圆周运动，其中回旋频率为 $\omega_0=eB/m$ 。如图 5-6 所示，自由电子的等能面是一个球面，而与磁场方向垂直的平面与等能面之间的交线就是电子在 $\boldsymbol{k}$ 空间中的运动轨迹，为一系列圆。

如果考虑实空间，根据 $\boldsymbol{v}(\boldsymbol{k})=\dfrac{\hbar\boldsymbol{k}}{m}$ 及式(5-39) 可得

$$\begin{cases}\dfrac{\mathrm{d}v_x}{\mathrm{d}t}=-\dfrac{eB}{m}v_y\\[2mm]\dfrac{\mathrm{d}v_y}{\mathrm{d}t}=\dfrac{eB}{m}v_x\\[2mm]\dfrac{\mathrm{d}v_z}{\mathrm{d}t}=0\end{cases} \tag{5-40}$$

说明在沿磁场方向电子的速度为某一常数。在此方向上，电子做匀速直线运动。在垂直于磁场的平面内，电子做匀速圆周运动，回旋频率为 $\omega_0=eB/m$ ，其运动轨迹如图 5-7 所示。

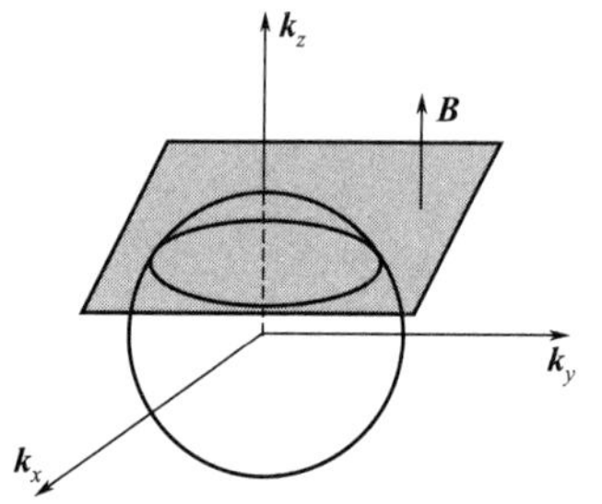

图 5-6　磁场作用下，电子在 $\boldsymbol{k}$ 空间的运动轨迹

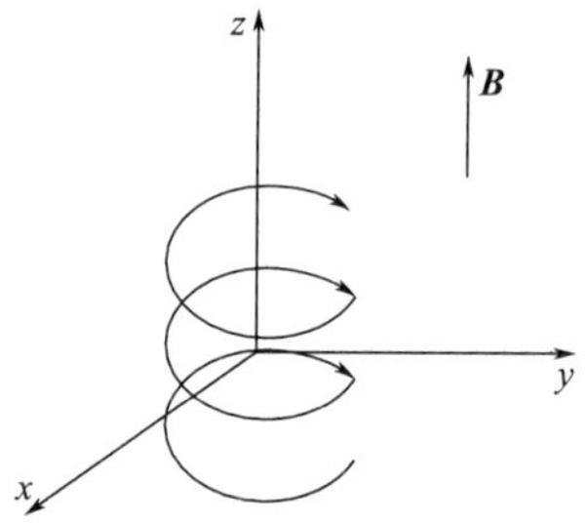

图 5-7　磁场作用下，电子在实空间中的运动轨迹

如果在量子理论下考虑自由电子在磁场中的运动，首先写出在没有外加磁场时自由电子运动的哈密顿量

$$\hat{H}=\frac{p^2}{2m}=-\frac{\hbar^2}{2m}\nabla^2 \tag{5-41}$$

若考虑外加磁场，电子运动的哈密顿量相当于把动量 $\boldsymbol{p}$ 换成 $\boldsymbol{p}+e\boldsymbol{A}$，其中 $\boldsymbol{A}$ 为磁场的矢量势。此时，哈密顿量变换为

$$\hat{H}=\frac{(\boldsymbol{p}+e\boldsymbol{A})^2}{2m}=\frac{1}{2m}[(\hat{p}_x-eBy)^2+\hat{p}_y^2+\hat{p}_z^2] \tag{5-42}$$

假设磁场方向沿 k_z 方向，此时矢量势取 $\boldsymbol{A}=(-By, 0, 0)$，使得 $\boldsymbol{B}=\nabla\times\boldsymbol{A}$ 关系成立。由于哈密顿算符中不含 x 和 z，$\hat{H}$ 与 $\hat{p}_x=-\mathrm{i}\hbar\frac{\partial}{\partial x}$ 及 $\hat{p}_z=-i\hbar\frac{\partial}{\partial z}$ 是对易的。根据量子力学理论，$\hat{H}$、$\hat{p}_x$、$\hat{p}_z$ 三者具有共同的本征态 ψ，即

$$\hat{p}_x\psi=\hbar k_x\psi \tag{5-43}$$

$$\hat{p}_z\psi=\hbar k_z\psi \tag{5-44}$$

波函数 ψ 可写为

$$\psi=\varphi(x)\varphi(y)\varphi(z) \tag{5-45}$$

将式(5-45) 代入式(5-43) 与式(5-44)，可以求解出

$$\begin{cases}\varphi(x)=A_x\exp(\mathrm{i}k_x x)\\ \varphi(z)=A_z\exp(\mathrm{i}k_z z)\end{cases} \tag{5-46}$$

所以，波函数 ψ 可以写为

$$\psi=\exp[\mathrm{i}(k_x x+k_z z)]\varphi(y) \tag{5-47}$$

将式(5-47) 代入哈密顿量为式(5-42) 的薛定谔方程，经过系列化简得到

$$\frac{1}{2m}[(\hbar k_x-eBy)^2+\hat{p}_y^2+\hbar^2k_z^2]\varphi(y)=E\varphi(y) \tag{5-48}$$

该式可以写成简谐振子的特征方程

$$\left[-\frac{\hbar^2}{2m}\times\frac{\partial^2}{\partial y^2}+\frac{1}{2m}(\hbar k_x-eBy)^2\right]\varphi(y)=\left[E-\frac{(\hbar k_z)^2}{2m}\right]\varphi(y) \tag{5-49}$$

令式(5-49) 中 $\omega_0=eB/m$，$y_0=\frac{\hbar k_x}{eB}$，$E_n=E-\frac{(\hbar k_z)^2}{2m}$，式(5-49) 可以化简为

$$\left[-\frac{\hbar^2}{2m}\times\frac{\partial^2}{\partial y^2}+\frac{m}{2}\omega_0^2(y-y_0)^2\right]\varphi(y)=E_n\varphi(y) \tag{5-50}$$

很容易看出式(5-50) 是一个中心位置在 y_0、振动频率为 ω_0 的谐振子振动方程。可以求出该式的特征函数为

$$\varphi(y)\cong\exp\left[-\frac{\omega_0}{2}(y-y_0)^2\right]H_n[\omega_0(y-y_0)] \tag{5-51}$$

其中 H_n 为厄密多项式

$$H_n=(-1)^n\exp(y^2)\frac{\mathrm{d}^n}{\mathrm{d}_y^n}[\exp(-y^2)]$$

同时，求解式(5-51) 可以得到该方程的能量本征值

$$E_n=\left(n+\frac{1}{2}\right)\hbar\omega_0$$

由此，可以得到哈密顿量为式(5-42) 的薛定谔方程的特征波函数

$$\psi=\exp[i(k_x x+k_z z)]\exp[-\frac{\omega_0}{2}(y-y_0)^2]H_n[\omega_0(y-y_0)] \tag{5-52}$$

其能量本征值

$$E = E_n + \frac{(\hbar k_z)^2}{2m} = \frac{(\hbar k_z)^2}{2m} + \left(n + \frac{1}{2}\right)\hbar\omega_0 \tag{5-53}$$

由此可以看出，当自由电子受到磁场作用后，在平行于磁场的方向洛伦兹力为 0，其能量并不改变，但在垂直于磁场的方向上，自由电子的能量以 $\hbar\omega_0$ 为单位量子化，这些量子化的能级被称为朗道能级。在 $\boldsymbol{k}$ 空间中，自由电子的占据态将会构成图 5-8 所示的圆柱面，每一个圆柱面对应一个量子数 n，这些柱面一起被称为朗道管，其截面被称为朗道环。

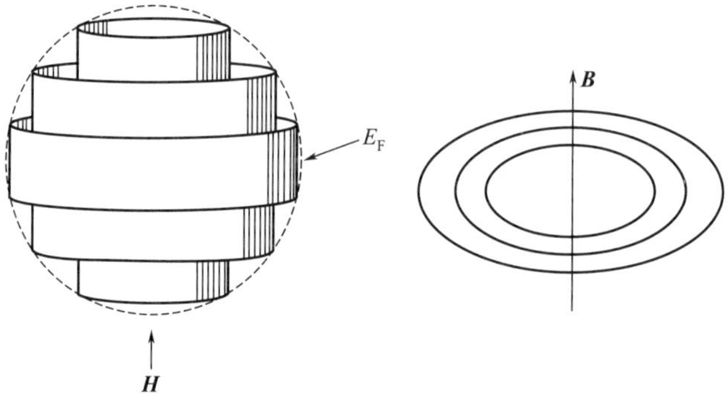

图 5-8　朗道管（a）和朗道环（b）

5.5 回旋共振

通常来说，对于半导体材料，位于价带顶和导带底附近的电子可以采用有效质量近似的手段来研究其在磁场中的运动。在静态磁场作用下，半导体中的电子或者空穴将做回旋运动，这样晶体中的电子在磁场作用下的回旋频率可以写为 $\omega_0 = eB/m^*$，其中m^*为回旋有效质量。

如图 5-9 所示，在静态磁场的作用下，电子将做回旋运动。此时，若在垂直磁场方向加上频率为ω_0 的交变电场，电子会与该交变电场发生共振，交变电场的能量被电子吸收，电子吸收能量后会从一个朗道能级跃迁到更高能量的朗道能级上，这个现象被称为回旋共振。对于不同的材料，其有效质量 m^* 不同，于是它们具备不同的回旋共振频率。因此，利用晶体中电子在恒定磁场下的回旋共振现象成为测量许多半导体导带底和价带顶附近粒子有效质量的常见手段。

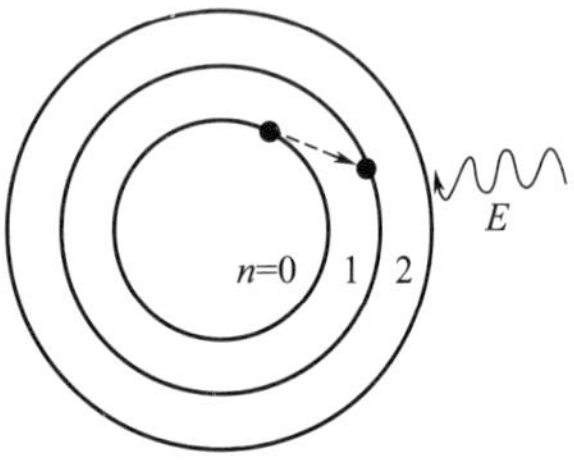

图 5-9　回旋共振效应原理

5.6 德哈斯-范阿尔芬效应

德哈斯与范阿尔芬在研究低温强磁场中金属铋的磁化率时，发现其磁化率随着磁场变化呈现振荡现象。后来，人们在很多金属中都发现了这一磁化率振荡的现象，并且磁化率的振荡呈周期性，与磁场的倒数 $1/B$ 有关。这种磁化率随磁场倒数 $1/B$ 周期性振荡的现象，被称为德哈斯-范阿尔芬效应。如第 3 章所讨论的，金属材料的物理性质主要由其费米面附近的电子决定，而利用德哈斯-范阿尔芬效应能够准确地测量金属材料费米面结构，因而该效应成为研究费米面的有力工具。

下面将对于德哈斯-范阿尔芬效应进行具体的介绍。在没有外加磁场时，自由电子气具有准连续的能量

$$E(\boldsymbol{k})=\frac{\hbar^2\boldsymbol{k}^2}{2m} \tag{5-54}$$

如果在 k_z 方向施加磁场，那么在 k_x-k_y 面内自由电子的能量将会以能级间隔 $\hbar\omega$ 量子化，形成一系列离散的朗道能级

$$E_n=\left(n+\frac{1}{2}\right)\hbar\omega \tag{5-55}$$

即可以把加入磁场后的过程看作无磁场时量子态的一个重组。在该过程中，系统总的量子态数目是不变的，那么每个朗道能级上对应的量子态数目有很多个，即朗道能级是高度简并的。每个朗道能级上包含的量子态数目就是原来连续能谱中能量间隔 $\hbar\omega$ 内的量子态数目，如图 5-10 所示。

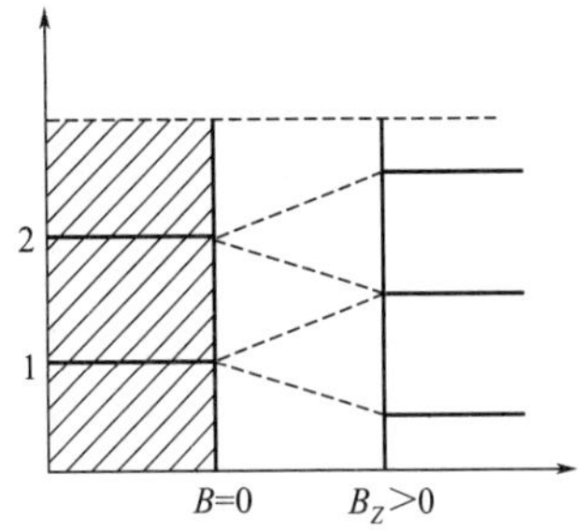

图 5-10 外加磁场后电子能级简并为朗道能级

在形成朗道能级的过程中，相邻两个朗道环之间的面积

$$\Delta A=\pi\Delta(k_x^2+k_y^2)=\frac{2\pi m\Delta E_n}{\hbar^2}=\frac{2\pi eB}{\hbar} \tag{5-56}$$

这是一个与朗道能级 n 无关、正比于外加磁场 B 的量。在外加磁场作用下，ΔA 面积中所有的量子态都会重组到朗道能级上，并高度简并。

如果二维电子气所在的平面尺寸为 $L\times L$，则在 k_z 固定的平面内单位体积内的电子态数为 $\frac{L^2}{4\pi^2}$。每一个态可以填充两个自旋方向相反的电子，从而可以计算得到每个朗道能级的简并度，即

$$D=2\times\frac{L^2}{4\pi^2}\Delta A=\frac{eBL^2}{\pi\hbar} \tag{5-57}$$

在磁场作用下，自由电子的能量被简并为一系列分立能级，整个系统的能量与磁场强度相关，这就是产生德哈斯-范阿尔芬效应的原因。图 5-11 给出了随着外加磁场强度的减小，整个系统中朗道能级上电子填充状态的变化。

假设初始状态的磁场强度为 B_1，第 λ 能级恰好填满，如图 5-11(a) 所示。此时满足

$$\lambda D_1=\lambda\frac{L^2e}{\pi\hbar}B_1=N \tag{5-58}$$

其中，N 为系统电子总数。此时，整个系统的能量为极小值。当磁场减小，由式(5-57) 可知，朗道能级上能够填充的电子数目减少，从而部分电子需要填充到更高的第 $\lambda+1$ 能级，如图 5-11(b) 所示。这个时候电子系统的能量增加，电子占据第 $\lambda+1$ 能级的概率小于 1/2。如果磁场强度继续减小，第 $\lambda+1$ 能级被电子占据的概率继续增加到 1/2，此时系统电子总能量增加至极大值，如图 5-11(c) 所示。如果磁场强度继续减小，如图 5-11(d) 所示，第

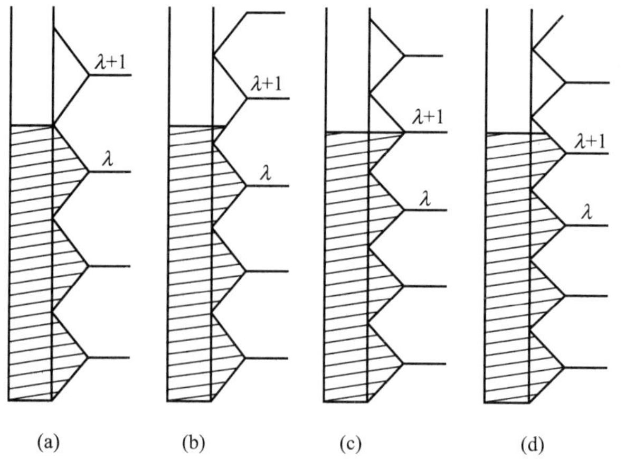

图 5-11 朗道能级填充状态随磁场变化

(a) 初始状态；(b) 磁场减小导致部分电子填充到 $\lambda+1$ 能级；(c) 磁场继续减小使得 $\lambda+1$ 能级被电子填充的概率增加至 1/2；(d) 磁场继续增加，使得 $\lambda+1$ 能级被电子填充的概率大于 1/2

$\lambda+1$ 能级被电子占据的概率继续增加至超过 1/2。此时，系统的能量虽然增加，但能量的增加量相比图 5-11(c) 的状态减小了。最终，随着磁场强度继续减小，第 $\lambda+1$ 能级被电子完全占据，整个系统的能量增量达到极小。在此状态下，假设磁场强度为 B_2，满足

$$(\lambda+1)D_2=(\lambda+1)\frac{L^2 e}{\pi\hbar}B_2=N \tag{5-59}$$

由式(5-58) 与式(5-59)，可以得到

$$\Delta\left(\frac{1}{B}\right)=\left(\frac{1}{B_2}-\frac{1}{B_1}\right)=\frac{L^2 e}{\pi\hbar N} \tag{5-60}$$

根据第 3 章中自由电子气的内容，费米波矢 $k_F=\sqrt{2\pi n}=\sqrt{2\pi\frac{N}{L^2}}$，那么二维自由电子气的费米圆面积

$$S_F=\pi k_F^2=2\pi^2\frac{N}{L^2} \tag{5-61}$$

联立式(5-60) 与式(5-61) 可以得到

$$\Delta\left(\frac{1}{B}\right)=\frac{L^2 e}{\pi\hbar N}=\frac{2\pi e}{\hbar S_F} \tag{5-62}$$

由于二维电子气系统的磁矩为 $M(B)=-\frac{\partial E}{\partial B}$，并且之前的分析显示能量增量随 $1/B$ 呈周期性的震荡变化，所以系统的磁矩也会随着磁场的倒数做周期性的振荡变化。在实验上，可以通过测量系统磁矩随 $1/B$ 的变化周期，确定费米面的大小，并通过改变测量磁场的方向构造出整个费米面的实际形状。

习题

(1) 从准经典模型下电子运动方程出发推导出电子有效质量公式，并阐述其与电子静止

质量的区别。

（2）设有一晶格常数为 a 的一维晶体的电子能带为

$$E(k)=\frac{\hbar^2}{ma^2}\left(\frac{7}{8}-\cos ka+\frac{1}{8}\cos 2ka\right)$$

计算：①能带宽度；②电子在波矢 k 状态时的速度；③能带底部和顶部处电子的有效质量。

（3）从能带论的角度解释导体、半导体和绝缘体的区别。

（4）基于紧束缚近似，对于面心立方金属，求：①与 s 态原子能级对应的能带 $E(\boldsymbol{k})$ 函数；②该能带下电子运动的平均速度；③有效质量张量；④作图画出沿 $\Gamma(0\ 0\ 0)-X(0\ \pi/a\ 0)$ 方向的 $E(\boldsymbol{k})$ 能带曲线。

（5）计算紧束缚近似下简单立方 p_y 态电子的能带 $E_{p_y}(\boldsymbol{k})$ 的表达式，以及该能带下电子的运动的平均速度、有效质量张量、带顶和带底的有效质量。

（6）根据自由电子气模型，计算钾的德哈斯-范阿尔芬效应的周期 $\Delta\left(\frac{1}{B}\right)$。当 $B=1\text{T}$ 时，在实空间中电子运动轨迹的面积有多大？

第 6 章

半导体电子论

第 4 章和第 5 章的内容系统阐明了周期性势场和外加势场的引入对材料电子态的影响，厘清了材料能带和能隙产生的原因及外加势场下电子的运动行为。基于能带结构及电子占据态的差异，可把固体材料分为导体、半导体和绝缘体，其中半导体材料的深入研究及半导体学科的兴起对信息时代的繁荣发展起着至关重要的作用。在半导体材料与器件的发展方面，施敏先生作出了突出贡献，并撰写了《Physics of Semiconductor Devices》这一经典著作，同时也为本章提供了很好的参考。本章将从半导体的能带结构、半导体的掺杂出发，系统阐明半导体内部的载流子来源及载流子的统计分布规律，在此基础上进一步对一些典型的半导体物理器件，如 P-N 结、晶体管等展开系统描述。

6.1 半导体的基本能带结构

单个原子的能级是分立的，N 个相距无限远的原子能级也是分立的，但当这些原子紧密排列形成晶体后，不同原子的电子波函数会发生重叠而相互影响，进而原子能级会展宽成能带。图 6-1 给出了单原子、双原子及多原子体系下的能级分布及电子占据情况。当原子处于基态时，它的所有电子从最低能级开始依次向上填充。对于半导体，电子刚好填充到某一个能带满了，下一个能带全空。这些被填满的能带称为满带，满带中能量最高的能带称为价带。对于半导体，能量最高的一个价带，到能量更高的下一个能带之间有一个禁带，不允许有电子存在。但是这个禁带的宽度（称为带隙或能隙）不是很大，有一些电子有机会跃迁到下一个能带。由于该能带几乎是空的，所以电子们跃迁到这个能带之后就可以自由地运动，

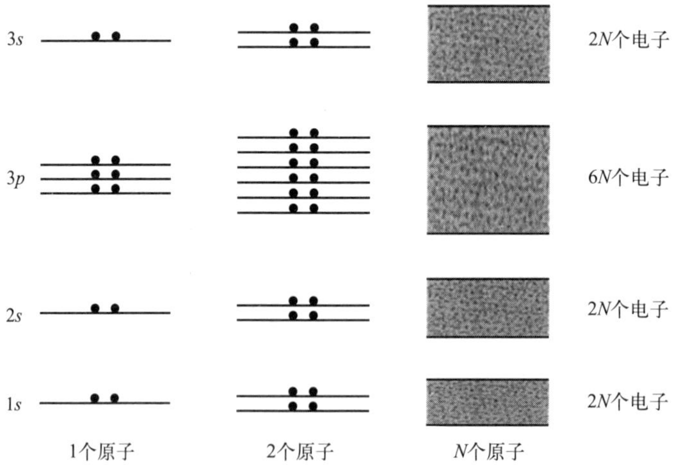

图 6-1　原子数量增加时能级扩展成能带

这个能带就是导带。大部分半导体的能隙介于 0.3～2.0eV，如锗、硅在室温下的带隙宽度分别为 0.67eV 和 1.12eV，为典型的半导体材料。

根据第 4 章的能带理论，结合具体材料体系，可以画出不同材料能带的色散关系$E(\boldsymbol{k})$。对于锗、硅与砷化镓这三种材料，价带的分布情况类似，价带顶都在 $\boldsymbol{k}$ 空间的原点，但导带结构差异较大，其中锗和硅的导带底分别位于布里渊区的 L 点和 Δ 点，与价带顶不在 $\boldsymbol{k}$ 空间的同一点，这一类半导体称为间接带隙半导体。而砷化镓的导带底则拥有与价带顶相同的 $\boldsymbol{k}$ 点位置，这一类材料被称为直接带隙半导体材料。与砷化镓类似，砷化铟、硫化镉、氮化镓等均是直接带隙半导体。不同半导体的带隙宽度、直接/间接带隙的性质赋予了其不同的载流子跃迁特性，如光吸收、发射等，同样也可以基于本征光吸收特性来测量或反映材料的带隙情况。此外，半导体材料的带隙也表现出温度依赖的特性，大多数半导体材料的带隙宽度会随着温度升高而减小，其变化规律可表示为

$$E_g(T)=E_g(0)-\frac{aT^2}{T+b} \tag{6-1}$$

表 6-1 总结了绝对零度和室温下一些典型材料的禁带宽度 E_g 及直接带隙、间接带隙情况。

表 6-1 价带和导带之间的能隙（i 代表间接能隙，d 代表直接能隙）

晶体	能隙	E_g/eV		晶体	能隙	E_g/eV	
		0K	300K			0K	300K
金刚石	i	5.4		HgTe	d	−0.30	
Si	i	1.17	1.14	PbS	d	0.286	0.34～0.37
Ge	i	0.744	0.67	PbSe	d	0.165	0.27
Sn	d	0.00	0.00	PbTe	d	0.190	0.3
InSb	d	0.24	0.18	CdS	d	2.582	2.42
InAs	d	0.43	0.35	CdSe	d	1.840	1.74
InP	d	1.42	1.35	CdTe	d	1.607	1.45
GaP	i	2.32	2.26	ZnO		3.436	3.2
GaAs	d	1.52	1.43	ZnS		3.91	3.6
GaSb	d	0.81	0.78	SnTe	d	0.3	0.18
AlSb	i	1.65	1.52	AgCl		—	3.2
SiC（六角）		3.0	—	AgI		—	2.8
Te	d	0.33	—	Cu_2O		2.172	—
ZnSb		0.56	0.56	TiO_2		3.03	—

导带底和价带顶的电子占据情况决定了半导体的基本物理性质，所以导带底附近的电子有效质量和价带顶附近的空穴有效质量也是半导体能带理论中需要着重考虑的参数。大多数半导体材料导带底和价带顶附近的有效质量可以用回旋共振试验来测定。在恒定磁场的作用下，晶体的电子（或空穴）将做螺旋运动，回旋频率 $\omega_0=qB/m^*$。若在垂直磁场方向施加频率为 ω 的交变电场，当 $\omega=\omega_0$ 时，交变电场的能量将被电子共振吸收，这个现象称为回旋共振。不同材料的有效质量 m^* 不同，在实验上会表现出不同的回旋共振频率，因此可通

过回旋共振频率来确定材料的有效质量。对于极值点能带非简并的情况，在极值 $\boldsymbol{k}_0$ 点，讨论有效质量时起主要作用的是价带，如对一些常见半导体材料，通常考虑 Γ 点附近。通常带隙宽度越小，有效质量越小。表 6-2 给出了几种典型半导体材料的有效质量数值，它们都是极值在 Γ 点的直接带隙半导体，可以看出，E_g 与 m^* 的比值十分接近。

表 6-2　典型半导体材料的有效质量

半导体材料	GaAs	InP	GaSb	InAs	InSb
有效质量(m^*/m)	0.07	0.07	0.04	0.02	0.013

对于极值点 $\boldsymbol{k}_0 \neq 0$ 的情况（$\boldsymbol{k}_0$ 总是沿对称轴的方向），有效质量往往是各向同性的。沿对称轴方向的有效质量（纵向有效质量）和垂直对称轴方向的有效质量（横向有效质量）是不相等的。这是由于对称性使纵轴和横轴的情况有所不同。

6.2 半导体中的杂质

第 6.1 节中基于理想的原子模型讨论了半导体的能带结构，即所有原子都严格地处在既定的格点上。在实际情况中，理想的半导体晶格是不存在的，其物理化学性质在很大程度上受自身缺陷和外界因素影响。首先，组成半导体的各个原子在晶格中由于相互作用，总是在其平衡位置附近振动，这些原子热振动能量对外界温度非常敏感；其次，实际半导体材料的组成并非绝对纯净，而是存在组成原子之外的少量其他原子，这些外来原子通常被称为半导体的杂质，其对半导体的电、光和磁等物理性质起着重要作用；最后，实际半导体的晶格并非完美无缺的，而是存在着各种形式的结构缺陷，如位错、层错等，对半导体能带结构、载流子迁移率等性质影响很大。总的看来，杂质和缺陷引入的附加势场将破坏理想半导体的严格周期性势场，从而产生位于禁带之中的杂质能级，因此会对半导体的物理化学性质产生重要影响。

6.2.1 Ⅳ族半导体中的杂质与缺陷

硅是目前世界上最重要的半导体材料，被广泛应用于半导体工业中，是半导体器件、集成电路、太阳能电池片等的基础材料，其大规模制备促进了微电子技术的迅速发展。为了提高器件成品率和降低制作成本，硅单晶一直朝着增加横向尺寸的方向发展，近二十年，其直径已经从 2in 增加到了 12in。一直以来，低缺陷超纯硅单晶可控制备及可控掺杂是制约硅基集成电路发展的关键难题。

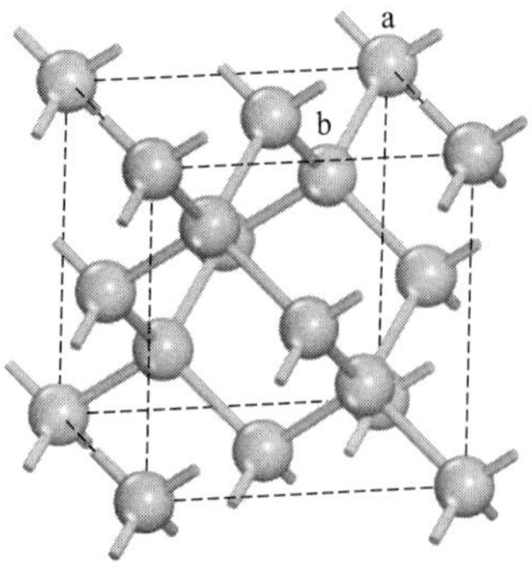

图 6-2　单晶硅晶体结构

硅晶体材料呈灰色，具有金属光泽，在常压下为金刚石结构，由两套面心立方结构的原子沿着对体角线方向移动 1/4 对角线长度而构成。在晶胞中，8 个顶点、6 个面心和晶体内部晶胞体对角线离顶点 1/4 距离处都具有硅原子。每个硅原子具有 4 个价电子，原子与原子之间以共价键的形式连接。图 6-2 为单晶硅的晶体结构，在一个晶胞中包含 8 个硅原子。

表 6-3 展示了单晶硅的基本物理性质，高纯无缺陷无掺杂的本征硅晶体的电阻率为 $10^6\ \Omega\cdot cm$ 以上。在实际应用中，可通过固定原子掺杂来调控材料的电阻率，从而调节所构筑器件的性能。其掺杂方式主要有间隙式掺杂和替位式掺杂两种。

表 6-3　单晶硅的基本物理性质

性质	数值	单位	性质	数值	单位
原子密度	5.0×10^{22}	个/cm^3	禁带宽度	1.12	eV
密度	2.329	g/cm^3	电子迁移率	1350	$cm^2/(V\cdot s)$
晶格常数	5.34	Å	空穴迁移率	480	$cm^2/(V\cdot s)$
熔点	1420	℃	本征电阻率	1.5×10^{10}	$\Omega\cdot cm$

首先，通过理论来分析单晶硅间隙式和替位式掺杂的原理。可以将一个晶胞中的 8 个硅原子看作半径为 r 的圆球，则可计算得到这 8 个硅原子占据晶胞空间的百分比。如图 6-2 所示，将位于立方体顶角处的原子 a 圆球中心与距离该顶角 1/4 体对角线处的原子 b 圆球中心之间的距离假设为两球的半径之和 $2r$，同时将立方体的边长设为 a，则立方体对角线的长度为 $\sqrt{3}\,a$。因此，圆球的半径 $r=\sqrt{3}a/8$，可以得到单晶硅总原子占据晶胞的体积比＝

$$\frac{8\times\frac{4}{3}\pi r^3}{a^3}=\frac{\sqrt{3}\pi}{16}=34\%。$$

结果表明，在金刚石结构的硅单胞中，原子占据的体积比仅为 34%，其余 66%是空隙，这些空隙也被称为间隙位置。因此，当杂质原子进入硅内部时，可能具有两种存在方式：一种是杂质原子位于晶格原子的间隙位置，被称为间隙式杂质；另一种是杂质原子取代硅原子而位于硅原子的晶格格点处，被称为替位式杂质。图 6-3 为硅晶体中间隙式杂质和替位式杂质的示意图，其中 A 为间隙式杂质原子，B 为替位式杂质原子。间隙式掺杂原子应该具有比较小的原子半径，而形成替位式掺杂时，要求替位式杂质原子的半径与被替代的原子大小相近，同时具有类似的价电子结构。在硅原子晶体中，Ⅲ、Ⅴ族元素通常被作为替位掺杂的杂质原子。

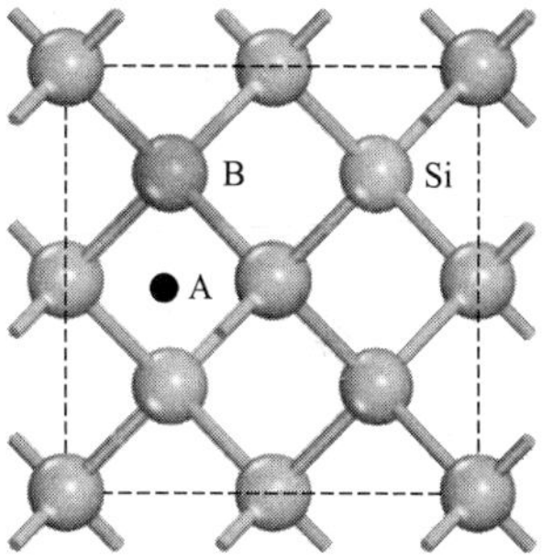

图 6-3　间隙式掺杂 B 和替位式掺杂 A

硅的可控替位式掺杂在其导电类型调控中起着至关重要的作用。从掺杂对半导体导电类型的调控角度来讲，硅的替位式掺杂又可以分为施主掺杂和受主掺杂两类。接下来，将通过举例详细描述半导体硅中的施主掺杂和受主掺杂。

(1) 施主掺杂与施主能级

以Ⅴ族元素磷(P) 为例，来讨论施主杂质种类和施主能级的形成机理。如图 6-4(a) 所示，一个磷原子替代了一个硅原子并占据其所在的格点。磷原子最外层有 5 个价电子，在与周围 4 个具有 4 个价电子的硅原子形成共价键之后，还剩余一个价电子($-q$)。同时，磷原子所在格点处会多余一个正电荷($+q$)，通常称这个正电荷为正电中心磷离子(P^+)。因此，半导体硅中掺入 P 原子的效果是形成正电中心 P^+ 和一个多余的价电子，这个多余的价电子被束缚在正电中心周围。由于这种束缚作用远弱于共价键，只需要很少的能量就足以使其挣脱束缚，成为导电电子在晶格中自由运动，而作为正电中心的磷离子则由于晶格的束缚不能自由迁移。由上述自由电子脱离杂质正电中心束缚成为导电电子所需要的能量被称为杂质电离能，用 Δ_D 表示。表 6-4 列举了Ⅳ族半导体中不同杂质的电离能。

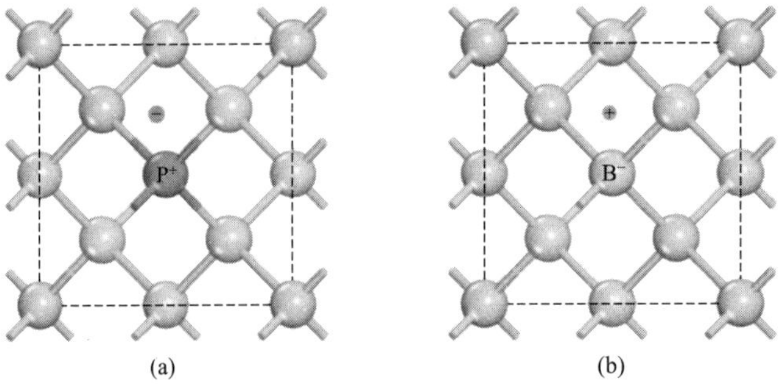

图 6-4 硅和锗中的施主杂质（a）与受主掺杂（b）

表 6-4 硅、锗晶体中Ⅴ族杂质和Ⅲ族杂质的电离能

晶体	Ⅴ族杂质电离能/eV			Ⅲ族杂质电离能/eV			
	P	B	Al	Ga	In	As	Sb
Si	0.044	0.045	0.057	0.065	0.16	0.049	0.039
Ge	0.0126	0.01	0.01	0.011	0.011	0.0127	0.0096

Ⅴ族杂质在硅和锗中电离时，能够释放电子而产生导电电子并形成正电中心，故称其为施主杂质或者 N 型杂质，释放出电子的过程被称为施主电离。施主杂质未电离时是中性的，称为束缚态或者中性态；电离后称为正电中心，称为离化态。施主杂质的电离过程可以用能带图来解释，如图 6-5(a) 所示。当电子得到能量 Δ_D 后，可以从束缚态跃迁到导带形成自由电子。被施主杂质束缚的电子的能量状态称为施主能级（E_D），施主能级一般位于离导带很近的禁带中。由于施主杂质的量比较少，杂质原子之间的相互作用可以忽略，因此某一种杂质的施主能级是一些具有相同能量的孤立能级，在能带图中用离导带底距离为 Δ_D 的短线表示，每一条短线对应一个施主杂质原子。在能带图中，用黑色的圆点代表施主杂质束缚的电子，黑色箭头表示束缚态原子获取能量之后电离的过程。导带中的小黑点则表示进入导带中的电子，施主能级处的⊕号表示施主杂质电离之后带正电。由此可见，在纯净的半导体中掺杂施主杂质，杂质电离之后，导带中的导电电子增多，增强了半导体的导电能力。通常把主要依靠导带中电子导电的半导体称为电子型或 N 型半导体。

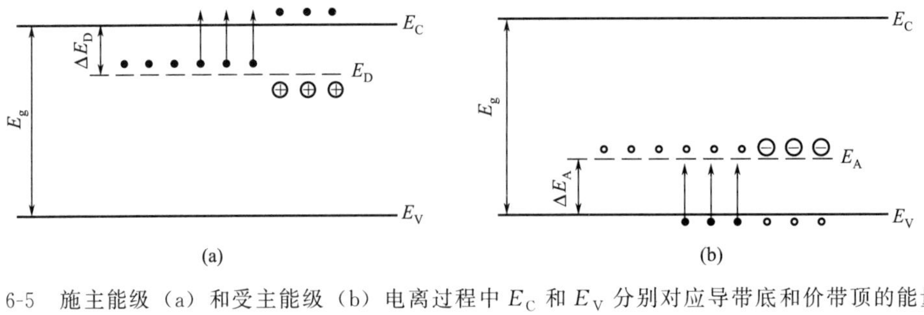

图 6-5 施主能级（a）和受主能级（b）电离过程中 E_C 和 E_V 分别对应导带底和价带顶的能量

(2) 受主掺杂与受主能级

当最外层具有 3 个自由电子的Ⅲ族元素作为杂质掺入硅中时，硅会表现出 P 型导电特性。接下来，以硼原子(B) 掺杂为例来阐明 P 型半导体的形成和性质。如图 6-4(b) 所示，一个硼原子占据了硅原子的位置，由于硼原子最外层只有 3 个价电子，与周围四价的硅原子形成共价键时，还缺少一个电子，于是硅晶体共价键中就产生了一个空穴。当硼原子得到一个电子之后，将变成带负电的硼离子 (B^-)，称为负电中心。带负电的硼离子和带正电的空穴间具有一定的静电吸引作用，所以这个空穴将受到硼离子的束缚，在硼离子附近运动。同样，硼离子对空穴的束缚力比较弱，只需要很少的能量就可以使空穴挣脱束缚，成为在晶体中自由运动的导电空穴。此时，硼原子成为多了一个价电子的硼离子 (B^-)，是一个不能移动的负电中心。由于Ⅲ族元素在硅和锗中能够接受电子而产生导电空穴，并形成负电中心，所以称它们为受主杂质或者 p 型杂质。空穴挣脱受主杂质束缚的过程称为受主电离。受主杂质未电离时为电中性，称为束缚态或者中性态；电离后成为负电中心，称为受主离化态。使空穴挣脱受主杂质束缚成为导电空穴所需的能量称为受主杂质的电离能，用 Δ_A 表示。实验测量结果表明，Ⅲ族元素在硅和锗中的电离能很小，在硅中为 0.045～0.065eV，见表 6-4。

受主杂质电离过程也可以在能带图中表示出来，如图 6-5(b) 所示。当空穴得到能量 Δ_A 后，就从受主束缚态跃迁到价带成为导电空穴。因为在能带图上表示空穴的能量是越向下越高的，所以空穴被受主杂质束缚时的能量比价带顶 E_V 低 Δ_A，这种受主杂质束缚的空穴的能量状态称为受主能级，记为 E_A。一般情况下，受主能级也是孤立的能级，并用离价带顶距离为 Δ_A 的一系列短线表示，每一条短线对应一个受主杂质原子。在能带图中，用黑色的空心小圆圈代表受主杂质束缚的空穴，黑色箭头表示受主束缚态原子获取能量之后的电离过程，施主能级处的⊖号表示施主杂质电离之后带负电。由此可见，在纯净的半导体中掺杂受主杂质，杂质电离之后，导带中的导电空穴增多，增强了半导体的导电能力。通常把主要依靠导带中空穴导电的半导体称为空穴型或 P 型半导体。

6.2.2 Ⅲ-Ⅴ族半导体中的杂质与缺陷

除了硅、锗这样的元素半导体之外，还有很多具有半导体性质的材料，如Ⅲ-Ⅴ族化合物半导体，被广泛应用于电子学器件和发光器件等领域。与硅、锗晶体一样，当杂质进入Ⅲ-Ⅴ族化合物后，要么处于晶格原子间隙中成为间隙式杂质，要么取代晶格原子的位置成为替位式杂质，不过具体情况比硅、锗更复杂些。例如，替位式杂质可能取代Ⅲ族原子，也可能取代Ⅴ族原子。间隙式杂质如果进入四面体间隙位置，则杂质原子周围可能是 4 个Ⅲ族原子或 4 个Ⅴ族原子等。图 6-6 所示为Ⅲ-Ⅴ族化合物砷化镓中替位式杂质和间隙式杂质的平面示意图，其中 A、B 分别是取代镓和砷的杂质，C 为间隙杂质。

在Ⅲ-Ⅴ族化合物中，除了热振动因素形成空位和间隙原子外，成分偏离正常的化学比也会形成点缺陷。例如在砷化镓中，由于热振动可以使镓原子离开晶格点形成镓空位和镓间隙原子，也可以使砷原子离开晶格点形成砷空位和砷间隙原子。另外，由于砷化镓中镓偏多或砷偏多，也能形成砷空位或镓空位，如图 6-6 所示。这些点缺陷是起施主还是受主作用，目前仍无法定论。

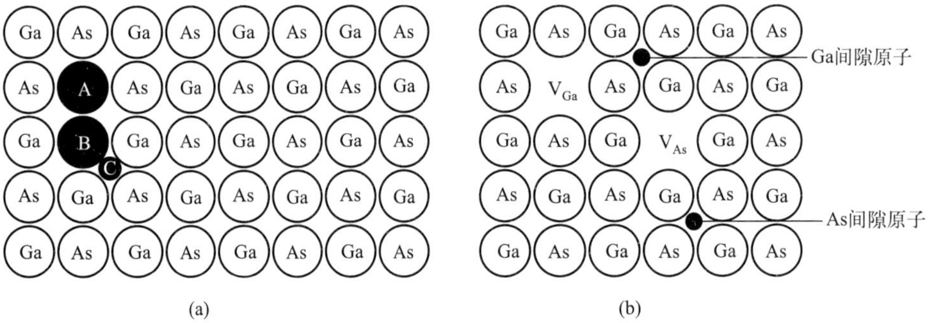

图 6-6　砷化镓中的杂质与缺陷

(a) 杂质；(b) 缺陷

6.3 半导体中载流子的统计分布

在一定温度下，如果没有其他外界作用，半导体中自由电子和空穴是依靠电子的热激发作用而产生的。电子从不断热振动的晶格中获得一定的能量，就可能从低能量的量子态跃迁到高能量的量子态，例如电子从价带跃迁到导带（本征激发），形成导带电子和价带空穴。电子和空穴也可以通过杂质电离方式产生，当电子从施主能级跃迁到导带时产生导带电子，当电子从价带激发到受主能级时产生价带空穴。与此同时，还存在着相反的过程，即电子也可以从高能量的量子态跃迁到低能量的量子态，并释放出一定能量，从而使导带中的电子和价带中的空穴不断减少，这一过程称为载流子的复合。在一定温度下，这两个相反的过程之间将建立起动态平衡，形成热平衡状态。此时，半导体中的导电电子浓度和空穴浓度都保持一个稳定的数值，这种处于热平衡状态下的导电电子和空穴被称为热平衡载流子。当温度改变时，破坏了原来的平衡状态，又重新建立起新的平衡状态，热平衡载流子浓度也将随之发生变化，达到另一稳定数值。

实验测量表明，半导体的导电性随温度变化而强烈改变。实际上，这种变化主要是由于半导体中载流子浓度随温度而变化造成的。因此，要深入了解半导体的导电性，必须探明半导体内部载流子浓度随温度的变化规律，建立温度与半导体中热平衡载流子浓度的依赖关系。

为了计算热平衡载流子浓度，并求解其随温度的变化规律，需要首先考虑如下两个规律：第一，允许的量子态随能量的分布规律；第二，电子在允许的量子态中的分布规律。在此基础上，计算具体情况下的热平衡载流子浓度，阐明它随温度的变化规律。

6.3.1 电子和空穴数密度

(1) 态密度

在半导体的导带和价带中有很多能级存在，但相邻能级间隔很小，约为 10^{-22}eV 数量级，可以近似认为能级是连续的。在第 3 章中已经建立了量子态 dZ、能量 E 与态密度 $g(E)$ 之间的关系，即

$$g(E)=\frac{dZ}{VdE} \tag{6-2}$$

式(6-2) 描述了能带中能量 E 附近单位能量间隔内的量子态数。对于半导体情形，考虑能带极值在 $\boldsymbol{k}=0$，等能面为球面的情况，则导带底附近 $E(\boldsymbol{k})$ 与 $\boldsymbol{k}$ 的关系可表示为

$$E(\boldsymbol{k})=E_C+\frac{\hbar^2\boldsymbol{k}^2}{2m_n^*} \tag{6-3}$$

式中，m_n^* 为导带底电子的有效质量。

在 $\boldsymbol{k}$ 空间中，以 $|\boldsymbol{k}|$ 为半径作一球面，它就是能量为 $E(\boldsymbol{k})$ 的等能面，而以 $|\boldsymbol{k}+d\boldsymbol{k}|$ 为半径所作的球面为 $(E+dE)$ 的等能面。要计算能量在 $E\sim(E+dE)$ 之间的量子态数，只要计算这两个球壳之间的量子态数即可。因为这两个球壳之间的体积是 $4\pi\boldsymbol{k}^2 d\boldsymbol{k}$，且 $\boldsymbol{k}$ 空间中单位体积的 $\boldsymbol{k}$ 点数是 $V/8\pi^3$，所以在能量 $E\sim(E+dE)$ 之间的量子态数为

$$dZ=\frac{V}{8\pi^3}\times 4\pi\boldsymbol{k}^2 d\boldsymbol{k} \tag{6-4}$$

由式(6-3) 求得

$$|\boldsymbol{k}|=\frac{(2m_n^*)^{1/2}(E-E_C)^{1/2}}{\hbar} \tag{6-5}$$

代入式(6-4) 得

$$dZ=\frac{V}{2\pi^2}\times\frac{(2m_n^*)^{3/2}}{\hbar^3}(E-E_C)^{1/2}dE \tag{6-6}$$

由式(6-6) 求得导带底能量 E 附近单位能量间隔的量子态数，即导带底附近态密度 $g_C(E)$ 为

$$g_C(E)=\frac{dZ}{VdE}=\frac{1}{2\pi^2}\frac{(2m_n^*)^{3/2}}{\hbar^3}(E-E_C)^{1/2} \tag{6-7}$$

式(6-7) 表明，导带底附近单位能量间隔内的量子态数目随着电子的能量增加按抛物线关系增大，即电子能量越高，态密度越大。图 6-7 中的曲线 1 表示 $g_C(E)$ 与 E 的关系图，即态密度与能量的关系曲线。

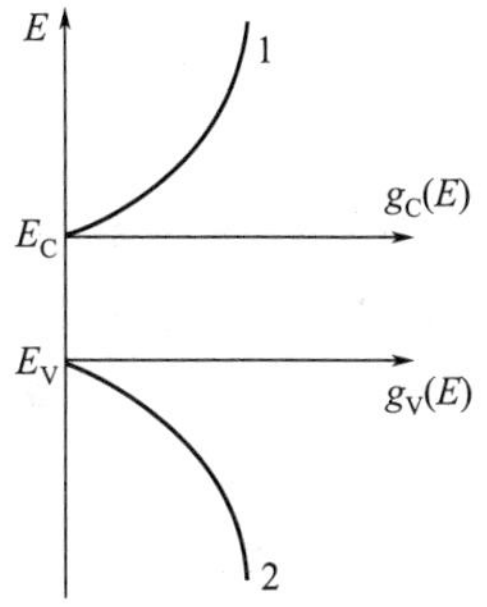

图 6-7　态密度与能量的关系

对于实际的半导体硅、锗来说，情况比上述模型要复杂得多。在它们的导带底附近，等能面是旋转椭球面，如果仍选极值能量为 E_C 的话，$E(\boldsymbol{k})$ 与 $\boldsymbol{k}$ 的关系为

$$E(\boldsymbol{k})=E_C+\frac{\hbar^2}{2}\left(\frac{k_1^2+k_2^3}{m_t}+\frac{k_3^2}{m_l}\right) \tag{6-8}$$

其中 m_t 和 m_l 分别为椭球横向和纵向的电子有效质量。若极值 E_C 不在 $\boldsymbol{k}=0$ 处，则由于晶体的对称性，导带底也不只是一个状态。设导带底的状态共有 s 个，利用上述方法同样可以计算这 s 个对称状态的态密度为

$$g_C(E)=\frac{1}{2\pi^2}\frac{(2m_n^*)^{3/2}}{\hbar^3}(E-E_C)^{1/2} \tag{6-9}$$

不过，其中 m_n^* 为

$$m_n^*=m_{dn}=s^{2/3}(m_l m_t^2)^{1/3} \tag{6-10}$$

其中 m_{dn} 称为导带底电子态密度有效质量。对于硅，导带底共有 6 个对称状态，即 $s=6$。将 m_l、m_t 值代入式(6-10)，计算得 $m_{dn}=1.062m_0$。对锗，$s=4$，可以算得 $m_{dn}=0.56m_0$。

同理，对于价带顶附近的情况，也可以进行类似的计算，图 6-7 中的曲线 2 表示了 $g_V(E)$ 与 E 的关系曲线。对于等能面为球面时，价带顶附近 $E(\boldsymbol{k})$ 与 $\boldsymbol{k}$ 的关系为

$$E(\boldsymbol{k})=E_V-\frac{\hbar^2\boldsymbol{k}^2}{2m_p^*} \tag{6-11}$$

式中，m_p^* 为价带顶空穴有效质量。类似地可计算得到价带顶附近态密度 $g_V(E)$ 为

$$g_V(E)=\frac{1}{2\pi^2}\frac{(2m_p^*)^{3/2}}{\hbar^3}(E_V-E)^{1/2} \tag{6-12}$$

（2）费米能级

半导体中电子数非常多，例如硅晶体每立方厘米中约有 5×10^{22} 个硅原子，仅价电子数每立方厘米中就有约 20×10^{22} 个。在一定温度下，半导体中的大量电子不停地做无规则热运动，电子既可以吸收晶格热振动的能量，从低能量的量子态跃迁到高能量的量子态，也可以从高能量量子态跃迁到低能量量子态，释放出能量。因此，从一个电子来看，它所具有的能量实时变化。但是，从大量电子的整体来看，在热平衡状态下，电子按能量大小根据一定的统计规律分布。电子在不同能量量子态上的统计分布几率是一定的，其分布遵循费米统计分布规律。

对于能量为 E 的量子态被一个电子占据的几率 $f(E)$ 为

$$f(E)=\frac{1}{1+\exp\left(\frac{E-E_F}{k_BT}\right)} \tag{6-13}$$

式中，$f(E)$ 称为电子的费米分布函数，是描写热平衡状态下电子在允许的量子态上如何分布的函数，其中 k_B 为玻耳兹曼常数，T 为热力学温度。E_F 称为费米能级或费米能量，与温度、半导体材料的导电类型、杂质的含量以及能量零点的选取有关。E_F 是一个很重要的物理参数，只要知道了 E_F 的数值，在一定温度下电子在各量子态上的统计分布就完全确定。半导体能带内被电子占据的量子态数应等于电子总数 N，由此可确定 E_F，即满足

$$\sum_i f(E_i)=N \tag{6-14}$$

对于处于热平衡状态的半导体，其电子系统有统一的费米能级。

在式(6-13) 中，当 $E-E_F\gg k_BT$ 时，由于 $\exp\left(\frac{E-E_F}{k_BT}\right)\gg1$，因此

$$1+\exp\left(\frac{E-E_F}{k_BT}\right)\approx\exp\left(\frac{E-E_F}{k_BT}\right) \tag{6-15}$$

令 $A=\exp\left(\frac{E_F}{k_BT}\right)$，则

$$f(E)=A\exp\left(-\frac{E}{k_BT}\right) \tag{6-16}$$

式(6-16) 表明，在一定温度下，电子占据能量为 E 的量子态的几率由指数因子 $\exp(E_F/k_BT)$ 决定。$f(E)$ 表示能量为 E 的量子态被电子占据的概率，因而 $1-f(E)$ 就是能量为 E 的量子态不被电子占据的概率，这也就是量子态被空穴占据的概率。故

$$1-f(E)=\frac{1}{1+\exp\left(\frac{E_F-E}{k_BT}\right)} \tag{6-17}$$

当 $(E_F-E)\gg k_BT$ 时，式(6-17) 分母中的 1 可以略去，若设 $B=\exp(-E_F/k_BT)$，则

$$1-f(E)=B\exp\left(\frac{E}{k_BT}\right) \tag{6-18}$$

式(6-18) 被称为空穴的玻尔兹曼分布函数，表明当 E 远低于 E_F 时，空穴占据能量为 E 的量子态的概率很小，即这些量子态几乎都被电子所占据了。

在半导体中，最常见的情形是费米能级 E_F 位于禁带内，而且与导带底或价带顶的距离远大于 k_BT。所以，对导带中的所有量子态来说，被电子占据的概率一般都满足 $f(E)\ll 1$，故半导体导带中的电子分布可以用电子的玻耳兹曼分布函数来描写。由于随着能量 E 的增大，$f(E)$ 迅速减小，因此导带中绝大多数电子分布在导带底附近。同理，对半导体价带中的所有量子态来说，被空穴占据的概率，一般都满足 $1-f(E)\ll 1$，故价带中的空穴分布服从空穴的玻耳兹曼分布函数。由于随着能量 E 的增大，$1-f(E)$ 迅速增大，因此价带中绝大多数空穴分布在价带顶附近。通常把服从玻耳兹曼统计律的电子系统称为非简并性系统，而服从费米统计律的电子系统称为简并性系统。

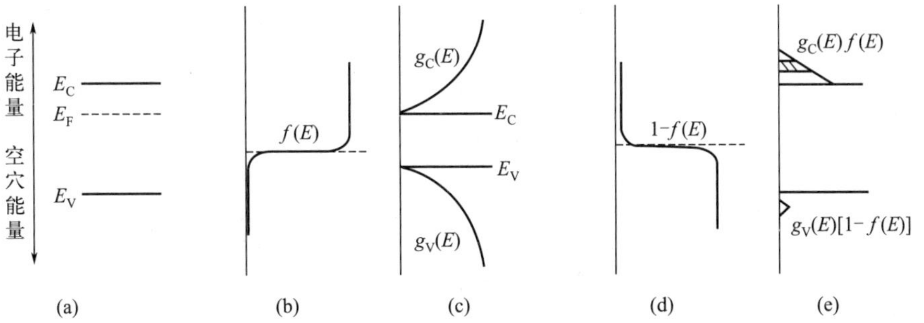

图 6-8 热平衡时，半导体中的能带（a）、电子的费米分布（b）、态密度（c）、空穴的费米分布（d）和载流子浓度（e）

现在讨论计算半导体中的载流子浓度问题。与计算态密度一样，认为能带中的能级是连续分布的，将能带分成一个个很小的能量间隔来处理。导带可以分为无限多的小能量间隔 $\mathrm{d}E$，在能量 $E\sim(E+\mathrm{d}E)$ 之间有 $\mathrm{d}Z=g_C(E)\mathrm{d}E$ 个量子态，而电子占据能量为 E 的量子态的概率是 $f(E)$，则在 $E\sim(E+\mathrm{d}E)$ 间有 $f(E)g_C(E)\mathrm{d}E$ 个被电子占据的量子态。因为每个被占据的量子态上有一个电子，所以在 $E\sim E+\mathrm{d}E$ 间有 $f(E)g_C(E)\mathrm{d}E$ 个电子。然后把所有能量区间中的电子数相加，实际上是从导带底到导带顶对 $f(E)g_C(E)\mathrm{d}E$ 进行积分，就得到了能带中的电子总数，再除以半导体体积，就得到了导带中的电子浓度。图 6-8 给出了能带、$f(E)$、$1-f(E)$、$g_C(E)$ 、$g_V(E)$ 以及 $f(E)g_C(E)$ 和 $[1-f(E)g_V(E)]$ 的曲线。在图 6-8(e) 中用阴影线标出的面积就是导带中能量 $E\sim E+\mathrm{d}E$ 间的电子数，所以 $f(E)g_C(E)$ 曲线与能量轴之间的面积除以半导体体积后，就等于导带的电子浓度。

由图 6-8(e) 可明显地看出，导带中电子的大多数是在导带底附近，而价带中大多数空穴则在价带顶附近。在非简并情况下，导带中电子浓度可通过如下方法计算。在能量 $E\sim(E+\mathrm{d}E)$ 间的电子数 $\mathrm{d}N$ 为

$$\mathrm{d}N=f(E)g_C(E)\mathrm{d}E \tag{6-19}$$

将 $g_C(E)$ 和 $f(E)$ 的表达式代入式(6-19)，得

$$\mathrm{d}N=\frac{V}{2\pi}\times\frac{(2m_n^*)^{\frac{3}{2}}}{\hbar^3}(E-E_C)^{\frac{1}{2}}\exp\left(-\frac{E-E_F}{k_BT}\right)\mathrm{d}E \tag{6-20}$$

则在能量 $E\sim(E+\mathrm{d}E)$ 之间单位体积中的电子数

$$\mathrm{d}n=\frac{\mathrm{d}N}{V}=\frac{1}{2\pi^2}\times\frac{(2m_n^*)^{\frac{3}{2}}}{\hbar^3}(E-E_C)^{\frac{1}{2}}\exp\left(-\frac{E-E_F}{k_BT}\right)\mathrm{d}E \tag{6-21}$$

对式(6-21) 积分，可得到热平衡状态下非简并半导体的导带电子浓度

$$n_0=\int_{E_C}^{E'_C}\frac{1}{2\pi^2}\times\frac{(2m_n^*)^{\frac{3}{2}}}{\hbar^3}(E-E_C)^{\frac{1}{2}}\exp\left(-\frac{E-E_F}{k_BT}\right)\mathrm{d}E \tag{6-22}$$

进一步计算可得

$$n_0=2\left(\frac{m_n^*k_BT}{2\pi\hbar^2}\right)^{\frac{3}{2}}\exp\left(-\frac{E_C-E_F}{k_BT}\right) \tag{6-23}$$

令

$$N_C=2\left(\frac{m_n^*k_BT}{2\pi\hbar^2}\right)^{\frac{3}{2}} \tag{6-24}$$

则得到

$$n_0=N_C\exp\left(-\frac{E_C-E_F}{k_BT}\right) \tag{6-25}$$

其中，N_C 称为导带的有效态密度。显然，$N_C\propto T^{\frac{3}{2}}$ 是温度的函数。而

$$f(E_C)=\exp\left(-\frac{E_C-E_F}{k_BT}\right) \tag{6-26}$$

是电子占据能量为 E_C 的量子态的几率。因此式(6-25) 可以理解为把导带中所有量子态都集中在导带底 E_C，而它的态密度为 N_C，则导带中的电子浓度是 N_C 中有电子占据的量子态数。

同理，热平衡状态下，非简并半导体的价带中空穴浓度 p_0 为

$$p_0=\int_{E'_V}^{E_V}[1-f(E)]g_V(E)\mathrm{d}E \tag{6-27}$$

与计算导带中电子浓度类似，可将积分下限 E'_V（价带底）改为$-\infty$，计算可得

$$p_0=2\left(\frac{m_p^*k_BT}{2\pi\hbar^2}\right)^{\frac{3}{2}}\exp\left(\frac{E_V-E_F}{k_BT}\right) \tag{6-28}$$

令

$$N_V=2\left(\frac{m_p^*k_BT}{2\pi\hbar^2}\right)^{\frac{3}{2}} \tag{6-29}$$

则得

$$p_0=N_V\exp\left(\frac{E_V-E_F}{k_BT}\right) \tag{6-30}$$

式中，N_V 为价带的有效态密度。显然，N_V 正比于 $T^{\frac{3}{2}}$，也是温度的函数。而

$$f(E_V)=\exp\left(\frac{E_V-E_F}{k_BT}\right) \tag{6-31}$$

是空穴占据能量为 E_V 的量子态的几率。因此式(6-30) 可以理解为把价带中的所有量子态都集中在价带顶 E_V 处，而它的态密度是 N_V，则价带中的空穴浓度是 N_V 中有空穴占据的量子态数。

从式(6-25) 及式(6-30) 可以看到，导带中电子浓度 n_0 和价带中空穴浓度 p_0 随着温度 T 和费米能级 E_F 的不同而变化。温度的影响一方面来源于 E_C 及 E_V 随温度的变化，另一方面，也是更主要的来源，是由于玻耳兹曼分布函数中的指数随温度迅速变化。另外，费米能级也与温度及半导体中所含杂质情况密切相关。因此，在一定温度下，由于半导体中所含杂质的类型和数量的不同，电子浓度 n_0 及空穴浓度 p_0 也将随之变化。

（3）载流子浓度乘积 n_0p_0

将式(6-25) 和式(6-30) 相乘，得到载流子浓度乘积

$$n_0p_0=N_CN_V\exp\left(-\frac{E_C-E_V}{k_BT}\right)=N_CN_V\exp\left(-\frac{E_g}{k_BT}\right) \tag{6-32}$$

由此可见，电子和空穴的浓度乘积与费米能级无关。对一定的半导体材料，乘积 n_0p_0 只取决于温度 T，与所含杂质无关。而在一定温度下，对不同的半导体材料，因禁带宽度 E_g 不同，乘积 n_0p_0 也将不同。这个关系式不论是本征半导体还是杂质半导体，只要是热平衡状态下的非简并半导体，都普遍适用，在讨论许多实际问题时常常引用。

式(6-32) 还说明，对一定的半导体材料，在一定的温度下，乘积 n_0p_0 是恒定的。换言之，当半导体处于热平衡状态时，载流子浓度的乘积保持恒定。如果电子浓度增大，空穴浓度就要减小，反之亦然。式(6-25) 和式(6-30) 是热平衡载流子浓度的普遍表示式。只要确定了费米能级 E_F，在一定温度 T 时，半导体导带中电子浓度、价带中空穴浓度就可以计算出来。

6.3.2 本征载流子浓度

所谓本征半导体就是一块没有杂质和缺陷的半导体，其能带如图 6-9(a) 所示。在热力学温度零度时，价带中的全部量子态都被电子占据，而导带中的量子态都是空的，即半导体中共价键是饱和的、完整的。当升高温度后，就有电子从价带激发到导带去，同时价带中产生了空穴，这就是所谓的本征激发。由于电子和空穴成对产生，导带中的电子浓度 n_0 应等于价带中的空穴浓度 p_0，即

$$n_0=p_0 \tag{6-33}$$

式(6-33) 就是本征激发情况下的电中性条件。

将式(6-25) 和式(6-30) 代入式(6-33)，就能求得本征半导体的费米能级 E_F，并用符号 E_i 表示。即

$$N_C\exp\left(-\frac{E_C-E_F}{k_BT}\right)=N_V\exp\left(-\frac{E_F-E_V}{k_BT}\right) \tag{6-34}$$

取对数后，解得

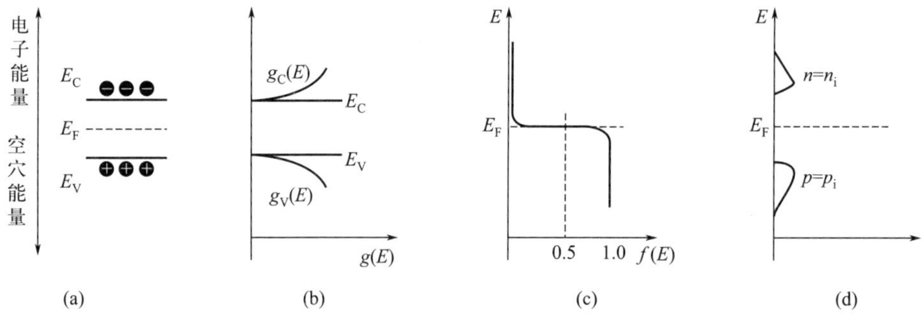

图 6-9　本征半导体的能带（a）、态密度（b）、费米分布函数（c）、电子和空穴浓度（d）

$$E_i = E_F = \frac{E_C + E_V}{2} + \frac{k_B T}{2} \ln \frac{N_V}{N_C} \tag{6-35}$$

将式(6-35）代入式(6-25）和式(6-30)，得到本征载流子浓度 n_i 为

$$n_i = n_0 = p_0 = (N_C N_V)^{\frac{1}{2}} \exp\left(-\frac{E_g}{2k_B T}\right) \tag{6-36}$$

式中，$E_g = E_C - E_V$，为禁带宽度。从式(6-36）可以看出，对于特定的半导体材料，其本征载流子浓度 n_i 随温度的升高而迅速增加。不同的半导体材料，在同一温度 T 时，禁带宽度 E_g 越大，本征载流子浓度 n_i 就越小。图 6-9(b)、(c)、(d）分别为本征半导体的态密度 $g(E)$、费米分布函数 $f(E)$、电子浓度 n_0 和空穴浓度 p_0。

将式(6-32）和式(6-36）比较得

$$n_0 p_0 = n_i^2 \tag{6-37}$$

式(6-37）是式(6-32）的另一表现形式。它说明，在一定温度下，任何非简并半导体的热平衡载流子浓度的乘积 $n_0 p_0$ 等于该温度时的本征载流子浓度 n_i 的平方，与所含杂质无关。因此式(6-32）不仅适用于本征半导体材料，也适用于非简并的杂质半导体材料。

实际上，半导体中总是含有一定量的杂质和缺陷的。在一定温度下，欲使载流子主要来源于本征激发，就要求半导体中杂质含量不能超过一定限度。例如，室温下锗的本征载流子浓度为 $2.33 \times 10^{13} \text{cm}^{-3}$，而锗的原子密度是 $4.5 \times 10^{22} \text{cm}^{-3}$，于是要求杂质含量应该低于 10^{-9}。对于硅，欲使其在室温下载流子主要来源于本征激发，则要求杂质含量低于 10^{-12}。砷化镓在室温下要达到 10^{-15} 以上的纯度才可能是本征激发情况，而这样高的纯度，目前仍是个挑战。一般半导体器件中，载流子主要来源于杂质电离，而将本征激发忽略不计。

在本征载流子浓度没有超过杂质电离所提供的载流子浓度的温度范围，如果杂质全部电离，载流子浓度是一定的，器件就能稳定工作。但是随着温度的升高，本征载流子浓度迅速增加。例如，在室温附近，温度每升高 8K 左右，纯硅中的本征载流子浓度将增加一倍。对于纯锗，温度每升高 12K 左右，本征载流子浓度也将增加一倍。当温度足够高时，本征激发将占主要地位，器件将不能正常工作。因此，每一种半导体材料制成的器件都有一定的极限工作温度，超过这一温度后，器件将失效。例如，硅平面管采用室温电阻率约为 $1\Omega \cdot \text{cm}$ 的原材料，其杂质锑的掺杂浓度约为 $5 \times 10^{14} \text{cm}^{-3}$。若要保持载流子主要来源于杂质电离，则要求本征载流子浓度不超过 $5 \times 10^{14} \text{cm}^{-3}$，对应工作温度为 526K。若要求本征载流子浓度比掺杂浓度低一个数量级的话，其对应的工作温度为 520K 左右。锗的禁带宽度比硅小，锗器件极限工作温度比硅低，约为 370K。砷化镓禁带宽度比硅大，极限工作温度可高达 720K，适宜于制造大功率器件。

6.3.3 杂质半导体中的电子分布

在含有一定量杂质的实际半导体材料中，杂质能级与能带中的能级是有区别的，其电子占据几率不能用费米分布函数来分析研究。能带中的能级可以容纳自旋相反的两个电子，而杂质能级最多只能容纳一个某自旋方向的电子。如果有两个电子，它们就会成键，形成稳定的电子结构，而不是杂质能级。

电子占据施主能级的几率是

$$f_D(E)=\frac{1}{1+\frac{1}{g_D}\exp\left(\frac{E_D-E_F}{k_BT}\right)} \tag{6-38}$$

空穴占据受主能级的几率是

$$f_A(E)=\frac{1}{1+\frac{1}{g_A}\exp\left(\frac{E_F-E_A}{k_BT}\right)} \tag{6-39}$$

式中，g_D 为施主能级的基态简并度；g_A 为受主能级的基态简并度，通常称为简并因子。对锗、硅、砷化镓等材料，$g_D=2$，$g_A=4$。

由于施主浓度 N_D 和受主浓度 N_A 就是杂质的量子态密度，而电子和空穴占据杂质能级的几率分别是 $f_D(E)$ 和 $f_A(E)$ ，因此可以写出如下公式：

① 施主能级上的电子浓度 n_D ，也是没有电离的施主浓度为

$$n_D=N_Df_D(E)=\frac{N_D}{1+\frac{1}{g_D}\exp\left(\frac{E_D-E_F}{k_BT}\right)} \tag{6-40}$$

② 受主能级上的空穴浓度 p_A 为，也是没有电离的受主浓度为

$$p_A=N_Af_A(E)=\frac{N_A}{1+\frac{1}{g_A}\exp\left(\frac{E_F-E_A}{k_BT}\right)} \tag{6-41}$$

③ 电离施主浓度 n_D^+ 为

$$n_D^+=N_D-n_D=N_D[1-f_D(E)]=\frac{N_D}{1+g_D\exp\left(-\frac{E_D-E_F}{k_BT}\right)} \tag{6-42}$$

④ 电离受主浓度 p_A^- 为

$$p_A^-=N_A-p_A=N_A[1-f_A(E)]=\frac{N_A}{1+g_A\exp\left(-\frac{E_F-E_A}{k_BT}\right)} \tag{6-43}$$

由以上几个公式可以看出，杂质能级与费米能级的相对位置明显反映了电子和空穴占据杂质能级的情况。

杂质半导体的情况比本征半导体复杂得多，下面以只含一种施主杂质的 n 型半导体为例，计算其费米能级与载流子浓度。电中性条件要求

$$n_0=n_D^++p_0 \tag{6-44}$$

等式左边是单位体积中的负电荷数，实际上为导带中的电子浓度。等式右边是单位体积中的

正电荷数，实际上是价带中的空穴浓度与电离施主浓度之和。将式(6-25)、式(6-30) 和式(6-42) 代入式(6-44)，并取 $g_D=2$，得

$$N_C\exp\left(-\frac{E_C-E_F}{k_BT}\right)=N_V\exp\left(-\frac{E_F-E_V}{k_BT}\right)+\frac{N_D}{1+2\exp\left(-\frac{E_D-E_F}{k_BT}\right)} \tag{6-45}$$

式中除 E_F 之外，其余各量均为已知，因而在一定温度下可以将 E_F 求解出来。但是从式(6-45) 求 E_F 的一般解析式还是比较困难的，下面分别分析不同温度范围的情况。

(1) 低温弱电离区

当温度很低时，大部分施主杂质能级仍为电子所占据，只有很少量施主杂质发生电离。少量的电子进入导带的情况称为弱电离。此时，从价带中依靠本征激发跃迁至导带的电子数就更少了，可以忽略不计。换言之，这一情况下导带中的电子全部由电离施主杂质所提供。因此 $p_0=0$ 而 $n_0=n_D^+$，故

$$N_C\exp\left(-\frac{E_C-E_F}{k_BT}\right)=\frac{N_D}{1+2\exp\left(-\frac{E_D-E_F}{k_BT}\right)} \tag{6-46}$$

取对数后化简得

$$E_F=\frac{E_C+E_D}{2}+\left(\frac{k_BT}{2}\right)\ln\left(\frac{N_D}{2N_C}\right) \tag{6-47}$$

式(6-47) 就是低温弱电离区费米能级的表达式，它与温度、杂质浓度以及掺入何种杂质原子有关。

(2) 中间电离区

温度升高时，当 $2N_C>N_D$ 后，式(6-47) 中第二项为负值，这时 E_F 下降至 $\frac{E_C+E_D}{2}$ 以下。当温度升高到使 $E_F=E_D$ 时，则 $\exp\left(-\frac{E_D-E_F}{k_BT}\right)=1$，施主杂质有 1/3 电离。

(3) 强电离区

当温度升高至大部分杂质都电离时称为强电离。这时 $n_D^+\approx N_D$，于是应有 $\exp\left(-\frac{E_D-E_F}{k_BT}\right)\ll 1$。因而费米能级 E_F 位于 E_D 之下。在强电离时，式(6-45) 简化为

$$N_C\exp\left(-\frac{E_C-E_F}{k_BT}\right)=N_D \tag{6-48}$$

求解得费米能级 E_F 为

$$E_F=E_C+k_BT\ln\left(\frac{N_D}{N_C}\right) \tag{6-49}$$

由此可见，费米能级 E_F 由温度及施主杂质浓度所决定。在一般掺杂浓度下 $N_C>N_D$，式(6-47) 中第二项是负的。在一定温度 T 时，N_D 越大，E_F 就越向导带方向靠近；而在 N_D 一定时，温度越高，E_F 就越向本征费米能级 E_i 方向靠近。

在施主杂质全部电离时，电子浓度 n_0 为

$$n_0 = N_D \tag{6-50}$$

此时，载流子浓度与温度无关。载流子浓度 n_0 等于杂质浓度的这一温度范围称为饱和区。

（4）过渡区

当半导体处于饱和区和完全本征激发之间时称为过渡区。这时导带中的电子一部分来源于全部电离的杂质，另一部分则由本征激发提供，价带中产生了一定量空穴。于是电中性条件为

$$n_0 = N_D + p_0 \tag{6-51}$$

式中，n_0 为导带中电子浓度；p_0 为价带中空穴浓度；N_D 为已全部电离的杂质浓度。

（5）高温本征激发区

继续升高温度，使本征激发产生的本征载流子数远多于杂质电离产生的载流子数，即 $n_0 \gg N_D$，$p_0 \gg N_D$，此时的电中性条件是 $n_0 = p_0$。这种情况与未掺杂的本征半导体情形一样，因此称为杂质半导体进入本征激发区。这时，费米能级 E_F 接近禁带中线，而载流子浓度随温度升高而迅速增加。显然，杂质浓度越高，达到本征激发起主要作用的温度也越高。例如，硅中施主浓度 $N_D < 10^{10}\text{cm}^{-3}$ 时，在室温下就是本征激发起主要作用（室温下硅的本征载流子浓度为 $1.02\times10^{10}\text{cm}^{-3}$）。若 $N_D = 10^{16}\text{cm}^{-3}$，则本征激发起主要作用的温度高达 800K 以上。

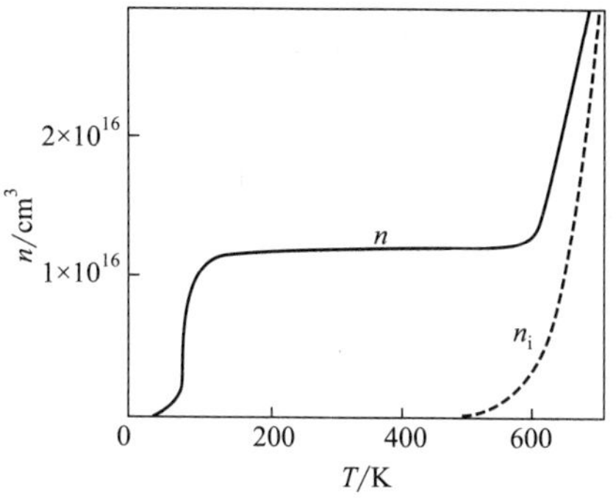

图 6-10　N 型硅的电子浓度与温度的关系曲线

图 6-10 是 N 型硅的电子浓度与温度的关系曲线。由此可见，在低温时，电子浓度随温度的升高而增加；温度升到 100K 时，杂质全部电离；温度高于 500K 后，本征激发开始起主要作用；温度为 100～500K 时杂质全部电离，载流子浓度基本上就是杂质浓度。

6.4 半导体的电导率

以金属导体为例，在导体两端加以电压 V，导体内就形成电流，电流

$$I = U/R \tag{6-52}$$

式中，R 为导体的电阻。如果 I-V 关系是直线，就是熟知的欧姆定律。

电阻 R 与导体长度 l 成正比，与截面面积 S 成反比，即

$$R = \rho l/S \tag{6-53}$$

式中，ρ 为导体的电阻率，Ω·m，习惯上使用 Ω·cm。电阻率的倒数为电导率 σ，即

$$\sigma = 1/\rho \tag{6-54}$$

σ 单位为 S/m，或 S/cm。

式(6-52) 所示的欧姆定律不能说明导体内部各处电流的分布情况。特别是在半导体中，存在电流分布不均匀的情况，即流过不同截面的电流不一定相同，所以常用电流密度这一概

念。电流密度 $\boldsymbol{J}$ 指通过垂直于电流方向的单位面积的电流，即

$$\boldsymbol{J}=\Delta I/\Delta S \tag{6-55}$$

式中，$\Delta \boldsymbol{I}$ 为通过垂直于电流方向的面积元 ΔS 的电流，电流密度的单位为 A/m^2 或 A/cm^2。

对一段长度为 l、截面积为 S、电阻率为 ρ 的均匀导体，若在其两端加电压 V，则在导体内部各处都建立起电场 $\boldsymbol{E}$，如图 6-11 所示。电场强度大小为

$$E=V/l \tag{6-56}$$

单位为 V/m，或 V/cm。对这一均匀导体来说，电流密度 $\boldsymbol{J}$ 为

$$\boldsymbol{J}=I/l \tag{6-57}$$

将式(6-56)、式(6-57) 和式(6-53) 代入式(6-52)，再利用式(6-54) 得到

$$\boldsymbol{J}=\sigma \boldsymbol{E} \tag{6-58}$$

式(6-58) 仍表示欧姆定律，其把通过导体中某一点的电流密度和该处的电导率及电场强度直接联系起来，称为欧姆定律的微分形式。

半导体中存在两种载流子，即带正电的空穴和带负电的电子，而且载流子的浓度又随温度和掺杂的不同而不同，所以它的导电机制要比导体复杂些。如图 6-12 所示，一块均匀半导体，两端加以电压，在半导体内部就形成电场，方向如图所示。因为电子带负电，空穴带正电，所以两者漂移运动的方向不同，电子反电场方向漂移，空穴沿电场方向漂移。但是，形成的电流都是沿着电场方向，因此半导体中的导电作用应该是电子导电和空穴导电的总和。

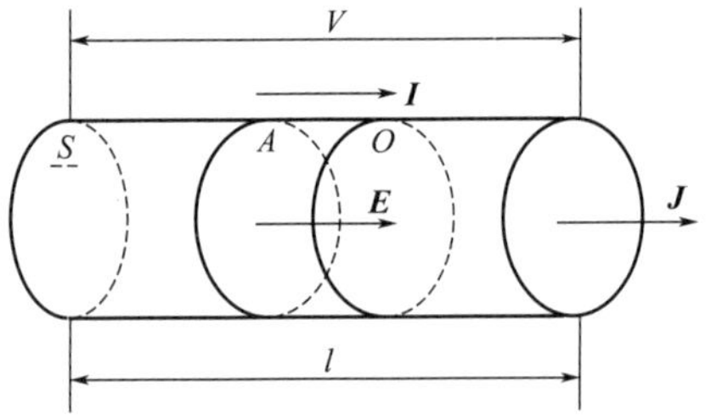

图 6-11　电流密度与平均漂移速度分析模型

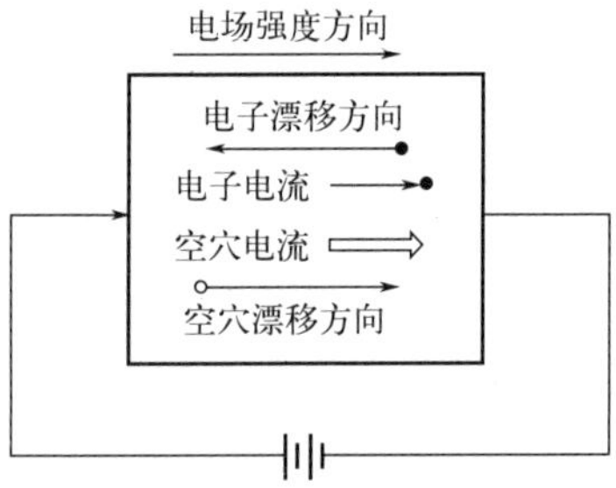

图 6-12　电子漂移电流和空穴漂移电流

导电的电子是在导带中，是脱离了共价键在半导体中自由运动的电子；而导电的空穴是在价带中，空穴电流实际上代表了共价键上的电子在价键间运动时所产生的电流。显然，在相同电场作用下，两者的平均漂移速度不会相同，即导电电子平均漂移速度要大些。也就是说，电子迁移率和空穴迁移率不相等，前者要大些。以 μ_n、μ_p 分别代表电子和空穴迁移率，$\boldsymbol{J}_n$、$\boldsymbol{J}_p$ 分别代表电子和空穴电流密度，n、p 分别代表电子和空穴浓度，则总电流密度

$$\boldsymbol{J}=\boldsymbol{J}_n+\boldsymbol{J}_p=(nq\mu_n+pq\mu_p)\boldsymbol{E} \tag{6-59}$$

在电场强度不太大时，$\boldsymbol{J}$ 与 $\boldsymbol{E}$ 之间仍遵循欧姆定律式(6-58)。两式相比较，得到半导体的电导率

$$\sigma=nq\mu_n+pq\mu_p \tag{6-60}$$

对于两种载流子的浓度相差很大而迁移率差别不太大的杂质半导体来说，其电导率主要取决于多数载流子。对于 N 型半导体，$n \gg p$，空穴对电流的贡献可以忽略，电导率

$$\sigma=nq\mu_n \tag{6-61}$$

对于 P 型半导体，$p \gg n$，电导率

$$\sigma = pq\mu_p \tag{6-62}$$

对于本征半导体，$n = p = n_i$，电导率

$$\sigma = n_i q(\mu_n + \mu_p) \tag{6-63}$$

6.5 非平衡载流子

6.5.1 非平衡载流子的产生

半导体中有两种载流子，即电子和空穴。N 型半导体中主要依靠电子导电，同时存在少量空穴。此时，电子称为多数载流子（简称多子），空穴则称为少数载流子（简称少子），对 P 型材料则相反。在热平衡时，单位体积中有一定数目的电子 n_0 和一定数目的空穴 p_0（凡有必要与非平衡情况相区别时，用下角标“0”表示平衡值）。n_0 和 p_0 需要满足式(6-64)。

$$n_0 p_0 = N_C N_V \exp\left(-\frac{E_g}{k_B T}\right) = n_i^2 \tag{6-64}$$

其中，本征载流子浓度 n_i 只是温度的函数。在非简并情况下，无论掺杂多少，平衡载流子浓度 n_0 和 p_0 必定满足式(6-64)，因而它也是非简并半导体处于热平衡状态的判据。

处于热平衡状态的半导体，在一定温度下载流子浓度是一定的。这种处于热平衡状态下的载流子浓度，称为平衡载流子浓度。半导体的热平衡状态是相对的、有条件的。如果对半导体施加外界作用，破坏了热平衡的条件，这就迫使它处于与热平衡状态相偏离的状态，称为非平衡状态。处于非平衡状态的半导体，其载流子浓度也不再是 n_0 和 p_0，而是可以比它们多出一部分。比平衡状态多出来的这部分载流子称为非平衡载流子，有时也称为过剩载流子。

用光照使得半导体内部产生非平衡载流子的方法，称为非平衡载流子的光注入。例如在一定温度下，当没有光照时，一块半导体中电子和空穴浓度分别为 n_0 和 p_0。假设是 N 型半导体，则 $n_0 > p_0$，其能带图如图 6-13 所示。当用适当波长的光照射该半导体时，只要光子的能量大于该半导体的禁带宽度，那么光子就能把价带电子激发到导带上去，产生电子-空穴对，使导带比平衡时多出一部分电子 Δn，价带比平衡时多出一部分空穴 Δp，它们被形象地表示在图 6-13 的方框中。Δn 和 Δp 就是非平衡载流子浓度。这时把非平衡电子称为非平衡多数载流子，而把非平衡空穴称为非平衡少数载流子，对 P 型材料则相反。光注入时

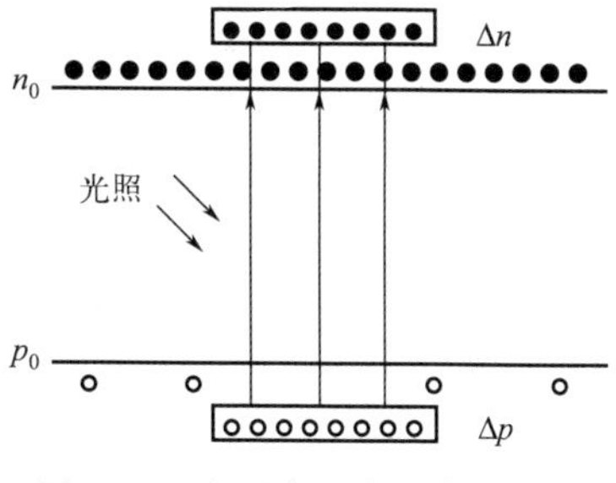

图 6-13 光照产生非平衡载流子

$$\Delta n = \Delta p \tag{6-65}$$

在一般情况下，注入的非平衡载流子浓度比平衡时的多数载流子浓度小很多。对 N 型材料，$\Delta n \ll n_0$，$\Delta p \gg p_0$，满足这个条件的注入称为小注入。例如电阻为 1Ω・cm 的 N 型硅中，$n_0 \approx 5.5 \times 10^{15}\,\text{cm}^{-3}$，$p_0 \approx 1.9 \times 10^4\,\text{cm}^{-3}$。若注入非平衡载流子 $\Delta n = \Delta p = 10^{10}\,\text{cm}^{-3}$，则 $\Delta n \ll n_0$，是小注入，但是 Δp 几乎是 p_0 的 10^6 倍，即 $\Delta p \gg p_0$。这个例子说明，即使在小注入的情形下，非平衡少数载流子浓度还是可以比平衡少数载流子浓度大得多，它的影响

就显得十分重要了，而相对来说非平衡多数载流子的影响可以忽略不计。所以，实际上往往是非平衡少数载流子起着重要作用，通常说的非平衡载流子均是指非平衡少数载流子。

要破坏半导体的平衡态，产生非平衡载流子，对它施加的外部作用可以是光照，还可以是电场或其他能量传递方式。除了光照，最常用的方法是用电场，称为非平衡载流子的电注入。后面讲到的P-N结正向工作，就是常遇到的电注入。当金属探针与半导体接触时，也可以用电的方式注入非平衡载流子。

6.5.2 非平衡载流子复合和寿命

产生非平衡载流子的外部作用撤除后，由于半导体的内部作用使它由非平衡态恢复到平衡态，导带电子落回价带，使成对的电子和空穴消失，过剩载流子也逐渐消失，这一过程称为非平衡载流子的复合，这是一个由非平衡恢复到平衡的自发过程。

实际上，热平衡并不是一种绝对静止的状态。就半导体中的载流子而言，任何时候电子和空穴总是不断地产生和复合。在热平衡状态，产生和复合处于相对的平衡，每秒钟产生的电子和空穴数目与复合掉的数目相等，从而保持载流子浓度稳定不变。所谓的热平衡，实际上是电子-空穴对不断产生和复合的动态平衡。例如，用光照射半导体时，打破了产生与复合的相对平衡，产生超过了复合，在半导体中产生了非平衡载流子，半导体处于非平衡态。光照停止时，半导体中仍然存在非平衡载流子。由于电子和空穴的数目比热平衡时增多了，它们在热运动中相遇而复合的机会也将增大。这时复合超过了产生而造成一定的净复合，非平衡载流子逐渐消失，最后恢复到平衡值，半导体又回到了热平衡状态。

实验表明，光照停止后，Δp 随时间按指数规律减少。这说明非平衡载流子并不是立刻全部消失，而是有一个过程，即它们在导带和价带中有一定的生存时间，并且有长短之分。非平衡载流子的平均生存时间称作非平衡载流子的寿命，用 τ 表示。由于相对于非平衡多数载流子，非平衡少数载流子的影响处于主导的、决定的地位，因而非平衡载流子的寿命常称为少数载流子寿命。显然 $1/\tau$ 就表示单位时间内非平衡载流子的复合概率，通常把单位时间单位体积内净复合消失的电子-空穴对数称为非平衡载流子的复合率。很明显，$\Delta p/\tau$ 就代表复合率。

假定一束光在一块N型半导体内部均匀地产生非平衡载流子 Δn 和 Δp 。在 $t=0$ 时刻，光照突然停止，Δp 将随时间而变化，单位时间内非平衡载流子浓度的减少应为 $-\mathrm{d}\Delta p(t)/\mathrm{d}(t)$，它是由复合引起的，因此应当等于非平衡载流子的复合率，即

$$\frac{\mathrm{d}\Delta p(t)}{\mathrm{d}(t)}=-\frac{\Delta p(t)}{\tau} \tag{6-66}$$

小注入时，τ 是一恒量，与 $\Delta p(t)$ 无关，式(6-66) 的通解为

$$\Delta p(t)=C\exp\left(-\frac{t}{\tau}\right) \tag{6-67}$$

设 $t=0$ 时，$\Delta p(0)=(\Delta p)_0$，代入式(6-67) 得 $C=(\Delta p)_0$，则

$$\Delta p(t)=(\Delta p)_0\exp\left(-\frac{t}{\tau}\right) \tag{6-68}$$

这就是非平衡载流子浓度随时间按指数衰减的规律，如图6-14所示。

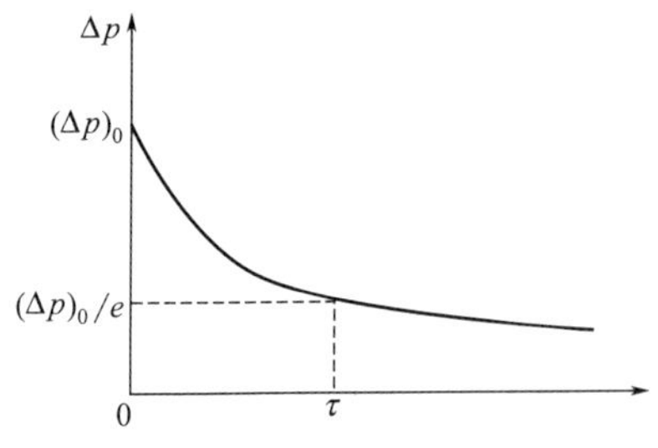

图6-14 非平衡载流子随时间的衰减

利用式(6-68) 可以求出非平衡载流子平均生存的时间 t，即 τ

$$t=\int_0^{\infty} t\,\mathrm{d}\Delta p(t)\Big/\int_0^{\infty}\mathrm{d}\Delta p(t)=\int_0^{\infty} t\exp\left(-\frac{t}{\tau}\right)\mathrm{d}t\Big/\int_0^{\infty}\exp\left(-\frac{t}{\tau}\right)\mathrm{d}t=\tau \tag{6-69}$$

由式(6-67) 也很容易得到 $\Delta p(t+\tau)=\Delta p(t)/e$ 。若取 $t=\tau$，则 $\Delta p(t)=(\Delta p)_0/e$，所以寿命标志着非平衡载流子浓度减小到原值 $1/e$ 所经历的时间。寿命不同，非平衡载流子衰减的快慢不同，寿命越短，衰减越快。

光照产生非平衡载流子的一个直接表现是光电导现象，即光照可以使半导体的电导率明显增加。对于光电导现象，τ 的重要性是很明显的，它决定着光照变化下，光电导反应的快慢。另外，τ 越大，光电导的效应显然将越强，因为产生一个非平衡载流子只在 τ 时间内增加电导的作用。τ 越大，产生一个非平衡载流子对增加电导的效果越大。同时，可以通过测量光电导的衰变来确定非平衡载流子的寿命。

实验证明，τ 的大小与材料所含的杂质和缺陷有关。对同一种材料，制备加工的工艺条件不同，τ 也会有很大差别。实验和理论分析表明，这是由于电子由导带落回价带往往是通过深能级杂质，电子先落入一个空的杂质能级，然后再由杂质能级落入价带中的空穴。有些深能级杂质在促进复合作用上特别有效，成为主要决定寿命的杂质，被称为复合中心。

寿命的测量主要包括非平衡载流子的注入和检测两个方面。不同的注入和检测方法的组合就形成了不同的寿命测量方法。最常用的载流子注入方法是光注入和电注入，而检测非平衡载流子的方法有很多。直流光电导衰减法是寿命测量的常用方法之一。测量时，用脉冲光照射半导体，在示波器上直接观察非平衡载流子随时间衰减的规律，由指数衰减曲线确定寿命。类似的方法还有高频光电导衰减法。光磁电法也是一种常用的测量寿命的方法，它利用了半导体的光磁电效应。这种方法适合于测量短的寿命，在砷化镓等 Ⅲ-Ⅴ族化合物半导体中用得最多。此外，还有扩散长度法、双脉冲法及漂移法等寿命测量方法。

不同材料的非平衡载流子寿命一般不同。在较完整的锗单晶中，寿命可超过 $10^4\mu\text{s}$；纯度特别高的硅材料，寿命可达 $10^3\mu\text{s}$ 以上；砷化镓的寿命则很短，为 $10^{-2}\sim10^{-3}\mu\text{s}$，甚至更小。对于同种材料，在不同的条件下，寿命也可在一个很大的范围内变化。通常制造晶体管的锗材料的寿命在几十微秒到二百多微秒范围内，平面器件中的硅的寿命一般在几十微秒以上。

6.5.3 准费米能级

如前所述，在热平衡状态下，整个半导体中由统一的费米能级 E_F 描述半导体中电子和空穴在能级间的分布。在非简并情况下

$$n_0=N_C\exp\left(-\frac{E_C-E_F}{k_BT}\right) \tag{6-70}$$

$$p_0=N_V\exp\left(-\frac{E_F-E_V}{k_BT}\right) \tag{6-71}$$

正因为存在统一的费米能级 E_F，在热平衡状态下电子和空穴浓度的乘积必定满足如下公式

$$n_0p_0=N_VN_C\exp\left(-\frac{E_g}{k_BT}\right)=n_i^2 \tag{6-72}$$

因而，统一的费米能级是热平衡状态的标志。

然而，当外界的影响破坏了热平衡，使半导体处于非平衡状态时，就不再存在统一的费

米能级。当半导体的平衡态遭到破坏而存在非平衡载流子时，处于非平衡状态的电子系统和空穴系统可以定义各自的费米能级，这种费米能级被称为“准费米能级”。导带和价带间的不平衡就表现在它们的准费米能级是不重合的。导带的准费米能级也称电子准费米能级，用 E_{Fn} 表示。相应的，价带的准费米能级称为空穴准费米能级，用 E_{Fp} 表示。

引入准费米能级后，非平衡状态下的载流子浓度如式(6-73)、式(6-74) 所示

$$n=N_C\exp\left(-\frac{E_C-E_{Fn}}{k_BT}\right) \tag{6-73}$$

$$p=N_V\exp\left(-\frac{E_{Fp}-E_V}{k_BT}\right) \tag{6-74}$$

因此，若测量出载流子浓度，便可以通过式(6-73)、式(6-74) 确定准费米能级 E_{Fn} 和 E_{Fp} 的位置。非平衡载流子越多，准费米能级偏离 E_F 就越远。对不同类型的半导体材料而言，准费米能级偏离能级的情况不同。由式(6-73) 和式(6-74) 可得到电子浓度和空穴浓度的乘积

$$np=n_0p_0\exp\left(\frac{E_{Fn}-E_{Fp}}{k_BT}\right)=n_i^2\exp\left(\frac{E_{Fn}-E_{Fp}}{k_BT}\right) \tag{6-75}$$

由式(6-75) 很容易看出，E_{Fn} 和 E_{Fp} 之间的差距直接反映了半导体偏离热平衡态的程度，间距越大，偏离越显著。当两者重合时，会形成统一的费米能级，半导体处于热平衡态。本小结只介绍准费米能级的一些基本概念，在后续章节涉及非平衡态的问题，再具体讨论对应情况。

6.5.4 载流子的复合方式

在第 6.5.1 小节中说明了非平衡载流子的产生与复合，引入寿命的概念来表征其平均存在的时间，但没有具体分析决定寿命的各种因素，本小节将从各种复合过程的角度阐明寿命的主要决定因素。

半导体中非平衡载流子的复合过程可以分为直接复合和间接复合两种。

① 直接复合　在直接复合过程中，电子由导带直接跃迁到价带与空穴复合，其逆过程是电子由价带激发到导带，从而产生电子空穴对，具体过程如图 6-15(a) 中 a、b 过程所示。

② 间接复合　也可称为复合中心复合。所谓的复合中心是指晶体中的一些杂质和缺陷，它们在禁带中引入离导带和价带都相距较远的局域化能级，也可称为复合中心能级。在间接复合的过程中，电子和空穴的复合分两步走。电子从导带先跃迁到复合能级中心 E_t 上，然后再跃迁到价带上与空穴复合，具体过程如图 6-15(b) 中的 a、c 所示。相应的，电子空穴对的产生也是通过复合中心能级分两步完成的。

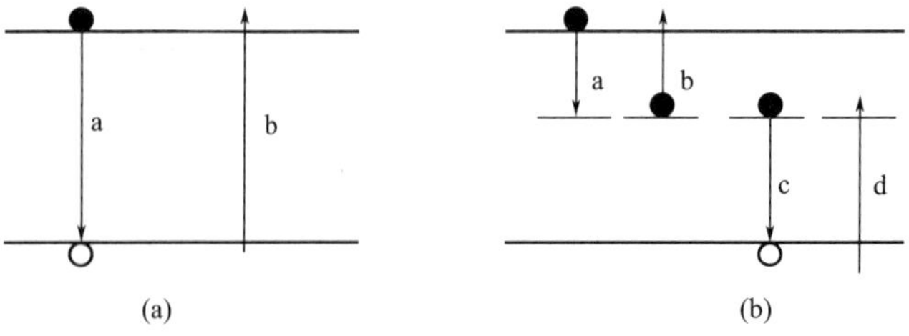

图 6-15　直接复合 (a) 与间接复合过程 (b)

载流子复合过程中，根据能量守恒，一定会释放出多余的能量。释放能量的方式主要有以下三种。

① 辐射复合　复合过程产生的能量主要以光子的形式释放出来，又被称为发光复合。

② 非辐射复合　载流子复合过程中将能量传递给晶格，从而增强晶格振动（声子）。

③ 俄歇复合　复合过程中将能量传递给其他载流子的过程。

当半导体处于热平衡状态时，无论是在施主、受主还是复合中心或是其他杂质能级上，都具有一定数量的电子，它们由平衡时的费米能级及分布函数所决定。但当半导体处于非平衡状态时，载流子的这种平衡便遭到破坏，势必会引起杂质能级上电子数目发生变化。若电子浓度增加，说明能级对非平衡态电子具有收容作用；若是电子浓度减少，则证明能级具有收纳空穴的作用。因此，杂质能级的这种积累非平衡载流子的作用称为陷阱效应。

所有的杂质能级基本上都存在一定的陷阱效应，但实际只需要考虑那些具有显著积累非平衡载流子作用的杂质能级。把具有显著陷阱效应的杂质能级称为陷阱，而把相应的杂质能级和缺陷称为陷阱中心。通常来讲，电子落入陷阱中，基本上不能直接与空穴复合，它们首先要被激发到导带，然后才能通过复合中心复合。相对于从导带上捕获电子的平均时间而言，陷阱中的电子激发到导带所需要的平均时间要长得多。因此，陷阱的存在大大增加了从非平衡态恢复到平衡态的弛豫时间，这也是杂质半导体在脉冲光激发下电流上升时间短、下降时间长的原因。

6.5.5 载流子的扩散和漂移

(1) 载流子的扩散运动

只要微观粒子在空间中存在浓度不均匀，微观粒子的无规则热运动便会导致粒子从高浓度向低浓度的方向扩散。虽然扩散运动是微观粒子在浓度梯度驱动下的有规则运动，但是与粒子的无规则运动密切相关。对于掺杂均匀的半导体而言，由于电中性的要求，半导体内部各处电荷密度为零，因此载流子分布也是均匀的，不存在浓度差异。因此，均匀掺杂的半导体材料中不会发生载流子的扩散运动。如果用适当波长的光均匀照射材料的一面，并且假设在半导体的表面薄层中，大部分光被吸收。那么在表面薄层中将产生非平衡载流子，而内部的非平衡载流子很少，势必会引起表面和内部非平衡载流子的浓度差，使其自表面向内部扩散。接下来主要分析 P 型半导体非平衡少数载流子的扩散运动。

假设非平衡载流子浓度只随 x 方向变化，那么沿 x 方向的浓度梯度是 $\frac{d\Delta n(x)}{dx}$。通常把单位时间通过单位面积的粒子数称为扩散流密度，实验发现扩散流密度与非平衡载流子浓度梯度成正比，即

$$S_n = -D_n \frac{d\Delta n(x)}{dx} \tag{6-76}$$

式中，S_n 为电子扩散流密度，负号代表电子从浓度高向浓度低的方向扩散；D_n 为电子扩散系数，cm^2/s，反映了非平衡载流子扩散本领的大小。

式(6-76) 描述了非平衡载流子的电子扩散定律，称为扩散定律。

由表面注入的电子不断向样品内部扩散，在扩散的过程中会与样品中的空穴不断复合而消失。若是采用恒定光照射样品，那么样品表面处的非平衡载流子浓度将保持恒定值。由于

表面不断有电子注入，半导体内部各点的电子浓度不会随时间发生变化，从而形成稳态分布，这种情况称为稳定扩散。由于扩散，单位时间在单位体积内积累的空穴数

$$-\frac{\mathrm{d}S_n(x)}{\mathrm{d}x}=D_n\frac{\mathrm{d}^2\Delta n(x)}{\mathrm{d}x^2} \tag{6-77}$$

在稳定情况下，扩散流密度应等于单位时间单位体积内通过复合而消失的电子数 $\Delta n(x)/\tau$，τ 代表非平衡载流子寿命，即

$$D_n\frac{\mathrm{d}^2\Delta n(x)}{\mathrm{d}x^2}=\frac{\Delta n(x)}{\tau} \tag{6-78}$$

以上称为稳态扩散方程。求解可得 $\Delta n(x)=A\exp\left(-\frac{x}{L_n}\right)+B\exp\left(\frac{x}{L_n}\right)$，其中 $L_n=\sqrt{D_n\tau_n}$ 称作扩散长度。同理，空穴扩散密度与其稳态扩散方程的推导过程与上类似。

因为电子和空穴都是带电粒子，所以扩散过程中势必会伴随电流的产生，形成扩散电流。电子的扩散电流密度

$$(\boldsymbol{J}_n)_{\mathrm{diff}}=qD_n\frac{\mathrm{d}\Delta n(x)}{\mathrm{d}x} \tag{6-79}$$

空穴的扩散电流密度

$$(\boldsymbol{J}_p)_{\mathrm{diff}}=-qD_p\frac{\mathrm{d}\Delta p(x)}{\mathrm{d}x} \tag{6-80}$$

（2）载流子的漂移运动

半导体中存在非平衡载流子时，在外加电场的作用下载流子会发生漂移运动，从而产生漂移电流。此时除了平衡载流子以外，非平衡载流子也会产生漂移电流。外加电场为 $\boldsymbol{E}$，则电子的漂移电流密度

$$(\boldsymbol{J}_n)_{\mathrm{dr}}=q(n_0+\Delta n)\mu_n\boldsymbol{E}=qn\mu_n\boldsymbol{E} \tag{6-81}$$

空穴的漂移电流

$$(\boldsymbol{J}_p)_{\mathrm{dr}}=q(p_0+\Delta p)\mu_p\boldsymbol{E}=qp\mu_p\boldsymbol{E} \tag{6-82}$$

对于半导体材料而言，载流子的扩散和漂移运动有时会同时发生。因此，计算载流子电流密度时，要考虑扩散电流和漂移电流叠加在一起的总电流。在对半导体材料施加光照的同时，沿着同一方向再施加电场，则少数载流子电子的电流密度

$$\boldsymbol{J}_n=(\boldsymbol{J}_n)_{\mathrm{dr}}+(\boldsymbol{J}_{\mathrm{n}})_{\mathrm{diff}}=qn\mu_n\boldsymbol{E}+qD_n\frac{\mathrm{d}\Delta n(x)}{\mathrm{d}x} \tag{6-83}$$

空穴的电流密度

$$\boldsymbol{J}_p=(\boldsymbol{J}_p)_{\mathrm{dr}}+(\boldsymbol{J}_p)_{\mathrm{diff}}=qn\mu_p\boldsymbol{E}-qD_p\frac{\mathrm{d}\Delta p(x)}{\mathrm{d}x} \tag{6-84}$$

通过对非平衡载流子的扩散和漂移运动的讨论可知，迁移率是反映载流子在电场作用下运动难易程度的物理量，而扩散系数表示的是存在浓度梯度时载流子运动的难易程度。

6.6 P-N 结

P-N 结是一种基础的半导体器件，也是结型晶体管、集成电路等的核心，通常指在单晶

中具有相邻 P 区和 N 区的结构，一般通过在一种导电类型的晶体上以掺杂或者直接外延生长的方式产生另一种导电类型的薄层来制得。P-N 结理论是半导体器件物理的基础，本节主要介绍 P-N 结平衡状态和非平衡状态下的特性，包括 P-N 结的内建电势、整流特性和击穿特性等。

图 6-16(a) 为 P-N 结示意图，其由一个 P 型半导体和一个 N 型半导体紧密接触所构成。在实际情况中，通常是在同一块半导体中采用不同的掺杂方法使得一边形成 P 型半导体，另一边形成 N 型半导体，其交界面区域为 P-N 结。

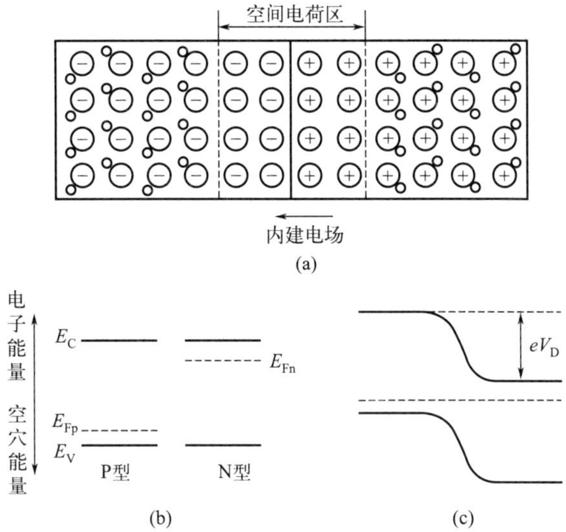

图 6-16　P-N 结的形成及其能带

如第 6.2 节中所讨论的，P 型半导体中多数载流子是空穴，少数载流子是电子，而 N 型半导体中多数载流子是电子，少数载流子是空穴。当 P 型半导体和 N 型半导体接触时，P 型区域的空穴与 N 型区域的电子由于存在大的浓度差异而会发生相互扩散。多子的扩散破坏了两边半导体的电中性，如 P 型半导体边界处的空穴被扩散的电子占据，留下带负电的杂质离子。而对于 N 型半导体而言，边界处的电子被扩散的空穴复合，留下带正电的杂质离子。结区两侧带异号的杂质离子形成了由 N 型区域指向 P 型区域的电场，即 P-N 结区出现了 N 型区域高于 P 区域的电势差 V_D。这一电势差并非由外加电压引起的，所以称为内建电场。内建电场所在的空间电荷区由于缺少多子，所以也称为耗尽层。内建电场的存在会抑制 P 型区域的空穴与 N 型区域的电子进一步相互扩散，同时促进 P 型区域的电子与 N 型区域的空穴漂移运动，最终当多子扩散形成的正向扩散电流和少子漂移形成的反向漂移电流相等时，P-N 结达到一个动态平衡。

另外，也可以从能带的角度来理解 P-N 结的形成。由图 6-16 中 P 型和 N 型半导体未接触时的能带图可以看出，N 型半导体的费米能级更靠近导带，而 P 型半导体的费米能级更靠近价带。当 P 型半导体和 N 型半导体接触时，N 型半导体中的电子会向能量更低的 P 型半导体转移，而 P 型半导体中的空穴则会向能量更低的 N 型半导体转移。电子和空穴转移的结果是使得 P 型半导体和 N 型半导体的费米能级被拉到同一水平面，在两边的能带产生数值为 eV_D 的相对移动。从 P-N 结平衡能带图可以看出，N 型区域电子和 P 型区域空穴的相互扩散都需要跨越数值为 eV_D 的势垒，所以 eV_D 通常也称为扩散势垒。

由于具体的掺杂工艺不同，通常根据两边不同的掺杂浓度分布将 P-N 结分为突变结和缓变结。突变结是指 P 区和 N 区都是均匀掺杂的，在交界面杂质浓度有一个突然的跃变，而缓变结是指掺杂浓度随位置的变化而变化的 P-N 结。接下来将针对突变结讨论 P-N 结的伏安特性。设两边均匀掺杂的杂质浓度分别为 N_A 和 N_D，由载流子数密度表达式

$$N = N_C \exp\left(-\frac{E_C - E_F}{k_B T}\right) \tag{6-85}$$

可知 N 区电子数密度 n_n^0 和 P 区电子数 n_p^0 中间存在如下关系

$$n_p^0 = n_n^0 \exp\left(-\frac{eV_D}{k_B T}\right) \tag{6-86}$$

在室温附近，本征激发不明显，杂质基本电离，近似有 $n_n^0 = N_D$。

而 P 区空穴密度近似为 $p_p^0 = N_A$。由于 $n_p^0 = n_i^2 / p_p^0$，式(6-86) 化为

$$n_i^2 / N_A = N_D \exp\left(-\frac{eV_D}{k_B T}\right) \tag{6-87}$$

因此得到内建电势差

$$V_D = \frac{k_B T}{q} \ln \frac{N_A N_D}{n_i^2} \tag{6-88}$$

第 6.5.5 小节讨论了载流子的扩散电流和漂移电流的表达式，同时利用相关边界条件（非平衡状态准费米能级的分布），可以求得 P-N 结伏安特性的表达式为

$$I_D = I_S \left[\exp(V/V_T) - 1\right] \tag{6-89}$$

其中 $V_T = \dfrac{k_B T}{q}$，为温度的电压当量，I_D 为通过 P-N 结的电流，V 为 P-N 结两端的外加电压。在常温条件下（T=298.15K），$V_T \approx$298K。I_S 为反向饱和电流，对于分立器件，其典型值在 $10^{-8} \sim 10^{-14}$A 范围内。对于集成电路中的 P-N 结二极管，I_S 的值更小。

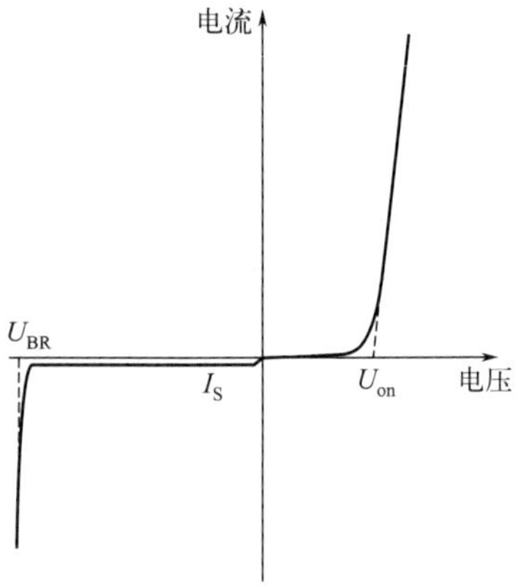

图 6-17　P-N 结的整流特性

按照伏安特性曲线（见图 6-17），将 P-N 结的工作状态分为正向导通、反向截止和反向击穿三个状态。下面将对这三种状态进行介绍。

（1）正向导通

P-N 结具有单向导电性，加正向电压时导通。当 P-N 结的 P 型区一端接电源正极，N 型区一端接电源负极时，外加电场方向与内建电场方向相反，使空间电荷区中的电场减弱，空间电荷区变窄。在这种情况下，将持续有空穴从 P 区扩散到 N 区，有电子从 N 区扩散到 P 区，打破了热平衡状态下漂移运动和扩散运动的相对平衡。扩散电流远大于漂移电流，从而产生电流，P-N 结呈现低阻性。

P-N 结加正向偏压时的能带示意图如图 6-18(a) 所示，势垒高度降低为 $e(V_D - V)$。由于势垒区为高阻区，可以认为电压全部作用在势垒区，因此势垒区外的能带仍保持平直。

（2）反向截止

P-N 结加反向电压时截止。当 N 型区接电源正极，P 型区接电源负极时，外加电场方

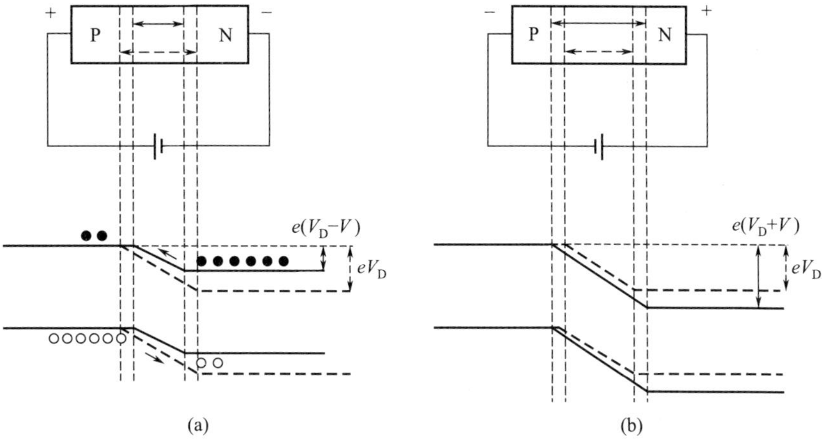

图 6-18　正向偏压（a）和反向偏压时（b），P-N 结势垒的变化

向与内建电场相同，空间电荷区中的电场增强。此时 P 型区中的空穴和 N 型区中的电子都向远离界面的方向运动，空间电荷区变宽。内建电场阻碍多子的扩散运动，促进少子漂移，形成的漂移电流大于扩散电流，其差值即构成反向电流。但是，反向漂移电流由少子构成，因而数值很小，P-N 结呈现高阻性。

P-N 结加反向偏压时的能带示意图如图 6-18(b) 所示，势垒高度增加至 $e(V_D+V)$。在确定的温度条件下，本征激发的少子浓度是一定的，因此 P-N 结反向偏压下由少子形成的漂移电流是恒定的，与所加反向电压的大小无关，此电流也被称为反向饱和电流。

（3）反向击穿

当 P-N 结上加足够高的反向电压时，结会发生击穿，反向电流将会突然增大。如果电流不被限制而进一步增加，则 P-N 结很容易被烧毁损坏。按击穿机制，反向击穿又可分为热电击穿，雪崩击穿和齐纳击穿（隧道击穿）。

在高反向电压下，流过 P-N 结的反向电流引起热损耗，产生的热量导致结温增加，结温增加反过来又会使反向电流增加。如果没有良好的散热条件使这些热能及时传递出去，这种正反馈最终将导致击穿。这种由热不稳定性引起的击穿，称为热电击穿，此类击穿对 P-N 结的破坏是永久性的。

雪崩击穿的本质是碰撞电离。当 P-N 结反向电压很大时，参与漂移运动的少子在强内建电场下获得足够的能量，在穿越空间电荷区的过程中，将束缚在共价键中的价电子碰撞出来，产生自由电子-空穴对。新产生的载流子在强电场作用下继续参与漂移运动，再与其他的中性原子碰撞，产生新的自由电子-空穴对。如此继续下去，势垒区中的载流子数量如雪崩式急剧增加，导致反向电流急剧增大，产生了雪崩击穿。雪崩击穿发生在掺杂浓度较低的 P-N 结中，势垒区较宽，碰撞电离的几率较大。

齐纳击穿的本质是场致电离。当 P-N 结两边的掺杂浓度很高时，产生的结区很窄，当施加较小的反向电压时，势垒区中的电场却很强。在强电场的作用下，结区内中性原子的价电子从共价键中被抽离出来，产生新的电子-空穴对，从而产生大量的载流子。这些被抽离出来的载流子在反向电压的作用下，会形成很大的反向电流，产生击穿。齐纳击穿通常发生在掺杂浓度很高的 P-N 结中，势垒区一般较窄。

6.7 金属-氧化物-半导体结构

金属-氧化物-半导体结构（简写为MOS结构）一般是在P型或N型半导体（如硅）表面氧化形成一层氧化物介质层（如二氧化硅）后，再镀一层金属（通常是铝）所构成的三层结构，如图6-19所示。近几十年来，MOS结构无论是在技术应用方面还是在物理研究方面都对科技的发展起着重要的作用，是当今集成电路的核心。

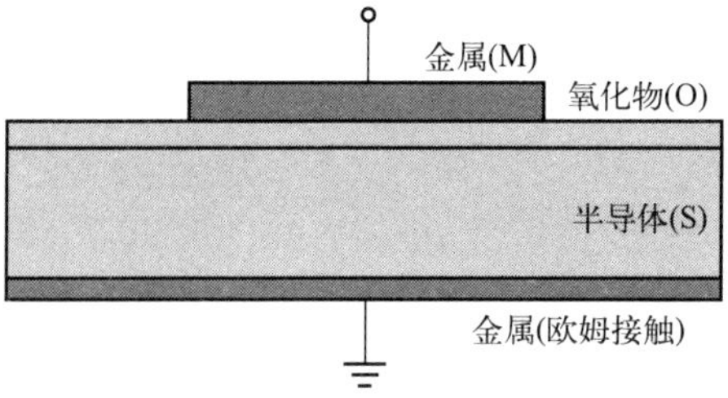

图6-19　金属-氧化物-半导体结构

6.7.1 表面势

MOS结构实际上是一个电容。当半导体衬底接地，在金属层上施加电压后，由于偏置电压的作用，在与氧化物绝缘层接触的半导体表面会聚集与金属层符号相反的电荷，而且半导体中这些自由电荷会分布在一定厚度的区域内，形成一个带电表面层，称作空间电荷区。空间电荷区中存在的电场将引起电势从半导体表面到内部的逐渐变化，使得表面处能带发生弯曲。此时，在空间电荷区两端产生的电势差就称为表面势，用 V_S 表示。当表面电势高于内部电势时，V_S 取正值，反之，V_S 取负值。表面电荷及表面势的分布与施加在金属层的电压密切相关，基本上可总结为电荷的积累、耗尽和反型三种情况。以下将以P型半导体衬底为例，对如图6-20所示的这三种状态加以说明。

在MOS结构的金属层施加一负电压时，它将吸引半导体中多数载流子空穴聚集到半导体表面，形成带正电荷的空穴积累层，即多数载流子积累状态。如图6-20(a)所示，由于表面处空穴积累，价带顶逐渐向费米能级 E_F 移动。越靠近表面，堆积的空穴浓度越高，价带顶越接近甚至高于费米能级。在热平衡情况下，半导体内费米能级应保持定值，故能带表现为向上弯曲，此时表面势为负值。

当对金属施加一个正电压时，半导体表面将具有排斥多数载流子空穴和吸引少数载流子电子的作用。如图6-20(b)所示，当正电压数值较小时，主要是对半导体表面空穴的排斥作用。这时与体内相比较，越接近表面，空穴浓度降低越多，价带顶也离费米能级 E_F 越远，能带向下弯曲，表面势为正值。此时，虽然也有电子被吸引到表面，但数量较少，与空穴浓度相比几乎可以忽略。这种多数载流子空穴被排斥后在半导体表面留下带负电的电离受主来形成耗尽层的状态被称为耗尽。

当正电压进一步增大，表面势也逐渐增加，表面处能带相对于体内将进一步向下弯曲，甚至表面处随之向下移动的禁带中央能量 E_i 会降低到费米能级以下的位置，如图6-20(c)所示。此时相较于半导体内部，表面处费米能级 E_F 离导带底更近一些。这意味着在表面处吸引了越来越多的电子，而且电子浓度开始高于空穴浓度，即在表面会形成与半导体原导电类型相反的电荷层-电子导电层，可称为反型层。

禁带中央能量 E_i 也称为本征费米能级，相当于是一个分界线。当费米能级 E_F 与 E_i 相等时，代表半导体内电子浓度等于空穴浓度。当费米能级 E_F 低于 E_i 时，半导体空穴浓度高于电子浓度，空穴为多数载流子。当费米能级 E_F 高于 E_i 时，意味着半导体内电子浓度

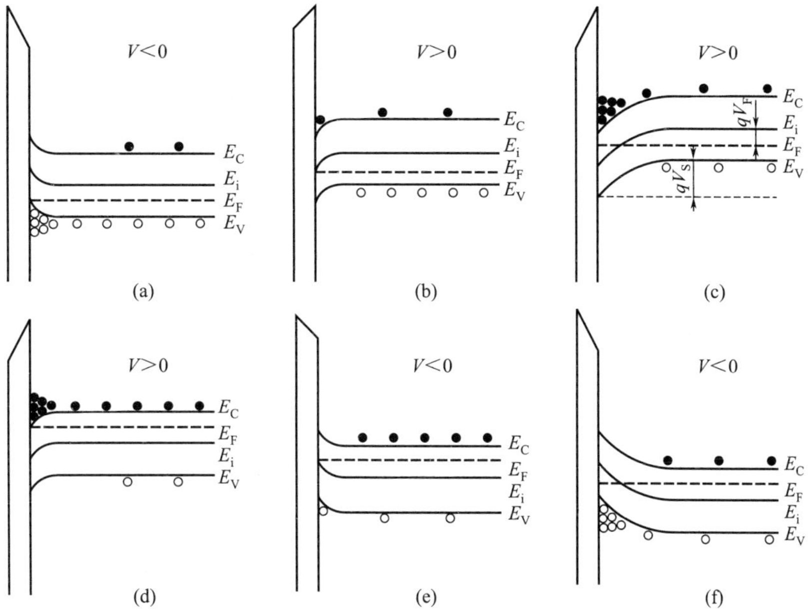

图 6-20 MOS 结构在不同偏压下的能带图

(a)～(c) 分别为 P 型半导体的积累、耗尽和反型状态；(d)～(f) 分别为 N 型半导体的积累、耗尽和反型状态

更高成为多数载流子。如果用 qV_F 表示半导体内部本征费米能级 E_i 与费米能级 E_F 的差值

$$qV_F = (E_i - E_F) \tag{6-90}$$

则形成反型层的条件为

$$qV_S \geqslant qV_F \tag{6-91}$$

如果对该 MOS 结构继续增加正电压，使半导体表面电子浓度进一步增加并高于半导体内部的多数载流子空穴浓度时，也就是满足如下条件

$$qV_S \geqslant 2qV_F \tag{6-92}$$

此时半导体表面出现强反型层。值得注意的一点是，反型状态下，在反型层和半导体内部之间还存在一层耗尽层，半导体表面的空间电荷区中的负电荷由反型层中的电子和耗尽层中的已电离的受主负电荷共同组成。

如图 6-20(d)～(f) 所示，对于 N 型半导体，当在金属层施加正电压时，多数载流子电子在表面积累，表面处能带向下弯曲。对金属施加不太高的负电压时，半导体表面排斥电子，留下带正电荷的电离施主，形成表面耗尽层，表面处导带底远离费米能级，能带向上弯曲。负电压进一步增大时，在表面积累的少数载流子空穴浓度将超过电子浓度，形成反型层。反型层有时也称为沟道，N 型半导体中构成表面反型层的是空穴，故称为 P 沟道；而 P 型半导体中由电子构成电子反型层，称为 N 沟道。

6.7.2 金属-氧化物-半导体场效应晶体管

金属-氧化物-半导体（MOS）结构常被用来制成能放大电信号或作信息存储单元的 MOS 场效应晶体管（FET），后面简称为 MOSFET。MOSFET 的基本结构如图 6-21 所示，用一块 P 型硅半导体材料作衬底，采用离子注入法在 P 型硅半导体上制作两个强 N 型区，从而形成两个背靠背的 P-N^+ 结，再在上面覆盖一层氧化物绝缘层，最后在 N^+ 型区上方用刻蚀的方法刻蚀出两个孔，结合光刻、镀膜工艺分别在绝缘层上及两个孔内做成 3 个电极：G（栅极）、S（源极）及 D（漏极），且栅极、漏极、源极之间是相互独立绝缘。如果在 D 极和 S 极之间施加一电压，则相当于对两个背靠背的 $P\text{-}N^+$ 结施加电压。如果其中一个 $P\text{-}N^+$ 结处在正向导通状态，则另一个必处于反向截止状态，因此流过的电流很小，近似等于 $P\text{-}N^+$ 结的反向饱和电流。如果在栅极 G 与 P 型硅衬底之间施加正电压，使 P 型硅界面区转变为反型层，即变为 N 型硅。此时，在栅极氧化层界面附近就形成 N 型硅的电流通道（常称为 N 型沟道，载流子为电子），于是在源极 S 和漏极 D 之间就会有电流流过。因此，可以利用施加在栅极 G 上的电压来控制流过源-漏之间的电流，从而放大加在栅极 G 上的电信号。对于由 P 型半导体制成的 MOSFET，因为形成的是 N 型半导体沟道，所以称其为 N 沟道 MOSFET。相应地，如果制成 MOSFET 的是 N 型半导体，则组成源、漏区的应是掺杂大量受主杂质的 P^+ 区。在栅极 G 上施加负电压，使栅极氧化层附近的界面形成 P 型半导体沟道（常称为 P 型沟道，载流子为空穴），则被称为 P 沟道 MOSFET。

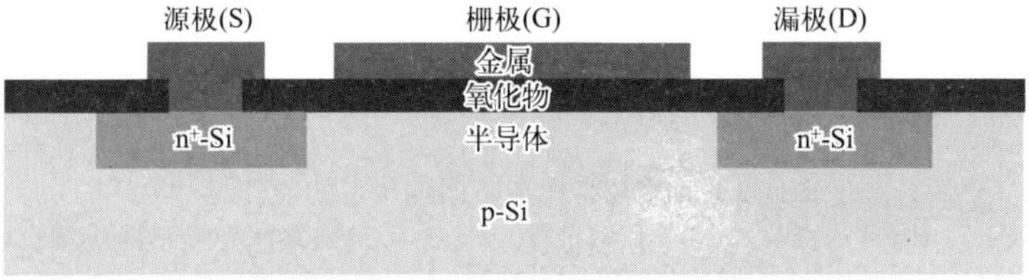

图 6-21 n 沟道 MOSFET 的结构

按照不同的方式可以对 MOSFET 进行分类。首先，根据沟道载流子的类型，可以分为 N 沟道 MOSFET 和 P 沟道 MOSFET。N 沟道 MOSFET 的沟道中载流子是电子，栅电压越正，沟道中的电子数量越多，导电能力越强；而 P 沟道 MOSFET 的沟道中载流子是空穴，栅电压越负，沟道中的空穴数量越多，导电能力越强。此外，更重要的是描述零栅压时 MOSFET 的状态。如果 MOSFET 在栅压为零时沟道电流很小，必须施加栅压以形成导电沟道，这种类型的 MOSFET 称为增强型或常关型。与之对应的是若栅压为零时存在导电电流，必须施加栅压使沟道电流消失，这种类型的 MOSFET 称为耗尽型或常开型。图 6-22 给出了这四种类型 MOSFET 的 $I\text{-}V$ 转移特性曲线。

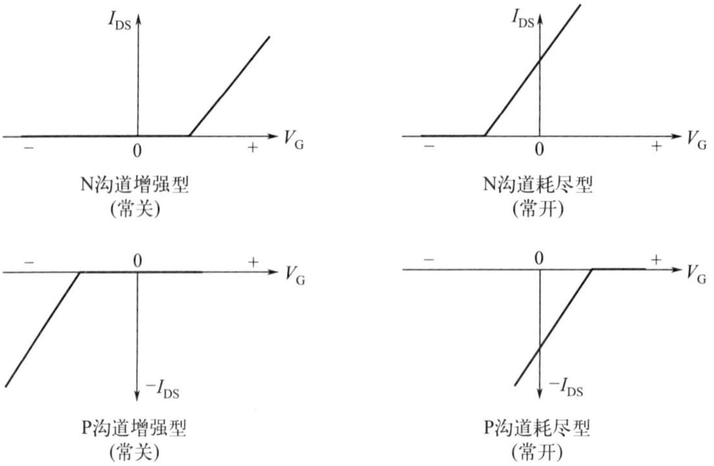

图 6-22 MOSFET 的分类以及器件的输出特性和转移特性曲线

I_{DS} 为漏极和源极之间的电流

6.8 异质结

第 6.6 节主要讨论了基于同种半导体材料的 P-N 结，通常也称为同质结。类似的 P-N 结也可以由不同半导体材料构成，如（p）Ge-（n）GaAs 等，这类 P-N 结被称为 P-N 异质结。异质结的概念是 1951 年被提出的，但由于晶格匹配问题和外延工艺限制，异质结首次问世于 1960 年。1969 年异质结激光二极管也被研制出来，至此半导体异质结的研究获得了突飞猛进的发展，并被广泛应用于微电子领域。随着外延技术的发展，更为复杂的异质结构如量子阱等也被进一步开发出来，极大推动了电子器件和发光器件等领域的发展。由此可见，半导体异质结构的发展对半导体技术具有重大影响。本节将主要介绍半导体异质结的能带结构、异质 P-N 结的电流电压特性、注入特性以及各种半导体异质量子阱结构及其电子能态等。

6.8.1 异质结的能带图

异质结是由两种或两种以上不同的半导体材料组成的，这里将首先讨论基于两种不同半导体材料构成的异质结。根据这两种半导体材料的导电类型，异质结又分为反型异质结和同型异质结两种。反型异质结是由两种导电类型相反的半导体材料所形成的异质结。例如，由 P 型 Ge 与 N 型 GaAs 所形成的结即为反型异质结，并表示为 P-N 型 Ge-GaAs 或（p）Ge-（n）GaAs。如果异质结由 N 型 Ge 和 P 型 GaAs 形成，则可表示为 N-P 型 Ge-GaAs 或（n）Ge-（p）GaAs。同型异质结是由两种导电类型相同的半导体材料所形成的异质结。例如，由 N 型 Ge 与 N 型 GaAs 所形成的结即为同型异质结，并表示为 N-N 型 Ge-GaAs 或（n）Ge-（n）GaAs。如果异质结由 P 型 Ge 和 P 型 GaAs 形成，则可表示为 P-P 型 Ge-GaAs 或（P）Ge-（P）GaAs。

在研究异质结的特性时，异质结的能带图起着重要作用。以上所用的符号表示中，一般都是把禁带宽度较小的半导体材料写在前面。在不考虑两种半导体材料界面处的界面态的情形下，任何异质结的能带图都取决于两种半导体的电子亲和能、禁带宽度及费米能级位置，其中费米能级位置是随着杂质浓度的不同而变化的。

异质结从掺杂浓度分布上也可分为突变型异质结和缓变型异质结。如果从一种半导体材料向另一种半导体材料的过渡只发生于几个原子距离范围内，则称为突变异质结。如果发生于几个扩散长度范围内，则称为缓变异质结。

图 6-23 展示了理想情况下，形成突变 P-N 异质结之前和之后的平衡能带图。δ_1 和 δ_2 分别代表 P 型和 N 型半导体费米能级与导带间的能量差。可以发现，在形成异质结前，P 型半导体的费米能级 E_{F1} 的位置为

$$E_{F1}=E_{V1}+\delta_1 \tag{6-93}$$

而 N 型半导体的费米能级 E_{F2} 的位置为

$$E_{F2}=E_{C2}-\delta_2 \tag{6-94}$$

当这两块导电类型相反的半导体材料紧密接触形成异质结时，由于 N 型半导体的费米能级位置较高，电子将从 N 型半导体扩散至 P 型半导体，空穴的扩散方向则相反，直到两块半导体的费米能级相等为止。此时

$$E_F = E_{F1} = E_{F2} \tag{6-95}$$

异质结处于热平衡状态，同时在两个半导体材料交界面的两侧会形成空间电荷区，即势垒区或耗尽层。N 型半导体一侧为正空间电荷区，P 型半导体一侧为负空间电荷区，从而形成内建电场。电子在空间电荷区中各点有附加电势能，使空间电荷区中的能带发生了弯曲。同时，因为两种半导体材料的介电常数不同，内建电场在交界面处是不连续的。

从图 6-23(b) 可以发现能带图反映出两个特点：一是能带发生了弯曲，且导带底在交界面处形成一向上的“尖峰”和一个向下的“凹口”。二是能带在交界面处不连续，有一个突变，且

$$\Delta E_C + \Delta E_V = E_{g2} - E_{g1} \tag{6-96}$$

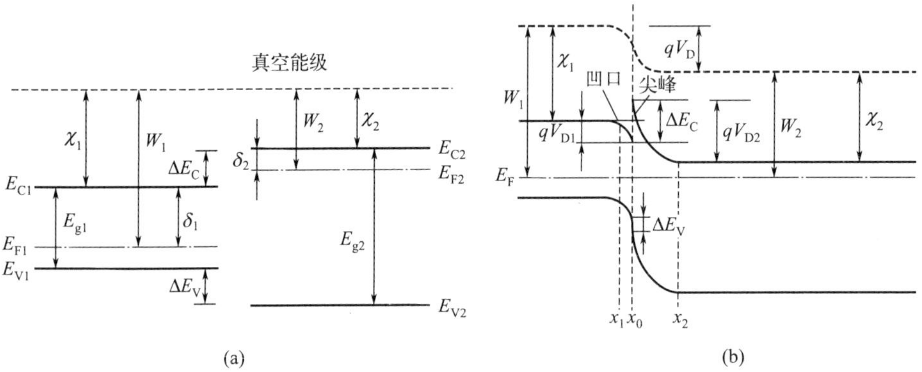

图 6-23 形成突变 P-N 异质结之前（a）和之后（b）的平衡能带图

6.8.2 半导体异质 P-N 结的电流电压特性及注入特性

由两种不同材料形成的异质结，在交界面处能带不连续，存在势垒尖峰及势阱。此外，由于两种材料的晶格常数或晶格结构不同，界面处会引入界面态以及缺陷，因此异质结的电流电压关系比同质结要复杂很多。下面以扩散-发射模型说明半导体突变异质结的电流电压特性与注入特性。

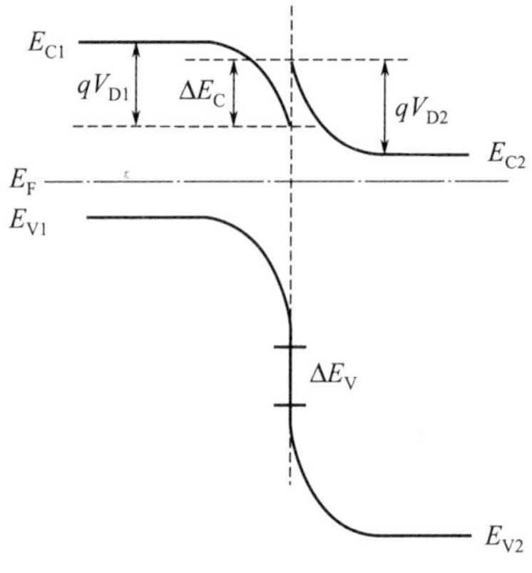

图 6-24 低势垒尖峰型异质结的能带图

对于低势垒尖峰型异质结，势垒尖峰顶低于 P 区导带底，其能带结构如图 6-24 所示。这种异质 P-N 结的电流主要由扩散机制决定，用扩散模型来处理。

施加正向偏压 V 时，通过该异质结的电流密度为

$$\begin{aligned} J &= J_n + J_p \\ &= q\left(\frac{D_{n1}}{L_{n1}}n_{10} + \frac{D_{p1}}{L_{p1}}p_{20}\right)\left[\exp\left(\frac{qV}{k_B T}\right) - 1\right] \end{aligned} \tag{6-97}$$

式中，D_{n1}、L_{n1} 分别为窄禁带半导体中电子的扩散系数和扩散长度；D_{p1}、L_{p1} 分别为宽禁带半导体中空穴的扩散系数和扩散长度；n_{10} 和 p_{20} 分别为 P 型窄禁带半导体和 N 型宽禁带半导体的热平衡少子浓度。

式(6-97) 表明，在正向偏压下，异质 P-N 结的电流随电压按指数增加。式中的 J_n、J_p 可用 N 区、P 区多子浓度 n_{20} 和 p_{10} 表示

$$J_{\mathrm{n}}=\frac{qD_{\mathrm{n1}}n_{20}}{L_{\mathrm{n1}}}\exp\left[\frac{-q(V_{\mathrm{D}}-\Delta E_{\mathrm{C}})}{k_{\mathrm{B}}T}\right]\exp\left(\frac{qV}{k_{\mathrm{B}}T}-1\right) \tag{6-98}$$

$$J_{\mathrm{p}}=\frac{qD_{\mathrm{p2}}p_{10}}{L_{\mathrm{p2}}}\exp\left[\frac{-q(V_{\mathrm{D}}+\Delta E_{\mathrm{V}})}{k_{\mathrm{B}}T}\right]\exp\left(\frac{qV}{k_{\mathrm{B}}T}-1\right) \tag{6-99}$$

由式(6-98) 可以发现 J_{n}、J_{p} 主要由 ΔE_{C} 和 ΔE_{V} 决定，即

$$J_{\mathrm{n}}\propto\exp\left(\frac{\Delta E_{\mathrm{C}}}{k_{\mathrm{B}}T}\right) \tag{6-100}$$

$$J_{\mathrm{p}}\propto\exp\left(-\frac{\Delta E_{\mathrm{V}}}{k_{\mathrm{B}}T}\right) \tag{6-101}$$

ΔE_{C} 和 ΔE_{V} 都是正值且远远大于室温下的 $k_{\mathrm{B}}T$，故有

$$J_{\mathrm{n}}\gg J_{\mathrm{p}} \tag{6-102}$$

因此，通过异质结界面的电流主要由电子电流构成，而空穴电流所占的比例很小。

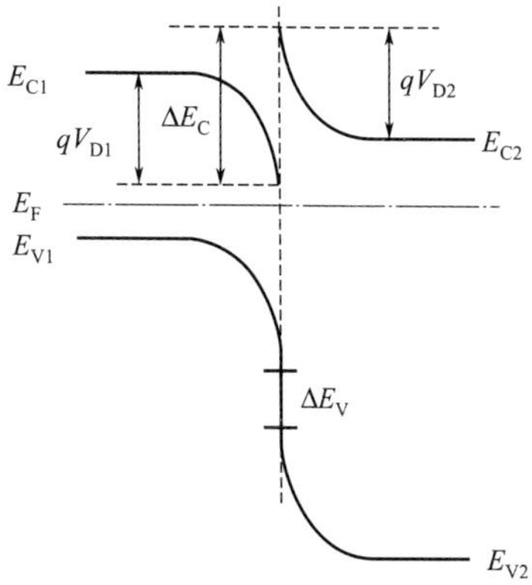

图 6-25　高势垒尖峰型异质结的能带图

如图 6-25 所示，对于高势垒尖峰情况，N 区的势垒尖峰顶较 P 区导带底高得多。N 区扩散到异质结界面处的电子，只有能量高于势垒尖峰的电子才能通过发射机制进入 P 区，可采用热电子发射模型来处理。施加正偏压时，通过该异质 P-N 结的总电流密度

$$J=J_{2}-J_{1}=qn_{20}\left(\frac{k_{\mathrm{B}}T}{2\pi m^{*}}\right)^{\frac{1}{2}}\exp\left(-\frac{qV_{\mathrm{D2}}}{k_{\mathrm{B}}T}\right)\left[\exp\left(\frac{qV_{2}}{k_{\mathrm{B}}T}\right)-\exp\left(\frac{qV_{1}}{k_{\mathrm{B}}T}\right)\right] \tag{6-103}$$

式中，$m^{*}=m_{1}^{*}=m_{2}^{*}$。在正向偏压时，由 P 区注入 N 区的电子流很小，式中的第二项可以略去，上式可简化为

$$J\propto\exp\left(\frac{qV_{2}}{k_{\mathrm{B}}T}\right)\propto\exp\left(\frac{qV}{k_{\mathrm{B}}T}\right) \tag{6-104}$$

利用电子发射模型所得到的结果同样是正向电流随电压呈指数关系增加，但该式不能用于反向电压的情形，因为在反向偏压时，电子流是从 P 区注入 N 区，反向电流由 P 区少数载流子浓度决定，因此在较大反向偏压下电流应该是饱和的。

由式(6-98) 和式(6-99) 可得异质 P-N 结电子流和空穴流的注入比

$$\frac{J_{\mathrm{n}}}{J_{\mathrm{p}}}=\frac{D_{\mathrm{n1}}n_{20}L_{\mathrm{p2}}}{D_{\mathrm{p2}}p_{10}L_{\mathrm{n1}}}\exp\left(\frac{\Delta E}{k_{\mathrm{B}}T}\right)=\frac{D_{\mathrm{n1}}N_{\mathrm{D2}}L_{\mathrm{p2}}}{D_{\mathrm{p2}}N_{\mathrm{A1}}L_{\mathrm{n1}}}\exp\left(\frac{\Delta E}{k_{\mathrm{B}}T}\right) \tag{6-105}$$

式中，$\Delta E=\Delta E_{\mathrm{C}}+\Delta E_{\mathrm{V}}=E_{\mathrm{g2}}-E_{\mathrm{g1}}$，$E_{\mathrm{g2}}$ 和 E_{g1} 分别表示 N 区和 P 区的禁带宽度。D_{n1} 和 D_{p2} 及 L_{n1} 和 L_{p2} 相差不大，都在同一数量级，而 $\exp(\Delta E/k_{\mathrm{B}}T)$ 可远大于 1。由式(6-105) 可以发现，即使 $N_{\mathrm{D2}}<N_{\mathrm{A1}}$，仍可得到很大的注入比。

超注入现象是指在异质 P-N 结中由宽禁带半导体注入窄禁带半导体中的少数载流子浓度可超过宽禁带半导体中多数载流子浓度。这一现象首先在由宽禁带 N 型 $\mathrm{Al}_{x}\mathrm{Ga}_{x-1}\mathrm{As}$ 和窄禁带 P 型 GaAs 组成的异质 P-N 结中观察到。如图 6-26 所示，当施加一正向电压时，E_{C2} 相对于 E_{C1} 随所施加的正向电压的增大而上升。当电压足够大时，由于 ΔE_{C} 的存在，E_{C2} 甚至高于 E_{C1}。此时异质 P-N 结处于非平衡状态，无统一费米能级，P 区的电子随着外加偏压的增大，其准费米能级偏离平衡费米能级。当偏压增大到使得 P 区和 N 区两边电子的准费米能级达到一致时，P 区少子电子浓度和 N 区多子电子浓度表示为

$$n_1 = N_{C1} \exp\left(-\frac{E_{C1} - E_{Fn}}{k_B T}\right) \tag{6-106}$$

$$n_2 = N_{C2} \exp\left(-\frac{E_{C2} - E_{Fn}}{k_B T}\right) \tag{6-107}$$

式中，N_{C1}、N_{C2} 分别为 GaAs 和 $Al_x Ga_{1-x} As$ 导带的有效态密度，可近似认为$N_{C1} \approx N_{C2}$，则

$$\frac{n_1}{n_2} = \exp\left(\frac{E_{C2} - E_{C1}}{k_B T}\right) \tag{6-108}$$

室温下，$k_B T$ 的数值很小，只要 $E_{C2} - E_{C1}$ 的数值比 $k_B T$ 大一倍，n_1 就比 n_2 几乎大一个数量级。一般情况下，E_{C1} 远低于 E_{C2}，从而就有效保证了 n_1 远远大于 n_2，实现超注入。

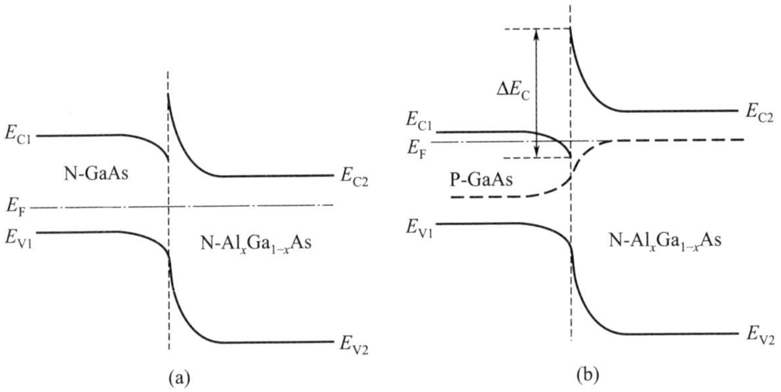

图 6-26　异质结的超注入现象的能带图

(a) 无外加电压；(b) 有外加电压

6.8.3 半导体应变异质结

相关研究表明，在一种材料衬底上外延生长另外一种晶格常数不匹配的材料时，只要两种材料的晶格常数相差不大，外延层的厚度不超过某个临界值，仍然可以获得晶格匹配的异质结。但如果生长的外延层发生了弹性形变，在平行于异质结界面的方向产生张应变或者压缩应变，使其晶格常数改变为与衬底的晶格常数相匹配，同时在与异质结界面垂直的方向也会产生相应的应变，这种异质结被称为应变异质结。当外延层的厚度超过临界厚度时，外延层的应变会消失，恢复成原来的晶格常数，这种现象称为弛豫。应变异质结的生长与弛豫过程可由图 6-27 所表示，其中图 6-27(a) 表示下面衬底的晶格常数小于上面外延材料的晶格常数；图 6-27(b) 表示外延生长后形成的应变异质结，外延层横向发生压缩应变使晶格常数与衬底匹配，同时在纵向生长发生张应变；图 6-27(c) 是弛豫后的异质结构，在界面处由于晶格不匹配而导致缺陷的产生。在应变异质结中，由于产生应变的同时会伴有应力的存在，这种应力被称为内应力。

由图 6-27(b) 还可以看到应变异质结界面的晶格是匹配的，不存在因为晶格失配而产生的界面缺陷，因此可以很好地应用于微电子器件的制备。应变异质结的无界面失配应变的生长模式被称为赝晶生长。赝晶生长模式不能稳定地无限生长材料，这是因为随着应变层厚度的增加，伴随应变的弹性能量持续积累到一定程度时，应变能量将通过在界面附近产生位

错缺陷而释放出来，应变层转变为应变完全弛豫的无应变层。因此，赝晶生长存在一个临界厚度 t_c。研究证明，赝晶生长的临界厚度随温度的升高而减小，随赝晶组分的不同而改变。以在 Si(001) 衬底上赝晶生长 $Si_{1-x}Ge_x$ 为例，临界厚度随 Ge 组分 x 的增加而减小。应变异质结的产生大大扩展了异质结构的种类和应用范围，已经在微电子器件和集成电路中得到广泛应用。例如，$In_yGa_{1-y}As$ 的迁移率远远高于 GaAs，其禁带宽度比 GaAs 小，但其晶格常数与 $Al_xGa_{1-x}As$ 不匹配，采用应变 $In_yGa_{1-y}As$ 代替 GaAs 制成的 $Al_xGa_{1-x}As/In_yGa_{1-y}As$ 高电子迁移率晶体管（HEMT），其频率特性得到很大提高。

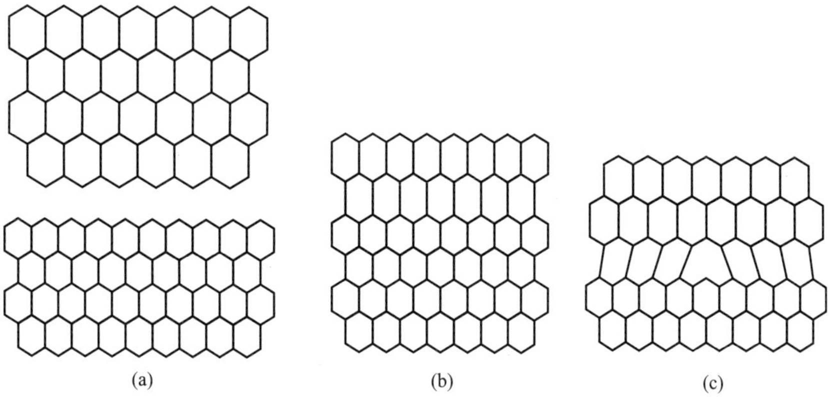

图 6-27　应变异质结的外延生长及弛豫

（a）组成异质结的两种不同晶格常数的晶格；（b）应变结；（c）弛豫结

6.8.4 半导体超晶格

超晶格是由江琦和朱兆祥在 1968 年提出的，并于 1970 年首次在砷化镓半导体上制成了超晶格结构。半导体超晶格是指由两种半导体材料薄层交替生长组成的一维周期性结构，其薄层厚度的周期小于电子的平均自由程，如图 6-28 所示的理想超晶格结构示意图。目前生长半导体超晶格材料的最佳技术是分子束外延（MBE）技术，可控制到单层原子的生长。此外，金属有机化合物气相沉积（MOCVD）技术也常用来生长超晶格材料。

还有一种与超晶格类似的结构，即量子阱。量子阱是指由两种不同的半导体材料相间排列形成的、具有明显量子限域效应的电子或空穴的势阱。量子阱的最基本特征是载流子波函数在一维方向上的局域化。类似的，在由两种不同半导体材料薄层交替生长形成的多层结构中，如果势垒层足够厚，以致相邻势阱之间载流子波函数之间耦合很小，则多层结构将形成许多分立的量子阱，称为多量子阱。如果势垒层很薄，相邻势阱之间的耦合很强，原来在各量子阱中分立的能级将扩展成能带（微带）。能带的宽度和位置与势阱的深度、宽度以及势垒的厚度有关，这样的多层结构称为超晶格，因而具有超晶格特点的结构有时称为耦合的多量子阱。

超晶格可以分为两类：成分超晶格和掺杂超晶格。前者是周期性改变薄层的成分而形成的超晶格，如图 6-29 所示的 $Ga_{1-x}Al_xAs/GaAs$ 超晶格，图中不同的成分具有不同的能带。掺杂超晶格是周期性改变薄层中的掺杂类型而形成的超晶格，如由 N 型和 P 型的硅薄层与本征层组成的周期性结构，并称为 NIPI 晶体（N、P、I 依次代表 N 型层、P 型层、本征层）。相对于成分超晶格，掺杂超晶格拥有以下优点：任何一种半导体材料只要很好控制掺杂类型都可以做成超晶格；多层结构的完整性非常好，因为掺杂量一般比较小，杂质引起的晶格畸变也较小，掺杂超晶格中没有像成分超晶格那样明显的异质界面；可以通过各分层厚度和掺杂浓度的选择，灵活调控掺杂超晶格的有效能隙。

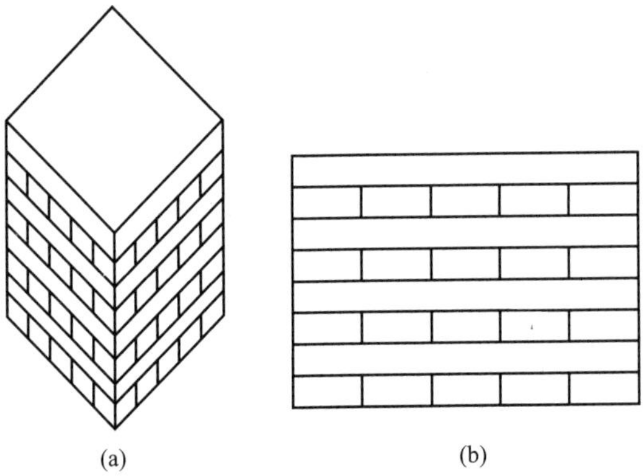

图 6-28 理想超晶格结构

（a）三维图；（b）二维截面图

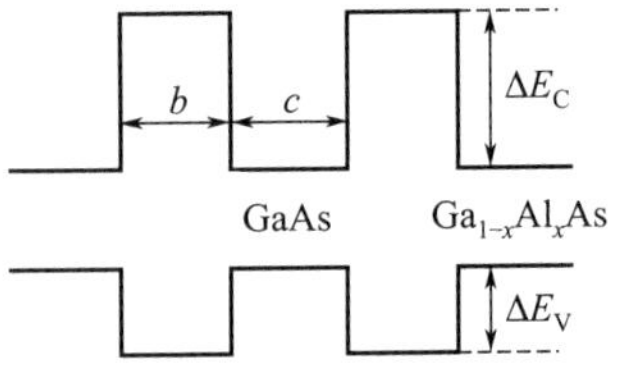

图 6-29 $Ga_{1-x}Al_xAs/GaAs$ 超晶格的能带

根据组成超晶格的两种材料的能带匹配情况，也可分为第一类、第二类和第三类超晶格。图 6-30(a) 所示为第一类超晶格（Ⅰ型），如 $Ga_{1-x}Al_xAs/GaAs$ 超晶格，GaAs 的导带底和价带顶均位于 $Ga_{1-x}Al_xAs$ 的禁带内，有 $\Delta E_g=\Delta E_C+\Delta E_V$；图 6-30(b) 为第二类超晶格（Ⅱ型），如 $GaSb_{1-y}As_y/In_{1-x}Ga_xAs$ 超晶格，$In_{1-x}Ga_xAs$ 的导带底位于 $GaSb_{1-y}As_y$ 的禁带内，而 $In_{1-x}Ga_xAs$ 的价带顶位于 $GaSb_{1-y}As_y$ 的价带顶之下，有 $\Delta E_g=|\Delta E_C-\Delta E_V|$；图 6-30(c) 为第三类超晶格（Ⅲ型），如 GaSb/InAs 超晶格，InAs 的导带底位于 GaSb 的价带顶以下，出现了能带边的负交叠，有 $\Delta E_g=|\Delta E_C-\Delta E_V|$。

超晶格的特殊结构导致其呈现出许多新的奇特物理现象，如量子限域效应、共振隧穿效应、超晶格中的微带、声子限制效应和二维电子气等。超晶格的研究受到了越来越多科研工作者的重视，在半导体领域得到了广泛的应用。随着理论及实践技术的不断深入发展，将会发掘出更多新的超晶格体系以及新的性能和功能。

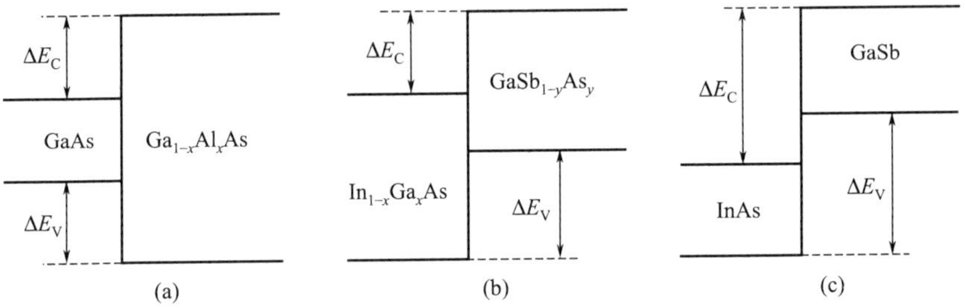

图 6-30 不同类型超晶格的能带

（a）Ⅰ型；（b）Ⅱ型；（c）Ⅲ型

习题

（1）计算含有施主杂质浓度为 $N_D=5\times10^{15}\text{cm}^{-3}$ 的硅在 300K 时的电子和空穴浓度以及费米能级的位置（假设 300K 时，硅的本征载流子浓度 $n_i=1.0\times10^{10}\text{cm}^{-3}$，有效态密度 $N_C=3.0\times10^{19}\text{cm}^{-3}$）。

（2）以 N 型半导体为例，讨论杂质半导体中载流子浓度随温度的变化规律和对应的物理机制，并结合变化规律说明半导体器件高温失效的原因。

（3）对于一个理想的 Si-SiO_2 MOS 电容，SiO_2 厚度为 100nm，$N_A=1\times10^{18}\text{cm}^{-3}$，需要加多大电压使得硅表面变成本征硅？需要加多大电压使得硅表面出现强反型层？

（4）简述 P-N 结中内建电场形成的物理过程，以及内建电场与哪些因素有关，并画出形成 P-N 结时的能带结构图。

（5）作图并简要说明 MOS 结构的空间电荷区是怎样形成的？并以 N 型半导体衬底为例，作图并简要说明 MOS 结构电荷的积累、耗尽和反型三种情况是如何形成的。

（6）画出 MOSFET 的基本结构，并简述其工作机制及对应的几种工作状态。

（7）已知 $T=300\text{K}$ 时硅的本征载流子浓度为 $n_i=1.0\times10^{10}\text{cm}^{-3}$，硅的 P-N 结 N 区掺杂浓度为 $N_D=1.5\times10^{16}\text{cm}^{-3}$，P 区掺杂浓度为 $N_A=1.5\times10^{18}\text{cm}^{-3}$，求平衡时的内建电势差。

（8）已知 P 型半导体和 N 型半导体的能带图如图 6-31 所示，请画出当它们形成 P-N 结时的能带结构图。

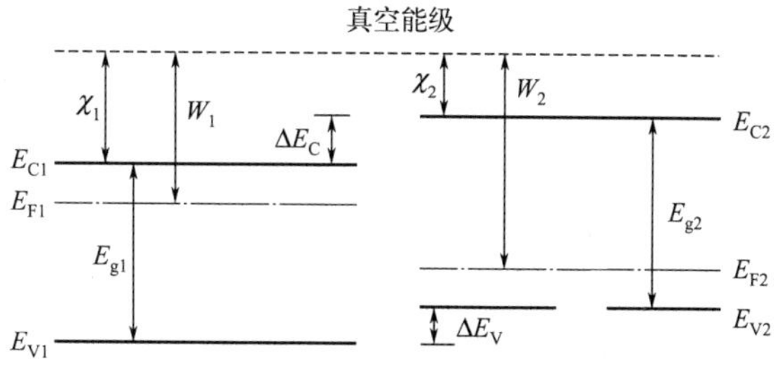

图 6-31　题（8）图

第 7 章

固体材料的光学性质

光是一种重要的自然现象，我们之所以能看到客观世界中的景象，就是因为眼睛接受物体发射、反射或散射的光。早在 4000 年前的中国青铜器时代，人们就已经知道通过材料的光泽和颜色来估计铜合金的组分，对材料的光学性质有了初步的认识。而在公元前四世纪墨子的著作中就有“光至，景亡；若在，尽古息”的记载。当光线透过物体时，物体的影子就会消亡；若物体的影子存在，则光线就被物体终止。实际上这里描述了物体对光的透射、吸收和反射。光是一种电磁波，那么固体的光学性质，从本质上讲就是固体和电磁波的相互作用。例如，晶体在光激发下的发光，光在晶体中的传播以及光电作用、光磁作用等。通过研究固体中光吸收和光发射的基本规律，可以获得固体中的电子态、能带结构及其他各种激发态相关的知识，为研发各种光功能材料提供理论基础。本章将首先引入描述固体光学性质的基本参数，如介电常数、吸收系数、极化率、电导率等；接着讲述固体对光的吸收和发射过程，然后介绍光电材料、发光材料和激光材料以及分子荧光材料等，并探讨固体中的拉曼散射；最后讲述激光产生的原理和几种代表性的激光器，并引入光通信的主要传播介质——光纤的相关知识。

7.1 光学参数

为了更好地理解固体的光学特性，首先需要了解一些描述固体光学性质的基本参数及其定义。

7.1.1 吸收系数

从宏观上讲，当光透射（射向）固体时，光的强度或多或少地会被削弱，这一衰减现象称为光的吸收。通常，固体的光学性质可由折射率 n 和消光系数 κ 来描述。实际上，它们分别是复数折射率 n_c 的实部和虚部，即

$$n_c = n + i\kappa \tag{7-1}$$

当角频率为 ω 的平面电磁波射入一固体并沿固体中某一方向（x 轴）传播时，电场强度 E 为

$$E = E_0 \exp\left[i\omega\left(\frac{x}{v} - t\right)\right] \tag{7-2}$$

其中，v 为电磁波在固体中的波速，而 v 与复数折射率有如下关系

$$v = c/n_c \tag{7-3}$$

其中 c 为光速。结合式(7-1)、式(7-2) 和式(7-3) 可得到

$$E = E_0 \exp(-i\omega t)\exp\left(i\omega\frac{xn}{c}\right)\exp\left(-\omega\frac{xk}{c}\right) \tag{7-4}$$

式(7-4) 最后的指数因子为衰减因子。

由于光强 $I \propto |E|^2 = EE^*$，于是

$$I(x)=I(0)\exp(-\alpha x) \tag{7-5}$$

其中

$$\alpha=\frac{2\omega k}{c}=\frac{4\pi k}{\lambda} \tag{7-6}$$

α 为吸收系数。而 $I(0)=E_0^2$（注：自由空间中 $\omega=2\pi f=2\pi\frac{c}{\lambda}$）。

7.1.2 介电常数与电导率

当电磁波在一种磁导率系数为 μ、介电系数为 ε 和电导率为 σ 的各向同性介质中传播时，Maxwelll 方程组可写为

$$\nabla\times\vec{E}=-\mu\mu_0\frac{\partial\vec{H}}{\partial t}$$

$$\nabla\times\vec{H}=\sigma\vec{E}+\varepsilon\varepsilon_0\frac{\partial\vec{E}}{\partial t}$$

$$\nabla\cdot\vec{H}=0$$

$$\nabla\cdot\vec{E}=0$$

求解波动方程，其中用到矢量运算法则

$$\nabla\times\nabla\times\vec{F}=\nabla(\nabla\cdot\vec{F})-\nabla^2\vec{F}$$

因为 $\nabla\cdot\vec{E}=0$, $\nabla\times\nabla\times\vec{E}=-\mu\mu_0\frac{\partial(\nabla\times\vec{H})}{\partial t}$，于是沿 x 方向有

$$\frac{\mathrm{d}^2E}{\mathrm{d}x^2}=\mu\mu_0\sigma\frac{\mathrm{d}E}{\mathrm{d}t}+\mu\mu_0\varepsilon\varepsilon_0\frac{\mathrm{d}^2E}{\mathrm{d}t^2} \tag{7-7}$$

取 $E=E_0\exp\left[\mathrm{i}\omega\left(\frac{x}{v}-t\right)\right]$，于是得

$$-\frac{\omega^2}{v^2}=-\mathrm{i}\omega\mu\mu_0\sigma-\omega^2\mu\mu_0\varepsilon\varepsilon_0 \tag{7-8a}$$

$$\frac{1}{v^2}=\mu\mu_0\varepsilon\varepsilon_0+\mathrm{i}\frac{\mu\mu_0\sigma}{\omega} \tag{7-8b}$$

光学中所讨论的大多数固体材料一般都是非磁性材料，因此它们的磁导率系数接近于真空的情形，即 $\mu=1$。因此

$$\frac{1}{v^2}=\frac{\varepsilon}{c^2}+\mathrm{i}\frac{1}{c^2}\left(\frac{\sigma}{\varepsilon_0\omega}\right) \tag{7-9}$$

其中利用到 $c=\frac{1}{\sqrt{\mu_0\varepsilon_0}}$。

因为 $v=\frac{c}{n_c}$，$\frac{1}{v^2}=\frac{n_c^2}{c^2}=\frac{(n+\mathrm{i}\kappa)2}{c^2}=\frac{1}{c^2}(n^2-\kappa^2+2\mathrm{i}n\kappa)$，与式(7-9) 比较得

$$n^2-\kappa^2=\varepsilon \tag{7-10a}$$

$$2n\kappa=\frac{\sigma}{\omega\varepsilon_0} \tag{7-10b}$$

求解式(7-10b) 可得

$$n^2=\frac{1}{2}\varepsilon\left\{\left[1+\left(\frac{\sigma}{\omega\varepsilon\varepsilon_0}\right)^2\right]^{1/2}+1\right\} \tag{7-11a}$$

$$\kappa^2=\frac{1}{2}\varepsilon\left\{\left[1+\left(\frac{\sigma}{\omega\varepsilon\varepsilon_0}\right)^2\right]^{1/2}-1\right\} \tag{7-11b}$$

对于电介质材料，一般导电能力很差，即 $\sigma\to0$，于是其折射率 $n\to\sqrt{\varepsilon}$ ，而消光系数 $\kappa\to0$，材料是透明的。

对于金属材料，σ 很大，即 $\varepsilon^2\ll\left(\frac{\sigma}{\varepsilon_0\omega}\right)^2$，$\left(\frac{\sigma}{\omega\varepsilon\varepsilon_0}\right)^2\gg1$。取极限

$$n=\kappa=\sqrt{\frac{\sigma}{2\omega\varepsilon_0}}=\sqrt{\frac{\sigma}{4\pi\nu\varepsilon_0}}$$

此处 ν 为电磁波频率。前面已经提到，$I(x)=I(0)\exp(-\alpha x)$，$\alpha=\frac{4\pi\kappa}{\lambda}$ ，当入射距离 $x=d_1=\frac{1}{\alpha}=\frac{\lambda}{4\pi\kappa}$ 时，光的强度衰减到原来的 1/e，通常称 α^{-1} 为穿透深度。

对金属材料

$$\alpha^{-1}=\frac{\lambda}{4\pi\kappa}=\frac{\lambda}{4\pi}\sqrt{\frac{4\pi\nu\varepsilon_0}{\sigma}}=\sqrt{\frac{\varepsilon_0\lambda c}{4\pi\sigma}} \tag{7-12}$$

对于不良导体，σ 较小，当 $\varepsilon^2\gg\left(\frac{\sigma}{\varepsilon_0\omega}\right)^2$ 时，则有［引入泰勒展开，$\left(\frac{\sigma}{\omega\varepsilon\varepsilon_0}\right)^2\ll1$］

$$n^2=\frac{1}{2}\varepsilon\left[2+\frac{1}{2}\left(\frac{\sigma}{\varepsilon\varepsilon_0\omega}\right)^2+\cdots\right]\cong\varepsilon \tag{7-13a}$$

$$\kappa^2=\frac{1}{2}\varepsilon\left[\frac{1}{2}\left(\frac{\sigma}{\varepsilon\varepsilon_0\omega}\right)^2-\frac{1}{8}\left(\frac{\sigma}{\varepsilon\varepsilon_0\omega}\right)^4+\cdots\right]\cong\frac{1}{\varepsilon}\left(\frac{\sigma}{2\varepsilon_0\omega}\right)^2 \tag{7-13b}$$

因此这种材料具有较小的消光系数 κ ，其穿透深度

$$d_1=\alpha^{-1}=\frac{\lambda}{4\pi}\times\frac{2\varepsilon_0\omega}{\sigma}\sqrt{\varepsilon}=\frac{c\varepsilon_0}{\sigma}\sqrt{\varepsilon} \tag{7-14}$$

以半导体材料 Ge 为例，电导率 $\sigma=0.11/(\Omega\cdot\mathrm{cm})$，$\varepsilon=16$，满足条件 $\left(\frac{\sigma}{\omega\varepsilon\varepsilon_0}\right)^2\ll1$，因此折射率 $n=\sqrt{\varepsilon}$ ，与电介质材料类似。

7.1.3 折射率和消光系数的 Kramers-Kronig 变换

实际上，不论是折射率 n 还是消光系数 κ，都与微观粒子在光作用下的运动有关。那么，这些量之间有什么内在联系？有没有可能用一种统一的关系式表示出来？Kramers 和 Kronig 认为，凡是由因果关系确定的光学响应，其实部和虚部之间并不完全独立，而是有一定的相互关系的，描述这种关系的数学表达为 Kramers-Kronig（KK）变换。在本文中，只给出折射率和消光系数之间的关系式。

实际上，已知 n 和 κ 为基本的光学常数，其他的光学常数都与 n 和 κ 有关。设 ε_c 为复介电常数，$\varepsilon_c=\varepsilon_1(\omega)+i\varepsilon_2(\omega)$，$\varepsilon_c$ 为电磁波角频率 ω 的函数，$\varepsilon_1(\omega)$ 和 $\varepsilon_2(\omega)$ 分别为 ε_c 的实部

和虚部。定义复介电常数 $\varepsilon_c = n_c^2$，该式为广义的 Maxwell 关系式。$\varepsilon_1(\omega)$ 和 $\varepsilon_2(\omega)$ 满足以下关系式

$$\varepsilon_1(\omega) = 1 + \frac{2}{\pi} P \int_0^{\infty} \frac{\omega' \varepsilon_2(\omega')}{\omega'^2 - \omega^2} d\omega' \tag{7-15a}$$

$$\varepsilon_2(\omega) = -\frac{2\omega}{\pi} \left[1 - P \int_0^{\infty} \frac{\varepsilon_1(\omega')}{\omega'^2 - \omega^2} d\omega' \right] \tag{7-15b}$$

其中 P 代表 Cathy 积分主值，$P\int_0^{\infty} \equiv \lim_{\alpha \to 0} \left(\int_0^{\omega-\alpha} + \int_{\omega+\alpha}^{\infty} \right)$；$\omega'$ 表示变量，取值范围为 $0 \sim \infty$。

如果实验上测得吸收光谱为 $\alpha(E) = \alpha(\hbar\omega)$，$\hbar\omega$ 为光子能量，就可以将折射率的色散关系 $n(E)$ 用 $\alpha(E)$ 来加以表示。根据前面的定义，类比有

$$n(E) - 1 = \frac{2}{\pi} P \int_0^{\infty} \frac{E'\kappa(E')}{E'^2 - E^2} dE' \tag{7-16}$$

式中，E' 表示变量，取值范围为 $0 \sim \infty$。

利用 $\alpha(E) = \frac{4\pi\kappa}{\lambda} = \frac{4\pi\nu\kappa(E)}{c} = \frac{4\pi h\nu\kappa(E)}{hc} = \frac{4\pi E\kappa(E)}{hc}$，则

$$n(E) - 1 = \frac{hc}{2\pi^2} P \int_0^{\infty} \frac{\alpha(E')}{E'^2 - E^2} dE' \tag{7-17}$$

原则上，如果吸收光谱 $\alpha(E')$ 已知，就可以从上式求出折射率的色散关系。

7.2 固体的光吸收过程

一般来说，半导体材料在不同程度上具备电介质和金属材料的光学特性。当半导体材料从外界以某种形式（如光、电等）吸收能量，则其电子将从基态被激发到激发态，即发生光吸收。而处于激发态的电子会自发或受激再从激发态跃迁到基态，并将吸收的能量以光的形式辐射出来（即辐射复合），即发光；当然也可以无辐射的形式（如发热）将吸收的能量耗散掉（即无辐射复合）。光吸收跃迁效应是半导体中的一个基本物理现象。半导体中的光吸收主要包括本征吸收、激子吸收、晶格振动吸收、杂质吸收及自由载流子吸收。价带中的电子在光激发下跃迁到导带，并引起半导体电导率的变化或者 P-N 结空间电势的变化，这种由于电子在价带和导带之间的跃迁所形成的吸收过程称为本征吸收，这一现象是本征型半导体光电探测器的基本工作原理。

7.2.1 带间跃迁和本征光吸收

本征吸收分为两类，即直接跃迁光吸收与间接跃迁光吸收。假定半导体是纯净半导体材料，温度为 0K 时其价带完全被填满而导带为空，当电子吸收光子能量产生跃迁，若保持波数（准动量）不变，则称为直接跃迁吸收，这一过程无需声子的辅助，如图 7-1 所示。常见半导体 GaAs 就属于此类直接带隙半导体。

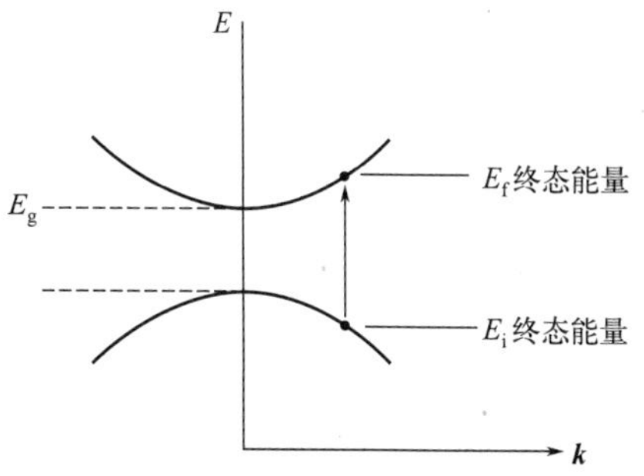

图 7-1　电子吸收光子能量从价带到导带的直接跃迁

直接跃迁又分为允许的直接跃迁和禁戒的直接跃迁。如果所有跃迁都是许可的，跃迁几率 P_{if} 是一个常数。在这种情况下，吸收系数 α 可近似表示为

$$\alpha = AP_{if}\sum_{i,f}N_i(E_i)N_f(E_f) = AP_{if}N \tag{7-18}$$

其中 $N_i(E_i)$、$N_f(E_f)$ 和 N 分别表示电子跃迁的初态态密度、末态态密度和联合态密度。

对于抛物线型简单能带结构，设价带顶为坐标原点（针对直接带隙），有

$$E_i = -\frac{\hbar^2 \boldsymbol{k}^2}{2m_h}$$

$$E_f = E_g + \frac{\hbar^2 k'^2}{2m_e} = E_g + \frac{\hbar^2 \boldsymbol{k}^2}{2m_e} \tag{7-19}$$

式中，m_e 和 m_h 分别为导带电子和价带空穴的有效质量。根据能量守恒，有

$$h\nu = E_f(\boldsymbol{k}') - E_i(\boldsymbol{k}) = E_g + \frac{\hbar^2 \boldsymbol{k}^2}{2}\left(\frac{1}{m_e} + \frac{1}{m_h}\right) = E_g + \frac{\hbar^2 \boldsymbol{k}^2}{2m_r} \tag{7-20}$$

其中，$1/m_r = 1/m_e + 1/m_h$，m_r 为约化有效质量。在单位能量间隔内，$\boldsymbol{k}$ 空间从 $\boldsymbol{k}$ 到 $\boldsymbol{k}+\mathrm{d}\boldsymbol{k}$ 范围内的状态数（或态密度）

$$N(h\nu)\mathrm{d}(h\nu) = \frac{8\pi k^2 \mathrm{d}\boldsymbol{k}}{(2\pi)^3} = \frac{(2m_r)^{3/2}}{2\pi^2\hbar^3}(h\nu - E_g)^{1/2}\mathrm{d}(h\nu) \tag{7-21}$$

吸收系数 $\alpha(h\nu)$ 与 $N(h\nu)$ 成正比，则

$$\alpha(h\nu) = AP_{if}N(h\nu) = B(h\nu - E_g)^{1/2} \tag{7-22a}$$

理论上可以求得

$$B \approx \left[e^2\left(2\frac{m_e m_h}{m_e + m_h}\right)^{3/2}\right]/nc\hbar^2 m_e \tag{7-22b}$$

B 与 ν 无关，式(7-22b) 中 n 为纯净半导体材料的折射率。

以上讨论是在假定电子的直接跃迁对于任何 $\boldsymbol{k}$ 值跃迁都是许可得出的。假设跃迁是选择定则允许的，即

$$P_{if}(\boldsymbol{k} = 0) \neq 0$$

由于材料对称性不同，在某些情况下即使是在直接带隙的材料中，在 $\boldsymbol{k}=0$ 处由于量子力学选择定则的限制，电子的直接跃迁是禁止的，而 $\boldsymbol{k}\neq 0$ 的跃迁是允许的。在这种情况下，有

$$P_{if}(\boldsymbol{k} = 0) = 0$$

$$P_{if}(\boldsymbol{k} \neq 0) \neq 0$$

这种跃迁称之为 $\boldsymbol{k}=0$ 被禁戒的跃迁。这里出现禁戒的原因与原子物理中电子能级跃迁的选择定则类似。根据导带和价带的电子轨道的组成不同，会出现 $\boldsymbol{k}=0$ 的禁戒跃迁，而存在 $\boldsymbol{k}\neq 0$ 的跃迁。此时，跃迁几率 P_{if} 不再是一个常数，而是正比于 $\boldsymbol{k}^2$，即正比于 $h\nu - E_g$，此时有

$$\alpha(h\nu) = A'P_{if}N(h\nu) = B'(h\nu - E_g)^{3/2} \tag{7-23a}$$

$$B' \approx \frac{2}{3}B\left(\frac{m_r}{m_h}\right)\frac{1}{h\nu}(B' \text{ 与 } \nu \text{ 有关}) \tag{7-23b}$$

因此

$$\alpha(h\nu) = C(h\nu - E_g)^{3/2}/h\nu$$

可见，并不是所有的吸收都可以用 1/2 次方规律来描述。近似 3/2 次方的规律在实验中也常

被发现。

此外，实验中还常常发现在纯的半导体材料如锗、硅和重掺杂的半导体中出现平方规律吸收边，即 $[\alpha(h\nu)]^{1/2} \propto h\nu$。这种吸收被认为来自间接跃迁的结果，有两种情况可以导致这种吸收。一种是声子参与的跃迁，电子不仅吸收光子，同时还和晶格交换一定的振动能量，即放出或吸收一个声子。这种吸收与直接跃迁光吸收不同，吸收系数与温度密切相关，其原因是不同的温度下晶格振动是不同的，声子的数密度随温度有一分布，且光吸收系数（$1\sim10^3\text{cm}^{-1}$）比直接跃迁（$10^4\sim10^6\text{cm}^{-1}$）小得多。另一种间接跃迁光吸收是杂质散射参与的吸收。

由于某些半导体材料的导带底 $\boldsymbol{k}$ 值和价带顶 $\boldsymbol{k}'$值不同（间接带隙材料），电子从价带到导带的跃迁需要由声子参与来完成，如图 7-2 所示。当光子能量等于 $E_g - E_p$ 时，电子吸收一个声子跃迁到导带。若光子能量等于 $E_g + E_p$ 时，电子发射一个声子跃迁到导带。在满足能量守恒时，动量也必须守恒。因为光子动量很小，不足以改变电子的动量，因此必须有声子的参与，即

$$\hbar\boldsymbol{k}' - \hbar\boldsymbol{k} \pm \hbar\boldsymbol{q} = \text{光子动量} \tag{7-24}$$

式中，$\boldsymbol{q}$ 为声子波矢；$\mp$ 表示电子在跃迁时发射（$-$）或吸收（$+$）一个声子。式(7-24) 可简化为

$$\hbar\boldsymbol{k}' - \hbar\boldsymbol{k} = \mp\hbar\boldsymbol{q} \tag{7-25}$$

假定声子具有能量 E_p，能量守恒律表示为

$$E_f - E_i \pm E_p = h\nu \tag{7-26}$$

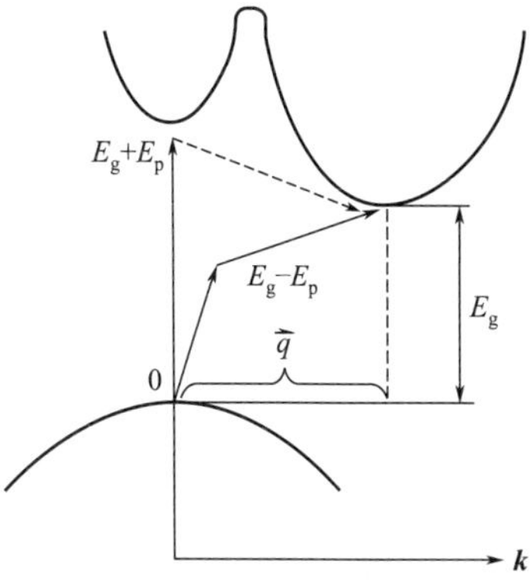

图 7-2 电子吸收光子能量从价带到导带的间接跃迁

注：E_p 表示声子的能量

对具有抛物线型简单能带结构的材料而言，能量处于 E_i 的初态态密度为

$$N(E_i) = \frac{1}{2\pi^2\hbar^3}(2m_h)^{3/2}|E_i|^{1/2} \tag{7-27}$$

能量处于 E_f 的终态态密度为

$$N(E_f) = \frac{1}{2\pi^2\hbar^3}(2m_e)^{3/2}(E_f - E_g)^{1/2} \tag{7-28}$$

将式(7-26) 代入式(7-28)，则有

$$N(E_f) = \frac{1}{2\pi^2\hbar^3}(2m_e)^{3/2}(h\nu - E_g \mp E_p + E_i)^{1/2} \tag{7-29}$$

吸收系数通常正比于初态和终态态密度之积。对所有两态之间相隔为 $h\nu \pm E_p$ 的可能组合进行积分，而对态密度的卷积化为对初态 E_i（价带）的积分。同时考虑到吸收系数正比于电子和声子相互作用几率 $f(N_p)$，N_p 表示能量为 E_p 的声子之数密度，于是吸收系数可表示为

$$\alpha(h\nu) = Af(N_p)\int_0^{-E_i^m}|E_i|^{1/2}(h\nu - E_g \mp E_p + E_i)^{1/2}\mathrm{d}E_i \tag{7-30}$$

式中，积分上限 $E_i^m = h\nu - E_g \mp E_p$，$-E_i^m$ 表示对某一光子频率为 ν 可以产生间接跃迁的最低初态能量值。注意到声子分布遵从玻色分布，且电子和声子相互作用几率 $f(N_p)$ 与声子数密度成正比 N_p，即

$$f(N_p) \propto N_p = \frac{1}{\exp(E_p/k_BT) - 1} \tag{7-31}$$

对式(7-30)积分，并考虑如下两种情形：

① 对于 $h\nu > E_g - E_p$，伴随声子的吸收过程（因为只有吸收声子的能量，才能保证 $h\nu + E_p > E_g$），吸收系数

$$\alpha_a(h\nu) = \frac{A_a(h\nu - E_g + E_p)^2}{\exp(E_p/k_B T) - 1} \tag{7-32a}$$

式中，A_a 表示比例关系。

② 对于 $h\nu > E_g + E_p$，既可以伴随声子的发射也可伴随声子的吸收（此时光子的能量足够大，保证了 $h\nu - E_p > E_g$）。当伴随声子发射时，吸收系数

$$\alpha_e(h\nu) = \frac{A_e(h\nu - E_g - E_p)^2}{1 - \exp(-E_p/k_B T)} \tag{7-32b}$$

由于声子吸收和发射这两种情况均有可能发生，因此总吸收系数可表示为

$$\alpha(h\nu) = \alpha_a(h\nu) + \alpha_e(h\nu) \tag{7-33}$$

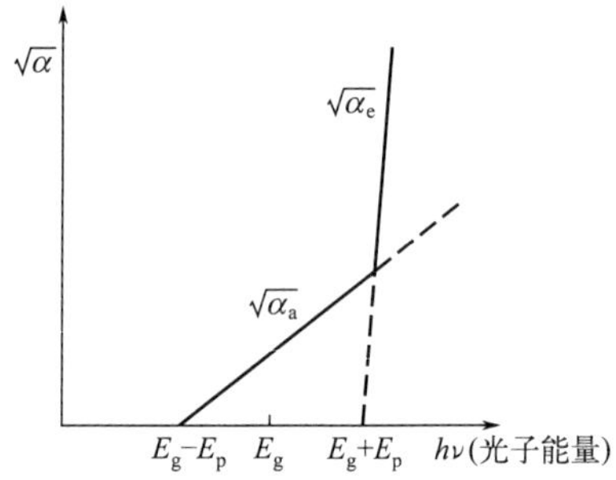

图 7-3　电子间接吸收系数同光子能量的关系

根据上述公式就可对实际测量数据进行分析。作 $\sqrt{\alpha}$-$h\nu$ 图，如果符合上述吸收机制，就可知二者呈直线关系，如图 7-3 所示。通过分析式(7-32a)和式(7-32b)，可以获得如下重要信息：

① 当 $E_g + E_p > h\nu > E_g - E_p$，以 α_a 为主。当 $h\nu = E_g - E_p$ 时，$\alpha_a = 0$。由 $[\alpha(h\nu)]^{1/2} \sim h\nu$ 线段得到吸收边斜率为 $\left\{\frac{A_a}{\exp(E_p/k_B T) - 1}\right\}^{1/2}$。在这种情况下，伴随声子吸收过程，并对应吸收系数较低的线段。将此线段延伸到与 $h\nu$ 相交，得到 $h\nu = E_g - E_p$。随着温度的降低，线段的斜率随之降低。

② 当 $h\nu > E_g + E_p$，$[\alpha(h\nu)]^{1/2} \sim h\nu$ 对应于吸收系数较高的线段，它既包括声子的发射也包括声子的吸收过程。当 $h\nu = E_g + E_p$ 时，$\alpha_e = 0$。然而，比较式(7-32a)和式(7-32b)可以得出，在低温下发射一个声子的几率远大于吸收一个声子的几率，因此这段直线的斜率基本上由发射声子的几率决定，即 $\left\{\frac{A_e}{1 - \exp(-E_p/k_B T)}\right\}^{1/2}$。同样随着温度的降低，此直线段的斜率也随之降低，将此线段延伸至与能量轴相交，得 $h\nu = E_g + E_p$。

③ 由以上两点，通过测量 $[\alpha(h\nu)]^{1/2} \sim h\nu$ 关系，可以获得两个重要的参数，即 E_p 和 E_g。

④ 不同温度下，E_g 可能不同。随着温度的降低，一般 E_g 增大。在这种情况下会发现，随着测量温度的降低，吸收边“蓝移”；也可能随着温度降低，E_g 减小，将出现吸收边“红移”。究竟是“红移”还是“蓝移”要视具体情况而定。（注意：当 $h\nu > E_g + E_p$ 时，以 α_e 为主。在 $h\nu \leqslant E_g - E_p$，$\alpha_a = 0$；在 $h\nu \leqslant E_g + E_p$，$\alpha_e = 0$）。

7.2.2 激子吸收

第 7.2.1 节讨论的是，只有光子能量超过某一阈值 $h\nu_{th}$，才可能发生带间跃迁光吸收。但在低温下，即使光子能量 $h\nu$ 小于该阈值，许多非导体仍然存在特征吸收峰，这些分立的

吸收谱线是由激子光吸收引起的。

导带电子和价带空穴分别带负电荷和正电荷，它们受到库仑力而互相吸引，在一定的条件下会使它们在空间上束缚在一起，这样形成的复合体称为激子。当电子-空穴对的束缚半径比原子半径大很多时，其电子和空穴波函数的扩展范围远大于晶格常数，电子和空穴之间的库仑相互作用较弱，因而形成一种弱束缚态，称为万尼尔激子。相反，当激子半径与晶格常数大小差不多时，形成弗伦克尔激子或紧束缚激子。激子作为一种准粒子，是固体中的一种元激发，可以简单理解为固体中束缚的电子-空穴对。激子一旦形成，可以作为整体在固体中运动。

常见固体材料的激子结合能见表 7-1。大部分无机半导体材料的激子结合能比较低，在室温下（26meV）会解离，这种情况下激子吸收一般在低温下才能观测到。

表 7-1　常见固体材料的激子结合能

固体材料	激子结合能/meV	固体材料	激子结合能/meV	固体材料	激子结合能/meV
Si	14.7	InP	4.0	BaO	56
Ge	3.8～4.1	InSb	0.4	LiF	1000
GaAs	4.2	AgBr	20	KBr	400
CdS	29.0	TiBr	6.0	KCl	400
ZnS	37	AgCl	30	RbCl	440
ZnSe	21	TlCl	11.0	KI	480
Cu_2O	10	MoS_2	50	TlBr	6.0
CdS	29.0	CdSe	15.0		

（1）万尼尔激子（松束缚激子）的光吸收

假定半导体具有简单的能带，价带顶和导带底均在 $\boldsymbol{k}=0$ 点。价带空穴的有效质量为 m_h^*，动量为 $\boldsymbol{p}_h$，导带电子的有效质量为 m_e^*，动量为 $\boldsymbol{p}_e$。万尼尔激子中电子和空穴的距离较远，它们之间的相互作用可以看成介电常数 ε_r 的两个点电荷之间的库伦作用力。因此，万尼尔激子的哈密顿量

$$H=\frac{\boldsymbol{p}_e^2}{2m_e^*}+\frac{\boldsymbol{p}_h^2}{2m_h^*}-\frac{e^2}{4\pi\varepsilon_0\varepsilon_r|\boldsymbol{r}_e-\boldsymbol{r}_h|} \tag{7-34}$$

式中，$\boldsymbol{r}_e$ 和 $\boldsymbol{r}_h$ 分别为电子和空穴的坐标。引入相对坐标 $\boldsymbol{r}$，质心坐标 $\boldsymbol{R}$ 和有效质量 μ，即

$$\boldsymbol{r}=\boldsymbol{r}_e-\boldsymbol{r}_h$$

$$\boldsymbol{R}=\frac{m_e^*\boldsymbol{r}_e+m_h^*\boldsymbol{r}_h}{m_e^*+m_h^*}$$

$$\mu=\frac{m_e^*m_h^*}{m_e^*+m_h^*}$$

再引入质心动量 $\boldsymbol{p}_R$ 和相对运动动量 $\boldsymbol{p}$，即

$$\boldsymbol{p}_R=(m_e^*+m_h^*)\dot{\boldsymbol{R}}$$

$$\boldsymbol{p}=\mu\dot{\boldsymbol{r}}$$

式中，μ 为电子和空穴的有效折合质量，于是万尼尔激子的哈密顿量可写为

$$H=\frac{\boldsymbol{p}_e^2}{2m_e^*}+\frac{\boldsymbol{p}_h^2}{2m_h^*}-\frac{e^2}{4\pi\varepsilon_0\varepsilon_r|\boldsymbol{r}_e-\boldsymbol{r}_h|}=\frac{\boldsymbol{p}_R^2}{2(m_e^*+m_h^*)}+\frac{\boldsymbol{p}_h^2}{2\mu}-\frac{e^2}{4\pi\varepsilon_0\varepsilon_r\boldsymbol{r}} \tag{7-35}$$

激子系统的薛定谔方程为

$$H\Psi(\boldsymbol{r},\boldsymbol{R})=E\Psi(\boldsymbol{r},\boldsymbol{R})$$

总波函数可以表示成

$$\Psi(\boldsymbol{r},\boldsymbol{R})=\exp(i\boldsymbol{k}\cdot\boldsymbol{R})\psi(\boldsymbol{r})$$

将 $\Psi(\boldsymbol{r},\boldsymbol{R})$ 代入，可获得电子和空穴相对运动部分的薛定谔方程

$$H\exp(i\boldsymbol{k}\cdot\boldsymbol{R})\psi(\boldsymbol{r})=E\exp(i\boldsymbol{k}\cdot\boldsymbol{R})\psi(\boldsymbol{r})$$

$$\left(\frac{\boldsymbol{p}_h^2}{2\mu}-\frac{e^2}{4\pi\varepsilon_0\varepsilon_r\boldsymbol{r}}\right)\psi(r)=E_n\psi(\boldsymbol{r}) \tag{7-36}$$

该方程与氢原子中电子的薛定谔方程形式一样，其本征能量可写成

$$E_n=E-\frac{\hbar^2\boldsymbol{k}^2}{2(m_e^*+m_h^*)} \tag{7-37}$$

解为

$$E_n=-\frac{\mu e^4}{2\hbar^2(4\pi\varepsilon_0\varepsilon_r)^2}\times\frac{1}{n^2},n=1,2,3,\cdots \tag{7-38}$$

与氢原子能级 E_H 相比

$$E_n=-\frac{\mu}{m\varepsilon_r^2}E_H$$

其中 m 为电子质量。如果 a_0 为氢原子基态的波尔半径，同样也可以算出激子半径

$$a_{ex}=\frac{m\varepsilon_r}{\mu}a_0$$

$$a_0=\frac{4\pi\varepsilon_0\hbar^2}{m_e e^2} \tag{7-39}$$

激子系统的能量

$$E=E_n+\frac{\hbar^2\boldsymbol{k}^2}{2(m_e^*+m_h^*)} \tag{7-40}$$

如果以价带顶为能量零点，则

$$E=E_g+E_n+\frac{\hbar^2\boldsymbol{k}^2}{2(m_e^*+m_h^*)}=E_g-\frac{\mu e^4}{2\hbar^2(4\pi\varepsilon_0\varepsilon_r)^2}\times\frac{1}{n^2}+\frac{\hbar^2\boldsymbol{k}^2}{2(m_e^*+m_h^*)} \tag{7-41}$$

激子吸收是电子吸收能量跃迁到导带下方的激子能级的过程，该过程要满足能量守恒和动量守恒，则有

$$\hbar\omega=E_g-\frac{\mu e^4}{2\hbar^2(4\pi\varepsilon_0\varepsilon_r)^2}\times\frac{1}{n^2}+\frac{\hbar^2k^2}{2(m_e^*+m_h^*)} \tag{7-42}$$

$$\hbar\boldsymbol{k}_p=\hbar\boldsymbol{k}$$

其中 $\boldsymbol{k}_p$ 为光子波矢。由于光子波矢很小，可近似认为 $\boldsymbol{k}_p\sim\boldsymbol{k}=0$，因此

$$\hbar\omega\approx E_g-\frac{\mu e^4}{2\hbar^2(4\pi\varepsilon_0\varepsilon_r)^2}\cdot\frac{1}{n^2} \tag{7-43}$$

如图 7-4 所示，一般在带隙的低能方向出现一系列的激子吸收峰。图 7-5 是在 $T=77$K

时测得的 CuO_2 的激子光吸收谱，图中不同的 n 值对应不同的吸收峰。

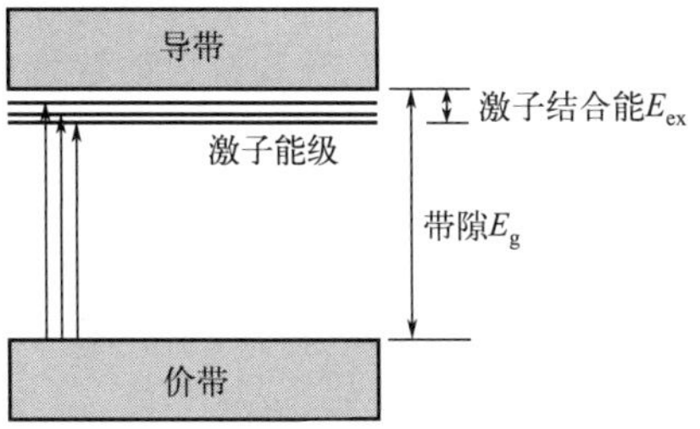

图 7-4　万尼尔激子的能级分布

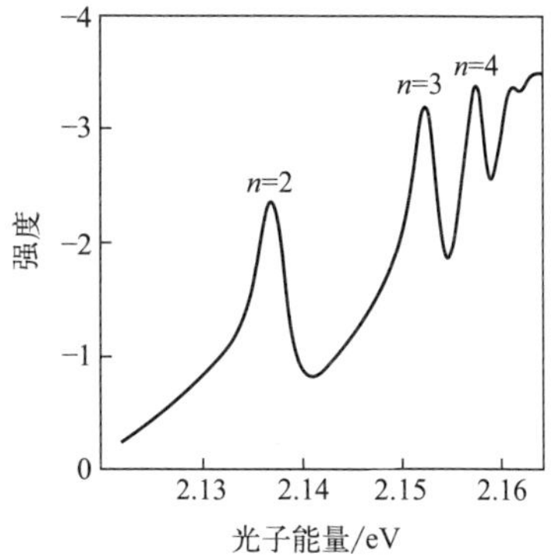

图 7-5　在 $T=77K$ 时测得的 CuO_2 的激子光吸收谱

（2）弗伦克尔激子（紧束缚激子）的光吸收

离子晶体或分子晶体的价带和导带都很窄，空穴和电子的有效质量较大，禁带又很宽，晶体的介电常数较小，激子基态束缚能在 1eV 的数量级。紧束缚激子中电子与空穴的间距与原子间距相当，这时正、负电荷的两个粒子间相互作用不能简单看成是真空中库仑互作用除以晶体的介电常数，而具有比较复杂的形式。

图 7-6 是在 77K 时测得的离子晶体 KBr 在吸收边附近的吸收谱。当光子能量超过 7.8eV 时，可观察到光电导现象，即 7.8eV 被认为禁带宽度。在光子能量为 6.8eV 和 7.4eV 时有两个吸收峰，它们就是紧束缚激子的吸收峰。

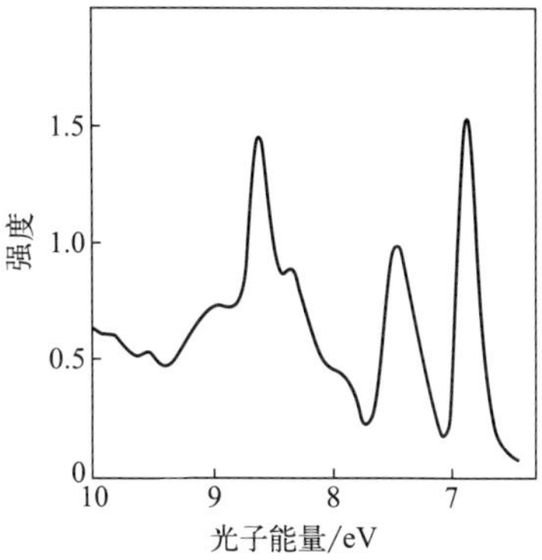

图 7-6　在 $T=77K$ 测得的 KBr 晶体的激子光吸收谱

紧束缚激子中电子和空穴处在同一原子或相邻原子中，可以近似将其看成是晶体中某个原子或分子的电子受光场作用后形成的激发态。由于晶体中相邻原子（分子）间存在相互作用，这种激发态不会长时间停留在一个原子（分子）上，而是可以从一个原子（分子）转移到相邻的原子（分子），以波的形式在晶体中传播，这就是激发波。

设想晶体的 N 个原子中只有一个原子处于激发态，可以是这 N 个原子中的任一个，因而共有 N 个等价的激发态波函数。于是，紧束缚激子的波函数应是这 N 个原子的激发态波函数的线性叠加。考虑最近邻原子间互作用，采用紧束缚近似法可以求得紧束缚激子的能带。由于激子能带很窄，其通常位于离子晶体宽的禁带中靠近导带底附近。

7.3 固体的光发射过程

7.3.1 光发射过程

材料在完成光吸收过程后，本身只要不发生化学变化，总要恢复到原来的平衡状态，这样一部分能量会以光或热的形式释放出来。如果这部分能量以可见光或近可见光的电磁波形式发射出来，就称为光发射。通常光发射分为两种，即荧光和磷光。物质受激时发光称为荧光，持续时间小于 10^{-8}s；外来激发停止后物体继续发光称为磷光，持续时间大于 10^{-8}s。

通过研究材料的发光性质以指导制备性能优良的发光材料，也有助于了解晶体中杂质和缺陷的作用、载流子的运动以及能量的传递和转化等问题。与光吸收相类似，根据固体的能带结构，光发射主要有导带到价带的直接跃迁发光、激子复合发光、能带和杂质能级之间的跃迁发光等几种方式。

(1) 导带到价带的直接跃迁发光

导带的电子跃迁到价带，与价带中的空穴直接复合产生光子。发射出的光子频率 ν 符合式(7-44)

$$h\nu \geqslant E_g \tag{7-44}$$

式中，E_g 为禁带宽度。

电子和空穴的复合主要发生在能带的边缘，由于载流子有一定的热分布，使得发射光谱有一定的宽度。导带到价带的跃迁也分为直接跃迁和间接跃迁两种，分别示于图 7-7(a) 和 (b)。

直接跃迁一般发生于Ⅱ-Ⅵ族化合物和大多数Ⅲ-Ⅴ族化合物，无声子吸收和发射。而间接跃迁多见于Ⅳ元素半导体和部分Ⅲ-Ⅴ族化合物，伴随着吸收或发射一个声子，这是动量守恒律所要求的。导带到价带的跃迁中还有一种被称为边缘发射，即浅能级电子与价带空穴复合而发光，如图 7-8 所示。ZnS、CdS 等在低温下受激发后，在基本吸收边附近出现一组由许多窄谱线组成的发射光谱，称为边缘发射。

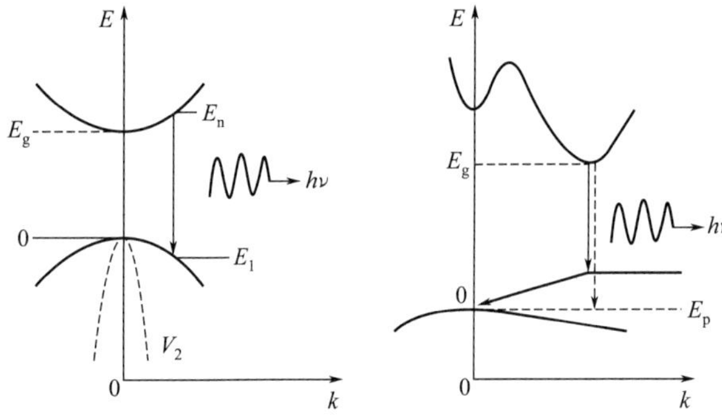

图 7-7 导带到价带的跃迁

(a) 直接跃迁；(b) 间接跃迁

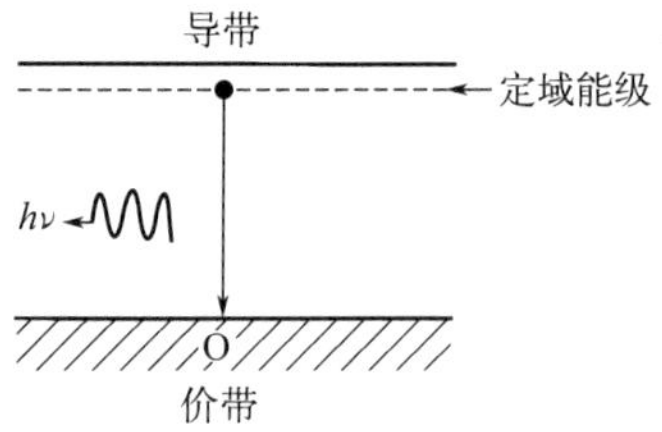

图 7-8 边缘发射机制

(2) 激子复合发光

一个电子受光辐射后由价带跃迁到导带中，在价带中留下一个空穴而产生电子-空穴对，其可以在晶体中自由移动成为自由载流子。由于电子和空穴彼此具有较强的相互吸引库仑力，它们会形成某一种稳定的束缚，即为激子。由于电子-空穴对具有库仑相互作用，导致其能量低于自由电子的能量，使激子能级能量略低于导带底能量。激子复合后，就会把能量释放出来而产生窄的光谱线，如图 7-9 所示。对直接带隙材料，其产生的光谱线能量为

$$h\nu = E_g - E_x \tag{7-45}$$

式中，E_g 代表带隙值；E_x 代表激子束缚能。

对于间接带隙材料，会伴随声子发射，相应的光谱线能量为

$$h\nu = E_g - E_x - E_p \tag{7-46}$$

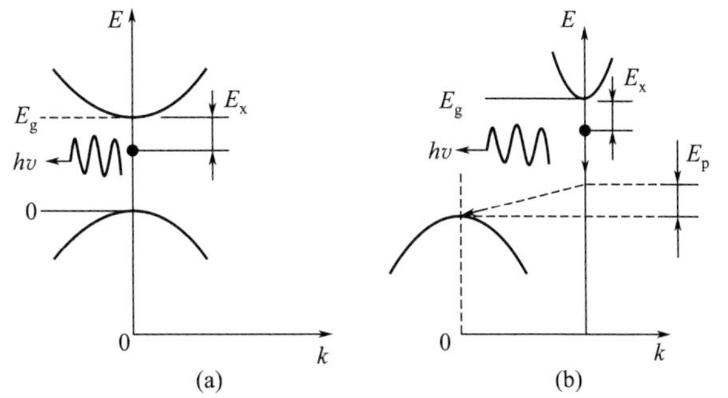

图 7-9 激子复合发光

（a）直接带隙；（b）间接带隙

（3）能带和杂质能级之间的跃迁发光

半导体中的杂质在能带结构中产生杂质中心能级，分为受主 A 和施主 D。受主为负电中心，形成发光中心能级；施主为正电中心，形成陷阱能级，如图 7-10 所示。能带和杂质能级之间的跃迁产生的发光有以下六个过程。

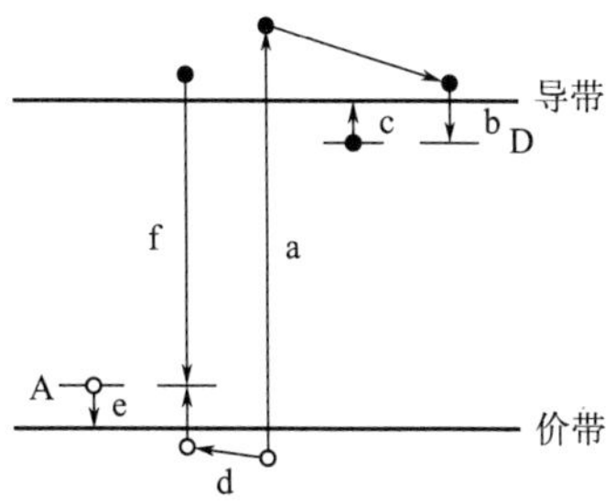

图 7-10 能带和杂质能级之间的跃迁

a. 价带中的电子吸收光子后跃迁到导带，使价带中产生空穴，导带中具有电子。

b. 热平衡后，陷阱 D 俘获导带电子。

c. 陷阱 D 上的电子由于热扰动，跃迁到导带。

d. 热平衡后，价带中的空穴被 A 俘获。

e. A 上的空穴跃迁到价带中去。

f. 导带中的电子和发光中心 A 上的空穴复合而发光，同样 D 上的电子也可向价带跃迁与空穴复合而发光。

7.3.2 荧光寿命

荧光寿命是荧光强度衰减为初始时的 $1/e$ 所需要的时间，常用 τ 表示。此时，荧光强度的衰减符合指数衰减的规律：$I_t = I_0 \exp(-t/\tau)$，其中 I_0 是激发时最大荧光强度，I_t 是时间 t 时刻的荧光强度，k 是衰减常数。假定在时间 τ 时测得的 I_t 为 I_0 的 $1/e$，则 τ 为定义的荧光寿命。

可以很容易计算出，寿命 τ 是衰减常数 k 的倒数。事实上，在瞬间激发后的某个时间，荧光强度达到最大值，然后荧光强度将按指数规律下降，如图 7-11 所示。从最大荧光强度值后任一强度值下降到其 $1/e$ 所需的时间都应等于 τ。

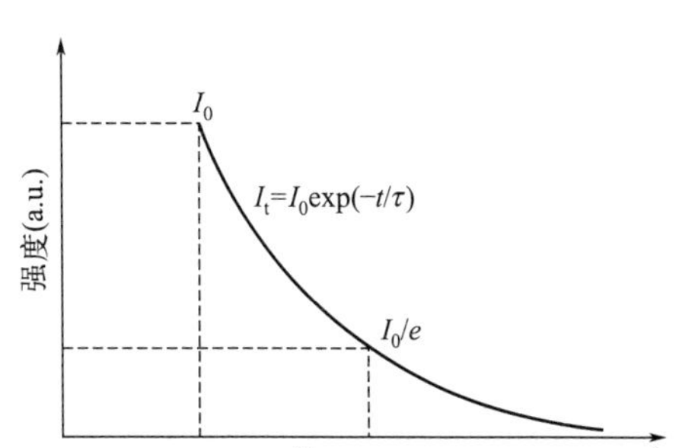

图 7-11 荧光衰减曲线

7.4 拉曼散射

拉曼散射光谱首次由印度科学家 C. V. Raman 在 1928 年用汞弧灯的 435.83nm 光激发 CCl_4 获得，因此 Raman 于 1930 年获得诺贝尔物理学奖。拉曼散射的特点是强度非常弱，且拉曼散射光的频率与入射光的频率不同。

拉曼效应涉及两个光子过程，即一个入射，一个放出，这是比单光子过程更为复杂的过程。在拉曼效应中，一个光子被晶体非弹性地散射，伴随着产生或湮灭一个声子或磁振子（见图 7-12），该过程与 X 射线的非弹性散射以及中子在晶体中的非弹性散射都很相似。一级拉曼效应的选择定则为

$$\omega = \omega' \pm \Omega, \boldsymbol{k} = \boldsymbol{k}' \pm \boldsymbol{K} \tag{7-47}$$

式中，ω、$\boldsymbol{k}$ 分别为入射光子的角频率和波矢；ω'、$\boldsymbol{k}'$ 分别为散射光子的角频率和波矢，而 Ω、$\boldsymbol{K}$ 分别为在散射过程中产生或湮灭的声子的角频率和波矢。

在二级拉曼效应中，光子的非弹性散射牵涉两个声子。

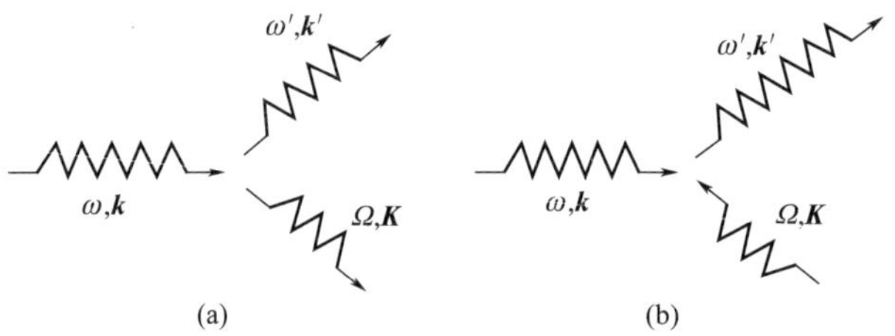

图 7-12　一个光子的拉曼散射，伴随着一个声子的发射或吸收，对应为斯托克斯线（a）和反斯托克斯线（b）

拉曼效应与材料电极化率的应变相关性密切相关。为了论证这一问题，假定与一个声子模相联系的极化率 α 可以写为声子振幅 μ 的一个幂函数，即

$$\alpha = \alpha_0 + \alpha_1 u + \alpha_2 u^2 + \cdots \tag{7-48}$$

如果 $\mu(t) = \mu_0 \cos\Omega t$，入射电场为 $E(t) = E_0 \cos\omega t$，则感生电偶极矩就会含有如下分量

$$\alpha_1 E_0 u_0 \cos\omega t \cos\Omega t = \frac{1}{2}\alpha_1 E_0 u_0 \times [\cos(\omega + \Omega)t + \cos(\omega - \Omega)t] \tag{7-49}$$

这样就可以发射频率为 $\omega + \Omega$ 和 $\omega - \Omega$ 的光子，同时伴随着一个频率为 Ω 的声子的吸收或发射。

频率为 $\omega - \Omega$ 的光子称为斯托克斯线，而频率为 $\omega + \Omega$ 的光子是反斯托克斯线。斯托克斯线的强度涉及声子产生的矩阵元，它们正好就是谐振子的矩阵元

$$I(\omega - \Omega) \propto c\,|< n_{\boldsymbol{K}} + 1 | u | n_{\boldsymbol{K}} >|^2 \propto n_{\boldsymbol{K}} + 1 \tag{7-50}$$

式中，$n_{\boldsymbol{K}}$ 为声子模 $\boldsymbol{K}$ 的初始粒子数目。

反斯托克斯线涉及声子湮灭，其光子强度可表示为

$$I(\omega + \Omega) \propto |< n_{\boldsymbol{K}} - 1 | u | n_{\boldsymbol{K}} >|^2 \propto n_{\boldsymbol{K}} \tag{7-51}$$

如果初始声子数是处于温度 T 下的热平衡中，两条线的强度比为

$$\frac{I(\omega + \Omega)}{I(\omega - \Omega)} = \frac{\langle n_{\boldsymbol{K}} \rangle}{\langle n_{\boldsymbol{K}} \rangle + 1} = \exp(-\hbar\Omega / k_B T) \tag{7-52}$$

此处 n_K 由普朗克分布函数 $1/[\exp(-\hbar\Omega/k_BT)-1]$ 给出。可以看出，当 $T\to0$ 时，反斯托克斯线的相对强度随之趋于零，这是由于此时不存在可供湮灭的热声子所致。

石墨烯的拉曼光谱由若干峰组成，主要为G峰，D峰以及G′峰。出现在 $1580cm^{-1}$ 附近的G峰是石墨烯的主要特征峰，是由 sp^2 碳原子的面内振动引起的，能有效反映石墨烯的层数，但极易受应力影响。D峰通常被认为是石墨烯的无序振动峰，是由于晶格振动离开布里渊区中心引起的，用于表征石墨烯样品中的结构缺陷或边缘，其出现的具体频率位置与激光波长有关。G′峰，也被称为2D峰，是双声子共振二阶拉曼峰，用于表征石墨烯样品中碳原子的层间堆垛方式，其频率也受激光波长影响。图7-13为514.5nm激光激发下单层石墨烯的典型拉曼光谱图，其中特征峰为位于 $1582cm^{-1}$ 附近的G峰和位于 $2700cm^{-1}$ 左右的G′峰。如果石墨烯的边缘较多或者含有缺陷，还会出现位于 $1350cm^{-1}$ 左右的D峰，以及位于 $1620cm^{-1}$ 附近的D′峰。

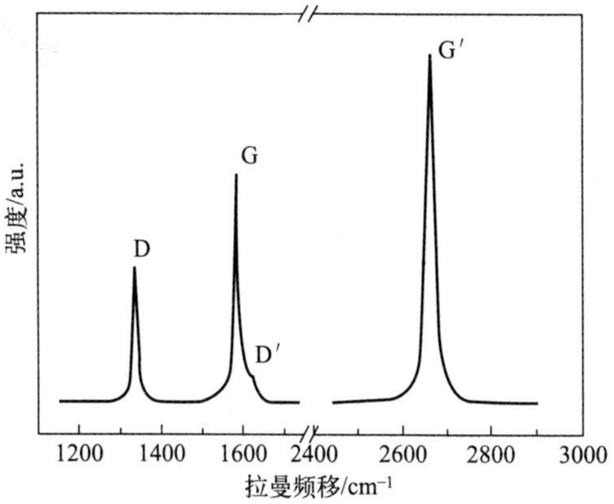

图7-13　514.5nm激光激发下单层石墨烯的典型拉曼光谱

7.5 发光材料的应用

7.5.1 激光

激光，英文全名为 light amplification by stimulated emission of radiation，简称 Laser，意思是受激辐射光放大。激光具有方向性好、单色性好、能量集中和相干性好等特点。

如图7-14所示，对于两能级系统，设基态为 E_1，激发态为 E_2。处于激发态的电子有一定几率向基态跃迁，这种电子由激发态向基态跃迁而发出光的过程属于自发辐射过程，发出光的频率满足 $h\nu=E_2-E_1$。如果该体系受到光辐照，且光子频率为

$$\nu=\frac{E_2-E_1}{h} \tag{7-53}$$

则处于基态的原子将有一定的概率吸收光子而使基态电子跃迁到激发态 E_2，这个过程就是受激吸收。

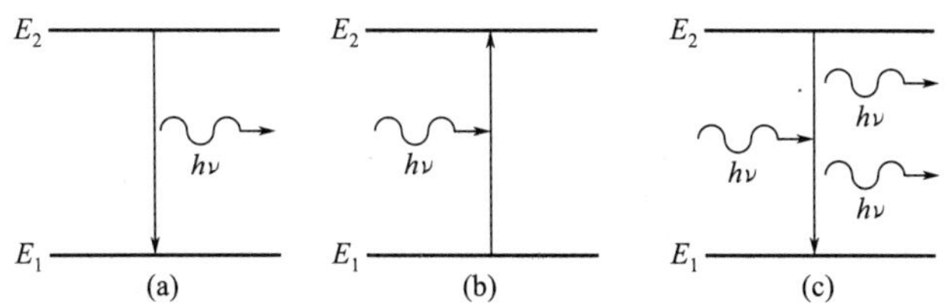

图7-14　自发辐射过程（a）、受激吸收过程（b）与受激辐射过程（c）

通常情况下，体系处于激发态的原子少于基态原子。如果体系处于粒子数反转的状态，

即处于激发态 E_2 的原子数量大于处于基态 E_1 的原子数量，当体系受到一个频率为 $\nu=(E_2-E_1)/h$ 的光子照射时，会引发电子以一定的概率迅速地从能级 E_2 跃迁到能级 E_1，同时辐射光子，这个过程称为受激辐射。受激辐射的特点是受激辐射发出的光子和外来光子的频率、位相、传播方向以及偏振状态全相同。

受激辐射发生需满足两个条件，即存在粒子数反转和外来辐射的能量必须恰好等于两能级之间的能量差。设 ϕ_2、ϕ_{21} 和 ϕ_{12} 分别表示原子在单位时间内自发辐射、受激辐射和受激吸收的光子数密度，N_1 和 N_2 分别表示处于基态能级 E_1 和激发态能级 E_2 的原子数密度，则自发辐射的原子数密度与处于激发态 E_2 的原子数成正比，比例系数为 A_{21}，即

$$\frac{\mathrm{d}N_2}{\mathrm{d}t}=\phi_2=A_{21}N_2 \tag{7-54}$$

A_{21} 称为爱因斯坦自发辐射系数，其物理意义是单位时间内发生自发辐射的原子数与处于激发态的原子数之比。同样，ϕ_{21} 应该与激发态原子数成正比，也与外加电磁辐射能量密度 ρ_{v} 成正比，比例系数为 B_{21}，即 $\mathrm{d}N_2/\mathrm{d}t=\phi_{21}=B_{21}\rho_{\mathrm{v}}N_2$，$B_{21}$ 称为爱因斯坦受激辐射系数，是体系本身的特征参数，与入射辐射场无关。

对受激吸收过程，也有 $\mathrm{d}N_1/\mathrm{d}t=\phi_{12}=B_{12}\rho_{\mathrm{v}}N_1$，$B_{12}$ 称为受激吸收系数，也是体系本身的特征参数。A_{21}、B_{21} 和 B_{12} 之间并不是彼此孤立的参数，而是有一定的关联。当辐射场达到平衡时，辐射场将不随时间变化，相同时间内吸收的光子与辐射的光子将相等，即 $\phi_2+\phi_{21}=\phi_{12}$，因此 $A_{21}N_2+B_{21}\rho_{\mathrm{v}}N_2=B_{12}\rho_{\mathrm{v}}N_1$。如果 E_1 和 E_2 能级的简并度相等，即 $g_1=g_2$，则 $B_{21}=B_{12}$，可以得到

$$\frac{\phi_{21}}{\phi_{12}}=\frac{N_2}{N_1}=\frac{g_1}{g_2}\exp(-h\nu/k_{\mathrm{B}}T)=\exp(-h\nu/k_{\mathrm{B}}T) \tag{7-55}$$

如果 ν 取可见光的频率，常温下 ϕ_{21}/ϕ_{12} 将是 10^{-42} 的量级。对于热平衡体系，受激吸收与自发辐射平衡，受激辐射其实不起作用。要实现受激辐射，必须满足 $N_2/N_1>1$，即实现粒子数反转。

常见的激光器中，入射到粒子数反转体系中的光子并非来自体系之外，而是来自于自身的自发辐射。此种形式发出的光子的传播是比较随机的，而为了实现沿特定方向上发射单色性高的放大相干受激辐射，常常使用光学谐振腔。光学谐振腔一般由两组相互平行的反射镜构成，其中一面为部分反射镜，使仅垂直于镜面方向传播的光子才能往返传播而反复放大，从而形成单色性和方向性都很好的激光从谐振腔中输出。

目前激光器种类很多，有固体激光器、半导体激光器、气体激光器、液体激光器、染料激光器和自由电子激光器。

(1) 固体激光器工作原理

1960 年 7 月，美国科学家梅曼发明了世界上第一台固体激光器，其以红宝石（Al_2O_3：Cr）作为工作介质。固体激光器还包括 Nd：YVO_4 激光器、Nd：YAG 激光器等。美国 Nighan 用激光二极管泵浦 Nd：YVO_4 激光器获得了 35W 激光输出，其量子效率可达 94%，是一种效率很高的激光器。

YVO_4 为四方晶系的锆石英（$ZrSiO_4$）结构，由此构成的 Nd：YVO_4 激光器的发光波长为 914～1839nm，人眼不可见。为了变成可见光，通常采用 LiB_3O_5 晶体为倍频材料。与前面的受激辐射模型不同，Nd：YVO_4 存在三能级和四能级系统，即激发与发射过程分别有

三个能级和四个能级参与。Nd：YVO_4 有两个激发带，分别位于波长 808nm 和 880nm 处，分别对应于$^4I_{9/2} \rightarrow {}^4F_{5/2}$ 和$^4I_{9/2} \rightarrow {}^4F_{3/2}$ 的跃迁，如图 7-15 所示。$^4F_{5/2}$ 能级中粒子的寿命仅约 0.1ns，很快会通过无辐射跃迁弛豫到$^4F_{3/2}$ 能级上。$^4F_{3/2}$ 能级寿命为 0.1ms 量级，是一个亚稳态，因而在该能级可以实现粒子数反转。

发光过程有四个跃迁，分别为$^4F_{3/2} \rightarrow {}^4I_{15/2}$、$^4F_{3/2} \rightarrow {}^4I_{13/2}$、$^4F_{3/2} \rightarrow {}^4I_{11/2}$、$^4F_{3/2} \rightarrow {}^4I_{9/2}$，对应的波长分别为 1800nm、1300nm、1060nm、910nm。位于$^4I_{15/2}$、$^4I_{13/2}$ 和$^4I_{11/2}$ 能级上的粒子最终会通过无辐射弛豫过程回到$^4I_{9/2}$ 能级上，然后被激发到$^4F_{5/2}$ 和$^4F_{3/2}$ 能级而完成循环。

（2）半导体激光器工作原理

半导体激光器通常采用 P-N 结，工作时施加正向偏压，即由 N 区向 P 区注入电子，这些电子与价带中的空穴复合而发光。非平衡态载流子数密度可以由类似于平衡态有效导带或价态态密度 N_C、N_V 表示出来。

半导体激光器的能级如图 7-16 所示，电子准费米能级在越过 P-N 结时基本不变，在 P 区一侧逐渐下降至与空穴准费米能级重合。同样，空穴的准费米能级在越过 P-N 结时基本不变，在 N 区一侧逐渐上升至与电子费米能级重合。

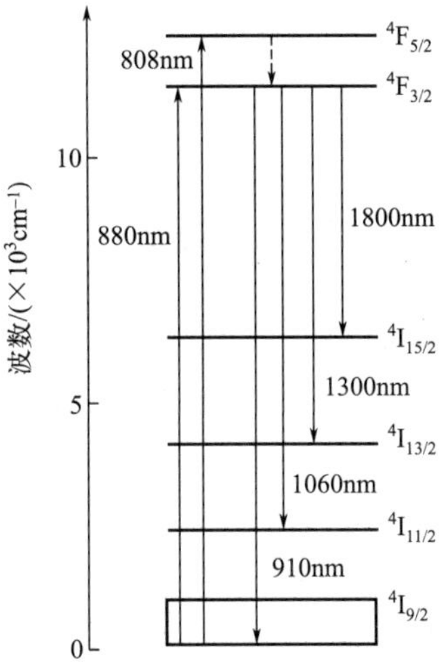

图 7-15　Nd:YVO_4 的能级结构

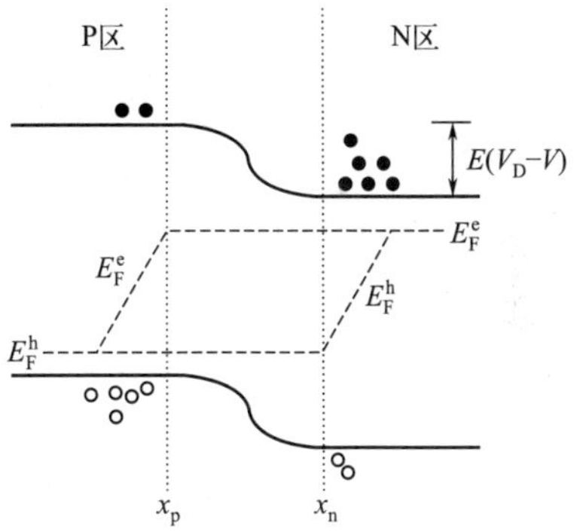

图 7-16　半导体激光器的能级

非平衡态中，导带上电子的分布函数，即导带上能量为 E 的状态被电子占据的机率为

$$f_e^C(E) = \frac{1}{1 + \exp[(E - E_F^e)/k_B T]}$$

那么价带上空穴的分布函数，即价态上能量为 E 的状态被空穴占据的机率为

$$f_p^V(E) = 1 - f_e^V(E) = 1 - \frac{1}{1 + \exp[(E - E_F^h)/k_B T]} = \frac{1}{1 + \exp[-(E - E_F^h)/k_B T]} \quad (7\text{-}56)$$

考虑到能量为 E 的电子与能量为 $E-h\nu$ 的空穴复合才能发出能量为 $h\nu$ 的光子，忽略自发辐射时，在 dt 时间和单位能量间隔内受激辐射的光子数密度为

$$d\phi_S/dE = g_C(E) f_e^C(E) g_V(E - h\nu) f_p^V(E - h\nu) B_{CV} \rho(\nu) dt$$

式中，$g_C(E)$ 和 $g_V(E)$ 分别为导带和价带的态密度；$f_e^C(E)$ 和 $f_p^V(E)$ 分别为电子和空穴的分布函数；B_{CV} 为导带向价带跃迁时的受激辐射爱因斯坦系数；$\rho(\nu)$ 为电磁辐射能量密度。

同样，能量为 $E\text{-}h\nu$ 的电子跃迁到能量为 E 的能级上完成吸收过程。吸收过程减少的光子数密度

$$\mathrm{d}\phi_A/\mathrm{d}E = g_V(E-h\nu)f_e^V(E-h\nu)g_C(E)[1-f_e^C(E)]B_{VC}\rho(\nu)\mathrm{d}t \tag{7-57}$$

式中，$f_e^V(E)$ 和 $f_e^C(E)$ 分别为价带和导带电子的分布函数；B_{VC} 为价带向导带跃迁时的受激吸收爱因斯坦系数。

假设导带和价带能级简并度均为 1，则有 $B_{CV}=B_{VC}=B$，那么单位时间内光子数密度的增量为受激辐射和吸收的光子数密度之差，即 $\mathrm{d}\phi/\mathrm{d}E=\mathrm{d}\phi_S/\mathrm{d}E-\mathrm{d}\phi_A/\mathrm{d}E$ 。如果考虑各种能量电子的贡献，就有

$$\mathrm{d}\phi/\mathrm{d}t=\int_0^\infty g_C(E)g_V(E-h\nu)[f_e^C(E)-f_e^V(E-h\nu)]B\rho(\nu)\mathrm{d}E \tag{7-58}$$

光要放大的条件是 $\mathrm{d}\phi/\mathrm{d}t>0$，即

$$f_e^C(E)-f_e^V(E-h\nu)>0 \tag{7-59}$$

同时要求

$$E_F^e-E_F^h>h\nu=E_g \tag{7-60}$$

式(7-59) 要求导带电子占据能量 E 的概率比价带电子占据 $E\text{-}h\nu$ 的概率大，这就是粒子数反转的条件。式(7-60) 则要求电子与空穴的准费米能级差要大于禁带宽度。

7.5.2 光纤

光纤是光导纤维的简写，是一种由玻璃或塑料制成的纤维，可作为光传导工具。石英光纤是一种常规光纤，其主要成分是二氧化硅（SiO_2），由纤芯、包层、涂覆层组成，如图 7-17 所示。

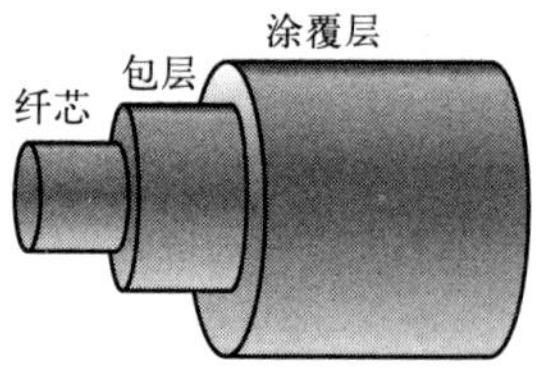

图 7-17　光纤的结构

光纤纤芯的直径一般为 5～50μm，折射率较高，主要成分为掺杂二氧化锗（GeO_2）的二氧化硅，掺杂 Ge 的目的是提高纤芯的折射率。包层折射率略低于纤芯的折射率，成分一般为纯二氧化硅，直径标准值为 125μm。涂覆层为环氧树脂、硅橡胶等高分子材料，其外径约为 250μm，涂覆的目的在于增强光纤的机械强度和柔韧性。

光纤种类繁多，根据横截面上折射率的径向分布特征，可以大致地分为阶跃型和渐变型（亦称梯度型）两类，如图 7-18 所示。阶跃型光纤（SIF）的折射率在纤芯与包层的交界面上发生跃变，表达式为

$$n=\begin{cases}n_1, & 0\leqslant r\leqslant a\\ n_2, & a<r\leqslant b\end{cases}, \quad 其中 n_1>n_2 \tag{7-61}$$

式中，r 为光纤的径向坐标；a 为纤芯半径；b 为包层外径。纤芯和包层的折射率 n_1 和 n_2 均为常数，在纤芯与包层的交界面上折射率阶跃式变化。

渐变型光纤（GIF）的折射率从纤芯开始随半径增大而有规律地减小，具有自聚焦性质。其一般表达式为

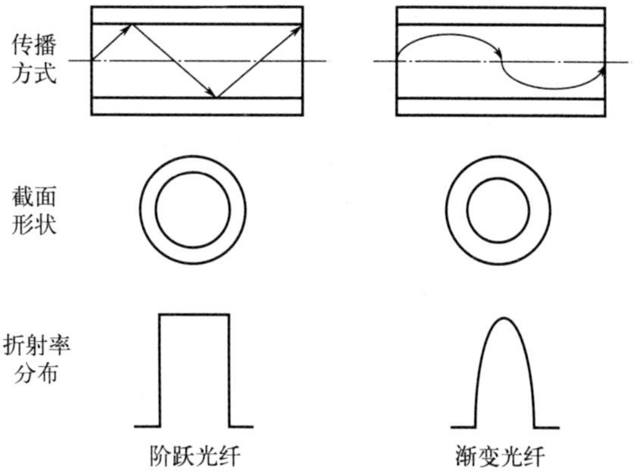

图 7-18　阶跃光纤和渐变光纤

$$n(r)=\begin{cases} n_1\sqrt{1-2\Delta f\left(\dfrac{r}{a}\right)}, & 0\leqslant r\leqslant a \\ n_2, & a<r\leqslant b \end{cases},\quad 其中\ n_1>n_2\ (r指光纤径向坐标,a为纤芯半径) \tag{7-62}$$

式中，函数 $f(r/a)$ 满足 $f(r/a)<f(1)=1$，一般可取

$$f\left(\frac{r}{a}\right)=\left(\frac{r}{a}\right)^g \tag{7-63}$$

Δ 为光纤的相对折射率之差，即

$$\Delta=\frac{n_1^2-n_2^2}{2n_1^2} \tag{7-64}$$

由此可得到

$$n_2=n_1\sqrt{1-2\Delta} \tag{7-65}$$

从式(7-64) 可得，$\Delta\ll 1$。g 为折射率分布参数，决定了折射率分布曲线的形状。当 $g\to\infty$ 时，即为阶跃折射率分布光纤；当 $g=2$ 时，称为平方分布（或抛物线分布）光纤；当 $g=1$ 时，为三角分布光纤。

如果按光纤中模式数目分类，光纤可以分为单模光纤（SMF）和多模光纤（MMF）。当光纤中只允许一个模式传输时，为单模光纤；当光纤中允许两个或更多模式传播时，则为双模或多模光纤。

如图 7-19 所示，对于阶跃光纤，光线从空气（折射率为 1）中以 θ_0 角射入光纤，在光纤内部以 θ 角折射前进，根据折射定律有 $1\sin\theta_0=n_1\sin\theta$。如果光线中的光在纤芯和包层的截面发生全反射，那么临界条件为

$$n_1\sin\theta_c=n_2\sin 90°=n_2 \tag{7-66}$$

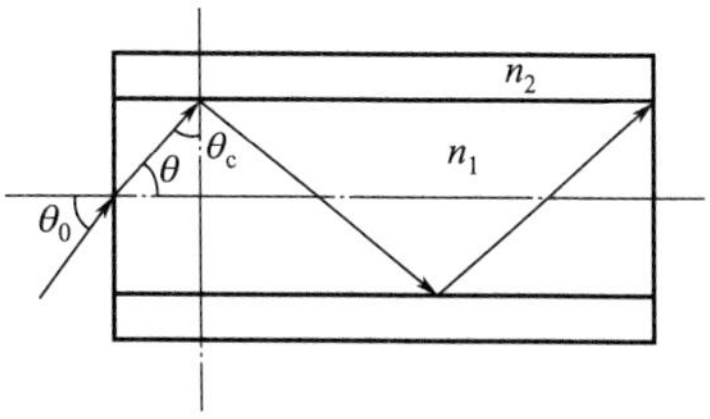

图 7-19　阶跃光纤的数值孔径

式中，θ_c 为临界角。

由光束在光纤中的传播图 7-19，可知 $\theta+\theta_c=90°$，因此

$$\begin{aligned}\sin\theta_0&=n_1\sin\theta=n_1\sin(90°-\theta_c)=n_1\cos\theta_c\\&=n_1\sqrt{1-\sin^2\theta_c}=n_1\sqrt{1-\frac{n_2^2}{n_1^2}}=\sqrt{n_1^2-n_2^2}\end{aligned} \tag{7-67}$$

对于光纤，一般 θ_0 很小，于是近似有

$$\theta_0 \approx \sin\theta_0 = \sqrt{n_1^2 - n_2^2} \tag{7-68}$$

这个角度是光纤中能发生全反射时最大的入射角，定义为光纤的数值孔径 NA，这是光纤的重要参数之一。因此，数值孔径就是在一个平面内光纤能接受子午光线最大的角度，即

$$NA = \theta_0 \approx \sin\theta_0 = \sqrt{n_1^2 - n_2^2} \tag{7-69}$$

由于 n_1 和 n_2 相差很小，如果令 Δ 为光纤的相对折射率差，
则

$$NA = \theta_0 \approx \sin\theta_0 = \sqrt{n_1^2 - n_2^2} = n_1 \sqrt{2 \times \frac{n_1^2 - n_2^2}{2n_1^2}} = n_1 \sqrt{2\Delta} \tag{7-70}$$

数值孔径说明子午光线要能在光纤中有效传输，必须满足入射角小于数值孔径 NA，即满足这一条件的光线，将在光纤内不断地全反射传播。对于入射角大于数值孔径的光，将有一部分折射进包层内被损耗掉，从而不能在光纤中长距离传输。

光纤传输光信号会有一定损耗，其输入功率 P_{in}、输出功率 P_{out}、光纤长度 L(km) 和光纤损耗常数 α_p(km^{-1}) 之间满足

$$P_{out} = P_{in} \exp(-\alpha_p L)$$

即

$$\alpha_p = -\frac{1}{L} \ln \frac{P_{out}}{P_{in}} \tag{7-71}$$

实际上，通常用每千米损耗的分贝数来定义损耗 α，单位是 dB/km，即

$$\alpha = -\frac{10}{L} \lg \frac{P_{out}}{P_{in}} \tag{7-72}$$

石英光纤的传输窗口主要来源于损耗谱中三个低损耗的频区，如图 7-20 所示。第一窗口大致位于 800～900nm，第二窗口大致位于 1280～1360nm，第三窗口大致位于 1520～1580nm。由于氢氧键的基波波长为 2730nm，倍频峰位于 1390nm 处，如果能将光纤中氢氧键减小，可以将第二窗口和第三窗口合并。现代工艺已经能够将氢氧键的损耗降低到低于 0.5dB/km。

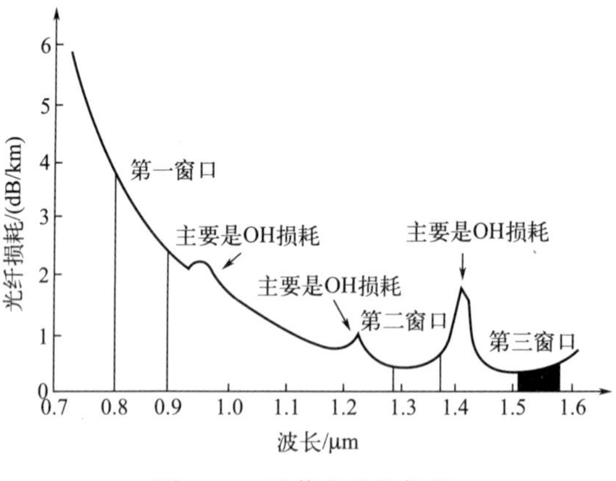

图 7-20　石英光纤的损耗

除了理想光纤本身的损耗，光纤损耗还包括光纤自身因石英材料不均匀而引起光的瑞利

散射带来的损耗。这种散射与光波波长的四次方成正比，在长波长区的损耗较小，因此长波长光纤是光纤的发展方向之一。此外还有辐射损耗，主要是因为光纤弯曲，而使得有些光不能全反射，从而漏出纤芯，引起损耗。

习题

（1）设某晶体对 8×10^{14} Hz 光波的吸收系数 $\alpha=8.5\times10^{7}\,m^{-1}$，反射率 $R=0.72$，求该晶体在该频率处的折射率 n、消光系数 κ 及复介电常数 ε。

（2）求解半导体能隙与本征光吸收波长之间的关系。

（3）半导体材料对光的吸收机制大致可以分为哪几类?

（4）简述半导体导带和价带之间的直接跃迁发光和间接跃迁发光过程的区别。

（5）由实验测得 Ge 的直接跃迁吸收边的激子谱峰 $E_1=0.0012$eV，由此估算 Ge 的电子空穴有效折合质量 μ（Ge 的介电常数 $\varepsilon_r=16$）。

（6）阐述激光产生的基本原理以及固体激光器和半导体激光器的工作原理。

第 8 章
固体材料的磁学性质

固体材料所呈现的磁学和电学性质有着紧密的内在联系。早期的磁学观点认为如同电荷一样，自然界中存在着独立的磁荷，相同的磁荷互相排斥，不同的磁荷互相吸引。然而随着科学技术的发展，人们对于固体物理性质的认知不断深入，现代磁学理论表明环形电流元是磁极产生的根本原因，相同的磁极互相排斥，不同的磁极互相吸引。对于构成物质的原子与分子，它们内部都存在电子围绕原子核做环绕运动，因此所有的物质都具有某种特别的磁学效应。人们对于磁学的认识始于古代，古人很早就发现自然界中的铁、钴、镍等合金材料表现出了很强的磁性，所以磁学在早期又被广泛地称为铁磁学。我国是对磁现象认识最早的国家之一，春秋时期成书的《管子》中就有“上有慈石者，其下有铜金”的记载，这是关于磁的最早记载。类似的记载，在其后的《吕氏春秋》中也可以找到“慈石召铁，或引之也”的记载。东汉高诱在《吕氏春秋注》中谈道：“石，铁之母也。以有慈石，故能引其子。石之不慈者，亦不能引也。”在东汉以前的古籍中，一直将磁写作慈。本章将系统介绍固体磁性的起源、磁性材料的分类和性质以及在现代科学技术中的应用。

8.1 固体材料的磁化率

首先介绍在磁学研究中常用到的基本物理量。给定自由空间一个磁场强度 $\boldsymbol{H}$，它与磁感应强度$\boldsymbol{B}_0$ 之间的关系表述为

$$\boldsymbol{B}_0=\mu_0\boldsymbol{H} \tag{8-1}$$

式中，μ_0 为真空磁导率。

如果在这个外界磁场下放置一个体积为 V 的均匀固体，那么在材料中将感应出磁偶极矩，它与固体材料体积 V 呈正比。进一步定义磁化强度 $\boldsymbol{M}$，它描述单位体积的磁偶极矩总和$\boldsymbol{P}_m$

$$\boldsymbol{M}=\boldsymbol{P}_m/V \tag{8-2}$$

如果固体材料内部是非均匀的，那么磁化强度将表述为更基本的表达式

$$\boldsymbol{M}=\mathrm{d}\boldsymbol{P}_m/\mathrm{d}V \tag{8-3}$$

磁化强度 $\boldsymbol{M}$ 是矢量，它反映的是材料对于外加磁场的磁响应。对于均匀且各向同性的固体材料，$\boldsymbol{M}$ 与磁场强度 $\boldsymbol{H}$ 方向平行或反平行。$\boldsymbol{M}$ 与 $\boldsymbol{H}$ 之间通过磁化率 χ 联系在一起

$$\boldsymbol{M}=\chi\boldsymbol{H} \tag{8-4}$$

磁化率 χ 反映固体材料被磁场磁化的难易程度，是固体磁性的重要物理量。固体被磁化后，其内部将产生磁感应强度 $\boldsymbol{B}_1$，因此总磁感应强度为

$$\boldsymbol{B}=\boldsymbol{B}_0+\boldsymbol{B}_1 \tag{8-5}$$

式中，$\boldsymbol{B}_0$ 为空间磁感应强度。

其中 $\boldsymbol{B}_1$ 与磁化强度 $\boldsymbol{M}$ 成正比

$$\boldsymbol{B}_1=\mu_0\boldsymbol{M}=\mu_0\chi\boldsymbol{H}=\chi\boldsymbol{B}_0 \tag{8-6}$$

进一步可得

$$\boldsymbol{B}=(1+\chi)\boldsymbol{B}_0=\mu_0(1+\chi)\boldsymbol{H}=\mu_0\mu_r\boldsymbol{H},\ \mu_r=1+\chi \tag{8-7}$$

式中，μ_r 为相对磁导率。

根据磁性材料磁化率的大小与正负值特性，可以将其划分为三大类，即抗磁、顺磁以及铁磁（含反铁磁与亚铁磁）材料。表 8-1 给出了一些具有代表性的固体材料磁化率 χ 值。

表 8-1 常见固体材料磁化率数值表

抗磁性		顺磁性		铁磁性	
Bi	-18×10^{-5}	$FeCl_2$	360×10^{-5}	Fe	1000
Cu	-0.95×10^{-5}	$NiSO_4$	120×10^{-5}	Co	240
Ge	-0.8×10^{-5}	Pt	26×10^{-5}	Ni	150
Si	-0.4×10^{-5}				
He	-0.5×10^{-5}				
Xe	-25×10^{-5}				

8.2 顺磁性与抗磁性

顺磁性，顾名思义是指材料对外加磁场呈现正的响应，其磁化率值 χ 是正数，即磁化强度的方向与磁场强度的方向相同，数值为 $10^{-6}\sim10^{-3}$ 量级范围。一些原子核（如 ^{1}H、^{7}Li、^{11}B、^{13}C、^{17}O 等以及中子）也具有磁矩，在磁场作用下会产生顺磁性，但其顺磁磁化率比电子对顺磁性的贡献小得多，只有 $10^{-6}\sim10^{-10}$ 量级。因而在讨论物质的顺磁性时，可不考虑核的顺磁性。

顺磁性源自材料内部存在具有不满电子壳层的离子，这些壳层部分填满的离子因此具有固有磁矩，被称为顺磁离子。在无外磁场作用时，这些顺磁离子的固有磁矩取向是杂乱无序的，因此所有离子磁矩的总矢量和为零，整体不表现出磁性。一旦加上外磁场，所有离子的固有磁矩被极化到与外场同方向，则整体磁化方向与外磁场相同，从而表现出顺磁性。从原子结构来看，组成顺磁性物体的原子、离子或分子具有未被电子填满的内壳层。这类材料的原子、离子或分子中存在固有磁矩，因其相互作用远小于热运动能，磁矩的取向无规，因此材料不能形成自发磁化。在经典理论中，磁矩在磁场中可取任意方向，材料中的原子或离子在磁场作用下所产生的磁矩都很小。

许多含有过渡金属和稀土元素的绝缘化合物、有机化合物中的自由基以及少数顺磁性气体（如 NO、O_2），在一般情况下磁化率随温度的变化遵从居里定律

$$\chi=\frac{C}{T} \tag{8-8}$$

式中，C 为居里常数；T 为温度。

一些材料中的磁矩虽有交换作用，如铁磁和亚铁磁材料，但在高于居里温度情况下的磁

化率随温度的变化遵从居里-外斯定律

$$\chi = \frac{C}{T - T_P} \tag{8-9}$$

式中，T_P 为材料的顺磁居里温度。

对于铁磁性物质，交换作用为正，$T_P>0$；对于反铁磁性物质，交换作用为负，$T_P<0$。一些材料（如碱金属）不具有自发磁化，外层电子之间不存在交换作用，但它们在磁场中会产生感生磁矩而具有较弱的顺磁性。范弗莱克的量子理论指出，这是不对称原子或分子的电子云极化所致，并不随温度改变，这类性质称范弗莱克顺磁性。

大多数金属是顺磁体，在磁场作用下正自旋和负自旋的传导电子具有不同的能量，导致在费米面附近有少量的传导电子自旋方向反转，从而产生微弱的顺磁性效应。金属中自由电子会感生顺磁性，称为泡利顺磁性。用简单的能带模型可计算出顺磁磁化率

$$\chi = \frac{3n\mu_0\mu_B^2}{2E_F} \tag{8-10}$$

式中，E_F 为费米能级，n 为电子密度。因此，一般情况下泡利顺磁性与温度无关。

固体的顺磁性具有重要的应用，从顺磁物质的顺磁性和顺磁共振可以研究其结构，特别是电子组态结构。利用顺磁物质的绝热去磁效应可以获得 $1\sim10^{-3}$K 的超低温度；顺磁微波量子放大器是早期研制和应用的一种超低噪声的微波放大器，促进了激光器的研究和发明。在生命科学中，如血红蛋白和肌红蛋白在未同氧结合时为顺磁性，同氧结合后转变为抗磁性，这两种弱磁性的相互转变反映了生物体内的氧化还原过程，其磁性研究成为理解生命现象的一种重要方法。目前医学上的核磁共振成像技术及电子顺磁共振成像技术，可以显示生物体内顺磁物质（如血红蛋白和自由基等）的分布和变化；此外，某些测氧仪也利用了顺磁性的原理。

抗磁性是组成物质的原子中运动的电子在磁场中受电磁感应而表现出的属性。外加磁场使电子轨道角动量绕磁场运动，产生与磁场方向相反的附加磁矩。因此，所有物质都具有抗磁性，只是强弱不同而已。一些物质中的抗磁性与电子磁矩互相抵消，合磁矩为零。由于抗磁性物质的磁矩与外磁场方向相反，则其磁化强度 $\boldsymbol{M}$ 与磁场强度 $\boldsymbol{H}$ 的方向相反。从 $\boldsymbol{M}=\chi\boldsymbol{H}$ 的关系来看，抗磁性的磁化率 χ 是负的，且为很小的负值（$10^{-5}\sim10^{-6}$ 量级）。

按照经典理论，传导电子是不可能出现抗磁性的，因为外加磁场产生的洛伦兹力垂直于电子的运动方向，不会改变电子系统的自由能及其分布函数，因此磁化率为零。实际上，抗磁性的本质是电磁感应定律的反映，因为外磁场穿过电子轨道时引起的电磁感应使轨道电子加速。根据焦耳-楞次定律，由轨道电子的这种加速运动所引起的磁通总是与外磁场变化相反，因而磁化率 χ 总是负的。外加磁场使电子轨道角动量磁矩发生变化，从而产生了一个附加磁矩，磁矩的方向与外磁场方向相反。在磁场作用下，电子围绕原子核的运动是和没有磁场时的运动一样，但同时叠加了一项轨道平面绕磁场方向的进动，即拉莫尔进动。

大多数物质的抗磁性被其顺磁性所掩盖，只有一小部分物质表现出抗磁性，如惰性气体原子表现出的抗磁性可直接测量，而其他离子的抗磁性只能从其他测量结果中推算得到。这些物质的 χ 值的绝对值不仅与原子序数 Z 成正比，也与外层电子轨道半径的平方成正比，与温度的变化无关，称为正常抗磁性。少数材料（如 Bi，Sb）的 χ 值比较大（可达 $10^{-4}\sim10^{-3}$ 量级），随温度上升变化较快，称为反常抗磁性，故可用做测量磁场的传感器材料，如早年曾用到的 Bi 金属。金属中自由电子也具有抗磁性，与温度无关，被称为朗道抗磁性，

但因其绝对值为其顺磁性的 1/3，始终被掩盖不易测量。在特殊条件下，金属的抗磁性随磁场的变化出现振荡现象，称为德哈斯-范阿尔芬效应，是一种测量费米面的重要方法。

因抗磁性很弱，若物体具有顺磁性或磁有序（如铁磁性和反铁磁性）时，抗磁性就被掩盖了，只有纯抗磁性物质才能明显地被观测到抗磁性，例如惰性气体元素和抗腐蚀金属元素（金、银、铜等）都具有显著的抗磁性。当外磁场存在时，抗磁性才会表现出来，外磁场撤除后抗磁性也会随之消失。因此，从原子结构来看，呈现抗磁性的物体是由具有满电子壳层结构的原子、离子或分子组成的，如惰性气体、食盐、水以及绝大多数有机化合物等。由于迈斯纳效应，超导体是理想的抗磁体，其抗磁磁导率为 -4π。

8.3 铁磁性与反铁磁性

铁磁性是指物质中相邻原子或离子的磁矩由于它们的相互作用而在某些区域按照同一方向排列的现象。当对其施加外磁场并随着磁场强度增大时，这些区域的磁矩定向排列程度会随之增加到某一极限值。铁磁性物质内部如同顺磁性物质，存在未完全填充的电子壳层并伴随有固有磁矩。在顺磁性时，这些磁矩在无外加磁场下取向无序分布，相应的净磁矩为零，如图 8-1(a) 所示。由于相邻磁性原子之间存在相互作用，它们的磁矩即使在无外加磁场下也会在某些区域呈现相同方向的极化而形成磁畴，如图 8-1(b) 所示。虽然单个磁畴内部所有磁矩单向排列造成“饱和磁矩”，但不同磁畴的总磁矩大小及方向均不相同，如图 8-1(c) 所示。所以，在未被磁化的铁磁性物质中，各取向无序的磁畴之间的磁矩相互抵消，导致净磁矩与磁化矢量都等于零。

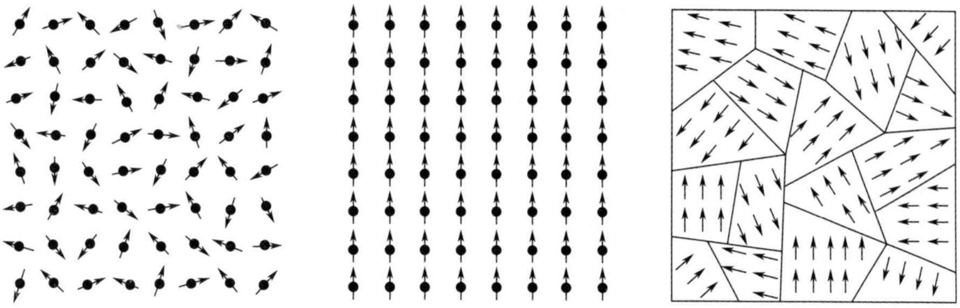

图 8-1 不同磁性状态下的磁矩排列方式

(a) 顺磁性；(b) 单个磁畴的铁磁性；(c) 无外加磁场下铁磁性物质中的磁畴结构

注：箭头方向代表磁矩方向

与铁电体一样，铁磁性材料的磁化强度与外磁场呈非线性关系，即表现出类似于电滞回线的闭合曲线，称为磁滞回线。如图 8-2 所示，对具有磁畴结构且初始净磁矩为零的铁磁性材料施加外磁场后，这些原本取向无序的磁畴中的磁矩将在外磁场作用下被逐渐极化到与外场相同的方向，从而形成相当强的感应磁场。随着外磁场的增加，磁化强度与磁感应强度也会增强，直至达到饱和点。此时，材料的净磁矩等于饱和磁矩 $\boldsymbol{B}_s$，即所有磁畴的磁矩均平行于外磁场，从而继续增加外磁场也不会改变磁化强度。如果外磁场减弱，磁化强度也会随之减弱。然而，有趣的现象是磁化强度以及磁感应强度与外磁场的关系不再一一对应，而是

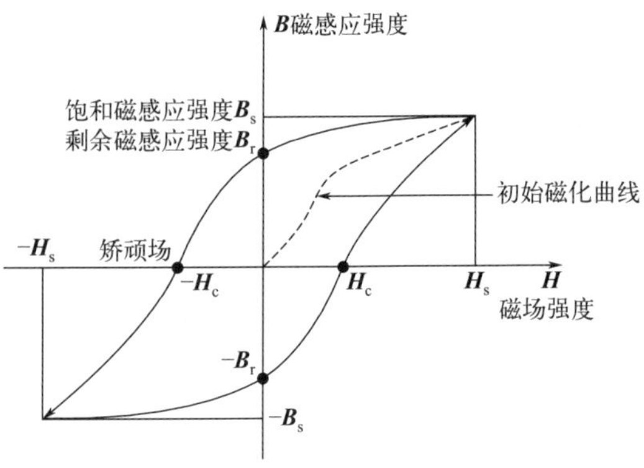

图 8-2　外磁场下的铁磁磁滞回线

与外磁场形成了磁滞回线。假设外磁场增加到达饱和点的磁场强度 $\boldsymbol{H}_s$ 后，撤除外磁场，铁磁性材料仍能保存一些残余磁化状态，由磁滞回线中的剩余磁感强度 $\boldsymbol{B}_r$ 反映出。在这种情况下，净磁矩与磁化矢量不等于零。所以，经过磁化处理后的铁磁性材料具有“自发磁矩”，且磁矩方向与施加的外场方向相同。

如果对该具有“自发磁矩”的铁磁性材料继续施加一个反向磁场，则磁矩将会逐渐偏转到与所加磁场同向。由于此时的外磁场方向与磁矩方向相反，则总磁矩将会随外磁场的增加而先减小到零，然后再沿外场方向逐渐增大。使净磁矩为零时的外加磁场强度 $-\boldsymbol{H}_c$ 定义为矫顽场。当外加反向磁场继续增加时，净磁矩将继续增加直至达到饱和点，此时的饱和磁感应强度和相应的磁场强度分别为 $-\boldsymbol{B}_s$ 和 $-\boldsymbol{H}_s$，均与正向磁场下的大小相等。若在达到饱和点后，外加反向磁场减小，磁化强度也会随之减小，其与反向磁场同样不具有一一对应关系。在反向磁场减小至零时，铁磁性材料的净磁矩不为零，即同样保留一定的剩余磁感应强度 $-\boldsymbol{B}_r$。若在此基础上继续施加正向磁场，由于磁场方向与此时的剩余磁化强度方向相反，则净磁矩将会逐渐减小。当净磁矩为零时，对应的外场大小为矫顽场 $\boldsymbol{H}_c$，与反向磁场的矫顽场大小相等。若正向磁场继续增加，则净磁矩将继续增加直至达到饱和点，对应的饱和磁感应强度 $\boldsymbol{B}_s$，由此形成铁磁性材料的磁化强度与外磁场的闭合曲线关系，即磁滞回线。

如图 8-1(c) 所示，铁磁体自发磁化分成若干个小区域，对应为一个磁畴，每个磁畴的磁化均达到磁饱和。因此，在磁畴内磁性是非常强的，但材料整体可能并不体现出强磁性，因为不同磁畴的磁化方向可能是随机排列的，其磁性彼此相互抵消。如果外加一个磁场，会使本来随机排列的磁畴取向一致，此时称为材料被磁化。材料被磁化后，将得到很强的磁场，这就是电磁铁的物理原理。当外加磁场去掉后，材料仍会剩余一些磁场，或者说材料“记忆”了它们被磁化的历史，这种现象叫做剩磁。所谓永磁体就是被磁化后，剩磁很大。当温度很高时，由于无规则热运动的增强，磁性会消失，这个临界温度为居里温度。如果考察铁磁材料在外加磁场下的机械响应，会发现在外加磁场方向，材料的长度会发生微小的改变，这种性质叫作磁致伸缩。

铁磁现象虽然发现很早，但这些现象的本质原因和规律还是在 20 世纪初才被认识的。铁磁理论的奠基者——法国物理学家外斯于 1907 年提出了铁磁现象的唯象理论。该理论假定铁磁体内部存在强大的“分子场”，即使无外加磁场，在“分子场”的作用下原子磁矩趋于同向平行排列，此时材料内部能够产生自发磁化至饱和。1928 年海森堡首先用量子力学方法计算了铁磁体的自发磁化强度，给予外斯的“分子场”以量子力学解释。1930 年布洛赫提出了自旋波理论。海森堡和布洛赫的铁磁理论认为铁磁性来源于不配对电子自旋的直接交换作用，即磁畴内每个原子的未配对电子自旋倾向于平行排列。

外斯的假说取得了很大成功，实验证明了它的正确性，并在此基础上发展了现代的铁磁性理论。在分子场假说的基础上发展了自发磁化理论，解释了铁磁性的本质。在磁畴假说的基础上发展了技术磁化理论，解释了铁磁体在磁场中的行为。铁磁性材料的磁性是自发产生的，所谓磁化过程（又称感磁或充磁）只不过是把材料本身的磁性显示出来，而不是由外界向材料提供磁性的过程。实验证明，铁磁体自发磁化的根源是原子磁矩，而在原子磁矩中起主要作用的是电子自旋磁矩。与原子顺磁性一样，在原子的电子壳层中存在没有被电子填满的轨道是产生铁磁性的必要条件。例如，铁的 $3d$ 轨道有 4 个空位，钴的 $3d$ 轨道有 3 个空位，镍的 $3d$ 轨道有 2 个空位。如果使充填的电子自旋磁矩按同向排列起来，将会得到较大磁矩。一个电子的自旋磁矩为一个玻尔磁子 μ_B，则理论上铁原子有 $4\mu_B$，钴原子有 $3\mu_B$，镍原子有 $2\mu_B$。

对另外一些过渡金属元素，如锰在 $3d$ 轨道上有 5 个空位，若同向排列，则它们自旋磁矩的应是 $5\mu_B$，但它并不是铁磁性元素。因此，在原子中存在没有被电子填满的轨道（d 或 f）是产生铁磁性的必要条件，但不是充分条件。产生铁磁性不仅仅在于元素的原子磁矩是否大，而且还要考虑形成晶体时原子之间相互作用是否对形成铁磁性有利，这是形成铁磁性的第二个条件。

原子相互接近形成分子时，电子云要相互重叠，电子要相互交换。对于过渡族金属，原子的 $3d$ 轨道与 $4s$ 轨道能量相差不大，因此它们的电子云也将重叠，引起 s 和 d 轨道电子的再分配。这种交换便产生一种交换能 E_{ex}（与交换积分 A 有关），此交换有可能使相邻原子的 d 层未抵消的自旋磁矩同向排列起来。量子力学计算表明，当磁性材料内部相邻原子的电子交换积分为正时（$A>0$），相邻原子磁矩将同向平行排列，从而实现自发磁化，这就是铁磁性产生的原因。这种相邻原子的电子交换效应，本质仍是静电力迫使电子自旋磁矩平行排列，作用的效果等同于强磁场。理论计算表明，交换积分 A 不仅与电子运动状态的波函数有关，而且强烈地依赖于原子核之间的距离 R_{ab}。只有当原子核之间的距离 R_{ab} 与参加交换作用的电子与核的距离 r 之比大于 3，交换积分才有可能为正。铁、钴、镍以及某些稀土元素满足自发磁化的条件。而铬、锰的 A 是负值，不是铁磁性金属，但通过合金化作用改变其点阵常数，使得 R_{ab}/r 之比大于 3，便可得到铁磁性合金。

综上所述，铁磁性产生的条件有两个，一是原子内部要有未填满的电子壳层，二是 R_{ab}/r 大于 3 使交换积分 A 为正。前者指的是原子本征磁矩不为零，后者指的是要有一定的晶体结构。根据自发磁化的过程和理论可以解释许多铁磁特性，如温度对铁磁性的影响。当温度升高时，原子间距加大，降低了交换作用，同时热运动不断破坏原子磁矩的规则取向，故自发磁化强度 $\boldsymbol{M}_s$ 下降。直到温度高于居里点，以致完全破坏了原子磁矩的规则取向，自发磁化就不存在了，材料由铁磁性变为顺磁性。同样也可以解释磁晶各向异性、磁致伸缩等现象。

理论和实验表明，在“交换耦合”作用下，如果相邻原子自旋间是负的交换作用，则在磁性材料中出现相邻原子磁矩自发地呈反平行整齐排列状态。虽然这时磁矩处于整齐排列状态，但在无外磁场时，相邻的自旋相反的磁矩相互抵消，导致单位体积中净磁矩为零，宏观上不呈现磁性，这种现象被称为反铁磁性。在同一子晶格中电子磁矩是同向排列的，有自发磁化强度，但在不同子晶格中电子磁矩反向排列。两个子晶格中自发磁化强度大小相同、方向相反，从而整个晶体的磁化率接近于 0，如图 8-3 所示。例如，铬、锰、轻镧系稀土金属元素以及许多含一种或多种过渡族金属、稀土元素和锕族元素的化合物等都具有反铁磁性。大多数反铁磁性材料只存在于低温，在极低温度下，由于相邻原子的自旋完全反向，其磁矩几乎完全抵消，故磁化率几乎为 0。当温度上升时，使自旋反向的作用减弱。当升高到一定温度时，热扰动的影响较大，反铁磁材料表现出与顺磁性相同的磁化行为，此时的转变温度称为反铁磁性材料的奈尔温度，即奈尔温度为材料的反铁磁性转变为顺磁性的临界温度。

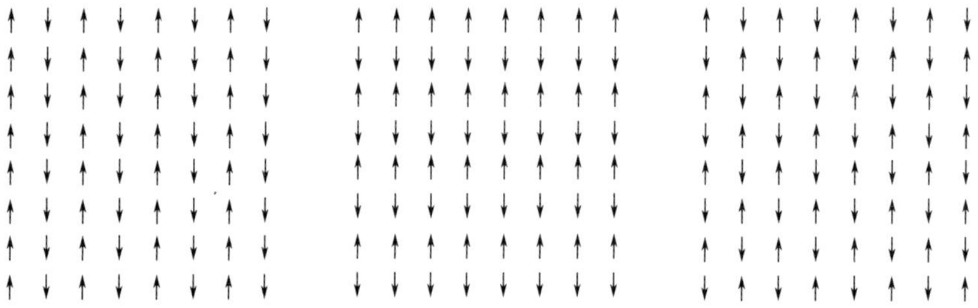

图 8-3　二维晶格中相邻磁矩间不同的排列方式所形成的不同反铁磁结构

在晶体的三维结构中，原子周围存在多个相邻原子，沿不同晶向的原子间键长和键角可能不同，则相邻原子磁矩之间可以是正的交换作用而形成平行排列，也可以是负的交换作用而形成反平行排列，由此会形成多种不同的反铁磁结构。例如，在巨磁阻锰氧化物 $La_{1-x}Ca_xMnO_3$ 材料中，通过改变掺杂量 x 可以形成磁矩排列方式不同的多种反铁磁结构，如 A-、C-、G-、CE-型反铁磁结构，并表现出不同的物理性质。以二维晶格为例，根据原子磁矩与相邻 4 个原子磁矩的平行与反平行排列方式，可以构成多反铁磁结构，如图 8-3 所示。从图中可以看出，不管是哪种反铁磁排列方式，其净磁矩均为零，不表现出宏观磁性。

当对这种反铁磁性材料施加磁场时，其磁矩倾向于沿磁场方向排列，但其邻近原子之间磁矩相等且排列方向近似反平行，即材料显示出小的正磁化率。反铁磁材料的磁矩在磁场中的取向效应受到热扰动的影响，因而其磁化率随温度而变化。当温度低于奈尔温度时，反铁磁材料的磁化率会随温度升高稍微上升，并在奈尔温度时达到最大值。当温度超过奈尔温度时，反铁磁材料的磁性趋于顺磁性。利用材料的磁矩对中子磁矩作用产生的衍射现象，可以利用中子衍射测量材料内部原子磁矩的方向和有序结构。例如，利用中子衍射可测量 MnF_2 和 NiO 这两种反铁磁材料的磁结构。

磁性材料很早就被人们运用在生活的各个方面，如电子、自动化、通信、家用电器等诸多领域，而在微机、大型计算机中的应用也有着难以取代的地位。随着人们生活水平的提高、国防科技的需要，信息存储、处理与传输的进步对高性能磁性材料的需求也越来越大。在反铁磁性被提出的大半个世纪里，反铁磁性的实际应用一向不被人们看好，直到来自法国的物理学家阿尔贝·费尔和他的研究小组于 1988 年研究发现了在单层交替的铁、铬薄膜所制成的铁-铬超晶格薄膜中的巨磁电阻效应（GMR）之后，才正式开启了反铁磁性在自旋电子学的研究热潮。

8.4　磁共振技术与应用

在材料中，除了电子可以产生磁矩，原子核也具有磁矩。由于原子核磁矩远小于电子磁矩，通常被忽略不计。本节将主要讨论外界磁场作用下原子核以及电子自旋的动力学过程与机制。首先将讨论核磁共振（NMR）技术。NMR 技术的主要应用领域为有机化学以及生物化学，其核心作用为识别分子功能基团以及探测分子结构。在医学领域，NMR 主要应用于磁共振成像（MRI），通过该手段可以剖析和诊断生物体内的器官结构，由此可以预先诊断发生异常构型的器官组织，是医学领域非常重要的检测手段与技术。

8.4.1 核磁共振

考虑一个具有磁矩为 $\boldsymbol{\mu}$ 的原子核，其角动量为 $\hbar\boldsymbol{I}$ 。这两个矢量之间的关系为

$$\boldsymbol{\mu}=\gamma\hbar\boldsymbol{I} \tag{8-11}$$

式中，γ 为磁旋比，是一个常数；$\boldsymbol{I}$ 为原子核自旋角动量。

磁矩在外磁场作用下的能量可以表示为

$$U=-\boldsymbol{\mu}\cdot\boldsymbol{B}_{\mathrm{a}} \tag{8-12}$$

式中，$\boldsymbol{B}_{\mathrm{a}}$ 为沿 z 方向的磁场，即 $\boldsymbol{B}_{\mathrm{a}}=B_0\hat{\boldsymbol{z}}$ 。因此，$U=-\mu_z B_0=-\gamma\hbar B_0 I_z$ 。I_z 的取值为 $m_I=I$、$I-1$、…、$-I$ ，则

$$U=-m_I\gamma\hbar B_0 \tag{8-13}$$

在外加磁场下，自旋为 $I=\frac{1}{2}$ 的原子核具有两个能级，对应的自旋磁量子数为 $m_I=\pm\frac{1}{2}$ ，如图 8-4 所示。若以$\hbar\omega_0$ 表示两个能级之间的能量差，则

$$\hbar\omega_0=\gamma\hbar B_0\text{ ,或 }\omega_0=\gamma B_0 \tag{8-14}$$

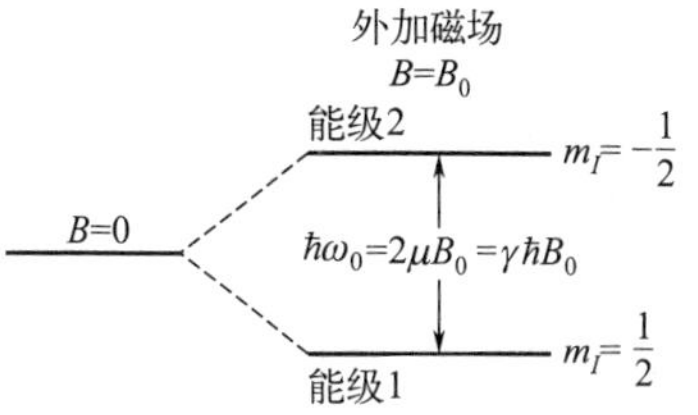

图 8-4　外加磁场下，核自旋的能级劈裂

在此基础上，进一步讨论原子核自旋在外界磁场作用下的运动方程。一个系统的角动量变化率等于作用在该系统上的力矩，在磁场 $\boldsymbol{B}$ 中作用在磁矩 $\boldsymbol{\mu}$ 上的力矩为 $\boldsymbol{\mu}\times\boldsymbol{B}$，则

$$\frac{\hbar\mathrm{d}\boldsymbol{I}}{\mathrm{d}t}=\boldsymbol{\mu}\times\boldsymbol{B}_{\mathrm{a}} \tag{8-15}$$

利用式(8-11)，得到

$$\frac{\mathrm{d}\boldsymbol{\mu}}{\mathrm{d}t}=\gamma\boldsymbol{\mu}\times\boldsymbol{B}_{\mathrm{a}} \tag{8-16}$$

此外，核磁化强度 $\boldsymbol{M}$ 为单位体积内的核磁矩之和，即 $\boldsymbol{M}=\sum\boldsymbol{\mu}_i$。代入式(8-16) 得到

$$\frac{\mathrm{d}\boldsymbol{M}}{\mathrm{d}t}=\gamma\boldsymbol{M}\times\boldsymbol{B}_{\mathrm{a}} \tag{8-17}$$

将核放置于外界静磁场 $\boldsymbol{B}_{\mathrm{a}}=\boldsymbol{B}_0\hat{\boldsymbol{z}}$ 中，在温度为 T 的热平衡下，其磁化强度将平行于 z 方向，因此有

$$M_x=0\text{ , }M_y=0\text{ , }M_z=M_0=\chi_0 B_0=CB_0/T \tag{8-18}$$

式中，χ_0 为磁化率；C 为居里常数，其值为 $C=N\mu^2/3k_{\mathrm{B}}$ 。原子核自旋为 $I=\frac{1}{2}$ 的磁化强度取决于图 8-4 中两个能级的占据数之差。由此可得，$M_z=(N_1-N_2)\mu$ ，其中 N_1 和 N_2 为单位体积原子核数。在平衡状态下，两能级之间的占据数比值为

$$\left(\frac{N_2}{N_1}\right)=\exp(-2\mu B_0/k_{\mathrm{B}}T) \tag{8-19}$$

热平衡下的磁化强度 $M=N\mu\tanh(\mu B/k_{\mathrm{B}}T)$。若 M_z 未达到热平衡，其趋向于平衡态的速率将正比于与平衡态的差值

$$\frac{\mathrm{d}M_z}{\mathrm{d}t}=-\frac{M_z-M_0}{\tau_1} \tag{8-20}$$

式中，τ_1 为纵向自旋弛豫时间或自旋-晶格弛豫时间。假设在 $t=0$ 时刻将未磁化的样品放入磁场 $B_0\hat{z}$ 中，则磁化强度会从初始值 $M_z=0$ 增加到平衡态值 $M_z=M_0$。

这个动力学过程可以理解为：当样品刚放入磁场时，由于内部磁矩取向杂乱无章，因此其净磁矩为 0，$N_1=N_2$。在外磁场作用下，为了达到热平衡状态，一部分磁矩需要改变极化方向，因此

$$\int_0^{M_z}\frac{dM_z}{M_0-M_z}=\frac{1}{\tau_1}\int_0^t dt \tag{8-21}$$

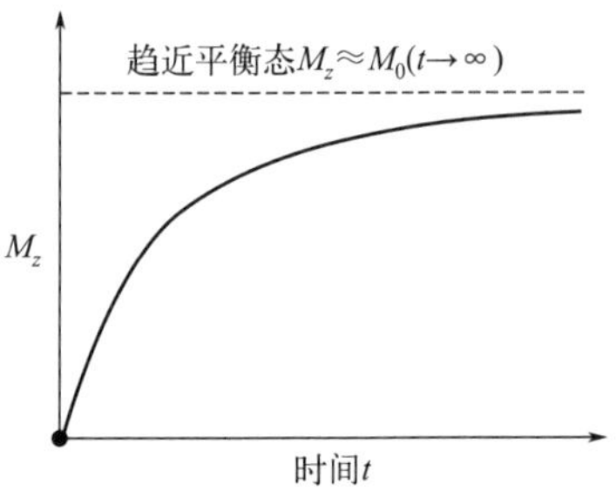

图 8-5 在初始时刻未磁化的样品放入磁场中，其磁化强度随时间的变化关系

求解可以得到 $M_z(t)=M_0[1-\exp(-t/\tau_1)]$。磁化强度随时间的变化趋势如图 8-5 所示。在晶体中顺磁离子自旋-晶格相互作用主要是由声子散射引起的。若考虑磁化弛豫项，则运动方程表式为

$$\frac{dM_z}{dt}=\gamma(\boldsymbol{M}\times\boldsymbol{B}_a)_z-\frac{M_z-M_0}{\tau_1} \tag{8-22}$$

其中 $-\dfrac{M_z-M_0}{\tau_1}$ 代表样品中的自旋-晶格间的相互作用。在运动方程中的引入该项，说明 $\boldsymbol{M}$ 除了绕磁场运动之外，还存在趋向于平衡态 M_0 的弛豫过程。如果 $\boldsymbol{M}$ 在 x 与 y 方向的分量不为零，则其在这两个方向的横向弛豫可以写为

$$\frac{dM_x}{dt}=\gamma(\boldsymbol{M}\times\boldsymbol{B}_a)_x-\frac{M_x}{\tau_2} \tag{8-23}$$

$$\frac{dM_y}{dt}=\gamma(\boldsymbol{M}\times\boldsymbol{B}_a)_y-\frac{M_y}{\tau_2} \tag{8-24}$$

其中时间常数 τ_2 称为横向自旋弛豫时间，其物理意义为，在初始时刻开始后的 τ_2 时间内，对 M_x 和 M_y 有贡献的磁矩之间能够保持相同的相位。由于系统存在横向自旋弛豫，因此过了 τ_2 时间后，磁矩之间的相位变得杂乱无序，使得 M_x 和 M_y 变为零，因而 τ_2 被视为退相干时间。上述反映 $\boldsymbol{M}$ 动力学过程的方程组称为布洛赫方程。因为外加磁场沿 z 方向，该组方程对于 x、y 以及 z 是不对称的。

在此基础上，在 x 或者 y 方向施加射频磁场（如图 8-6 所示），并探究 $\boldsymbol{M}$ 在静态磁场与射频磁场共同作用下的动力学过程。对于这种情况，布洛赫方程化简为

$$\begin{aligned}\frac{dM_x}{dt}&=\gamma B_0M_y-\frac{M_x}{\tau_2}\\ \frac{dM_y}{dt}&=-\gamma B_0M_x-\frac{M_y}{\tau_2}\\ \frac{dM_z}{dt}&=0\end{aligned} \tag{8-25}$$

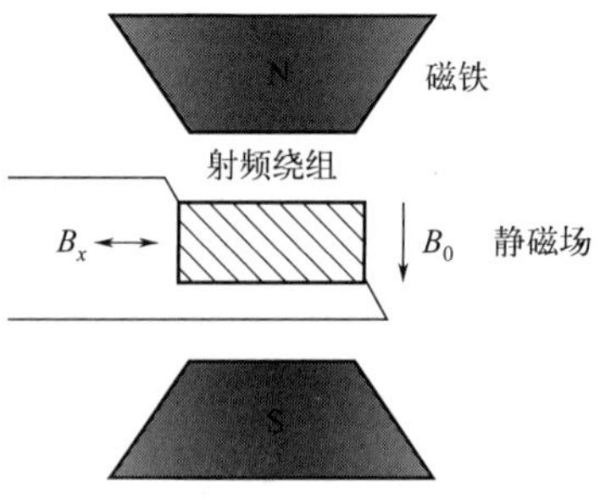

图 8-6 核磁共振原理

为了求出形式为 $M_x=m\exp(-t/T')\cos\omega t$，$M_y=-m\exp(-t/T')\sin\omega t$ 的阻尼振荡解，将此式代入上述方程组，得到

$$-\omega\sin\omega t-\frac{1}{T'}\cos\omega t=-\gamma B_0\sin\omega t-\frac{1}{\tau_2}\cos\omega t \tag{8-26}$$

由此可得，$\omega_0=\gamma B_0$，$T'=\tau_2$，这个运动类似于二维阻尼谐振子运动。从上述推导过程可以得出，样品将从频率接近 $\omega_0=\gamma B_0$ 的外界振荡磁场中共振吸收能量。假定射频驱动场 B_1 可表示为 $B_x=B_1\cos\omega t$，$B_y=-B_1\sin\omega t$，则样品的功率吸收强度可表示为

$$P(\omega)=\frac{\omega\gamma M_z\tau_2}{1+(\omega_0-\omega)^2\tau_2^2}B_1^2 \tag{8-27}$$

功率吸收共振峰的半高宽为

$$(\Delta\omega)^{1/2}=1/\tau_2 \tag{8-28}$$

8.4.2 电子顺磁共振

核磁矩在特殊磁场下会出现核磁共振现象，电子磁矩在特殊磁场下也可以出现共振现象，即电子顺磁共振，这是顺磁体中的顺磁离子或者被缺陷、杂质束缚住的自旋未配对的单电子引起的一种磁现象。对顺磁体施加直流磁场 $\boldsymbol{B}$，在磁场 $\boldsymbol{B}$ 的作用下顺磁离子获得额外的能量 $E=g\mu_B B m_j$。量子数 m_j 可以取 $2j+1$ 个值，所以顺磁离子的电子能级将分裂成 $2j+1$ 个，这就是塞曼效应，如图 8-7 所示。图中设定的顺磁离子总角动量量子数 $j=\frac{3}{2}$，所以分裂成 4 个能级，每个能级之间的距离均为 $g\mu_B B$。

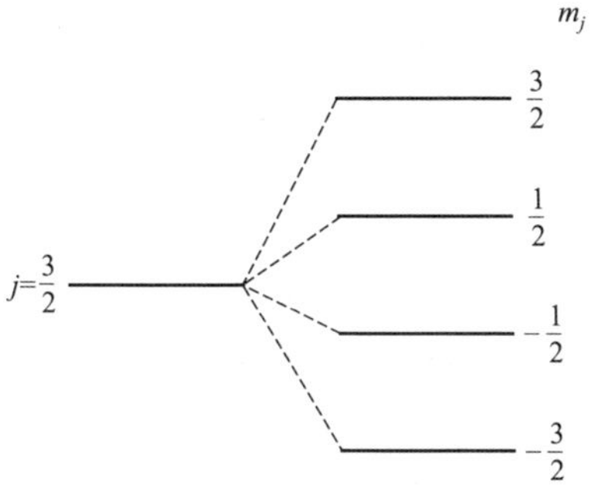

图 8-7 顺磁离子的电子能级在直流磁场 $\boldsymbol{B}$ 作用下的塞曼分裂

如果此时对顺磁体再施加一个交变的电磁场，在交变磁场分量作用下电子总角动量的方向会发生改变，即电子在能级之间会发生跃迁（选择定则满足 $\Delta m_j=\pm1$），从而产生电磁场能量的吸收，即电子吸收了电磁场能量量子

$$\hbar\omega=g\mu_B B \tag{8-29}$$

电子吸收能量以后，从 m_j 能级跃迁至 m_j+1 能级。也就是说，在固定直流磁场 $\boldsymbol{B}$ 的情况下，当交变电磁场频率 ω 改变到满足式(8-29) 时，顺磁体就能对交变电磁场能量产生强烈的吸收，产生吸收峰值，这一现象就称之为电子顺磁共振或电子自旋共振（EPR 或 ESR）。在做实验测量时，通常固定交变电磁场的频率 ω（通常在微波频段），让直流磁场以很低的频率进行变化，即在直流磁场上叠加一个频率为几十赫兹的交变磁场，这样当磁场 $\boldsymbol{B}$ 满足式(8-29) 时就有一个吸收峰值。图 8-8 为电子顺磁共振的实验装置。顺磁体样品放在微波共振腔（空腔谐振器）内，该共振腔放置在一个由电磁铁产生的磁场内，由微波发生器产生微波电磁场输入共振腔内，在顺磁体对电磁场能量不吸收时共振腔具有很高的 Q 值。当磁场 $\boldsymbol{B}$ 变化到满足式(8-29) 时，样品吸收电磁场能量，使得共振腔的 Q 值下降，并在 $B=\frac{\hbar\omega}{g\mu_B}$ 处出现下降的峰值。因为 B 和 ω 都能由实验测量出，顺磁离子的 g 值就可以计算出来。

被束缚在缺陷或杂质周围的单电子有未被补偿的自旋角动量 $\boldsymbol{s}$（$s=\frac{1}{2}$），在外磁场 $\boldsymbol{B}$ 作用下分裂成 $2s+1=2$ 个能级，能级间距也是 $g\mu_B B$。对顺磁体施加交变电磁场，电子也可以在两个能级之间发生跃迁，并产生共振吸收，同样可用顺磁共振实验求得束缚电子的 g

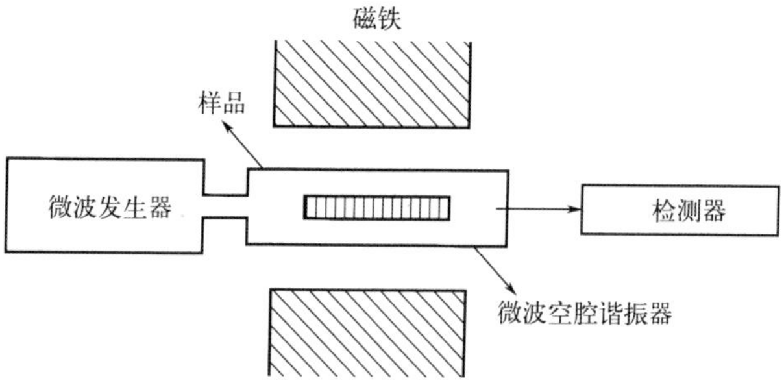

图 8-8　电子顺磁共振实验装置

值。如果认为束缚电子的轨道角动量 $l=0$，则 $j=s$，按照以下公式

$$g=1+\frac{j(j+1)+s(s+1)-l(l+1)}{2j(j+1)} \tag{8-30}$$

可计算得到 $g=2$，但实际上实验测量的 g 值随样品能带结构而不同，与 2 稍有差别。

当电子吸收交变电磁场能量由低能级跃迁到高能级后，处在高能级的电子是不稳定的。高能级的电子通过与晶格原子相互作用而激发晶格振动，电子自身从高能级回到低能级，把能量转变成晶格热能。当撤掉交变电磁场后，顺磁体中的各个离子磁矩就是依靠这一自旋-晶格间的相互作用而恢复到热平衡态。相互作用越强，恢复到热平衡所需要的时间越短，常把这个时间称之为自旋-晶格弛豫时间 τ_1。顺磁离子磁矩（或缺陷、杂质束缚的单电子自旋磁矩）还会受到邻近磁矩的相互影响，特别是会受到晶体原子核磁矩的影响。这一类磁矩间相互影响也可类似地引入自旋-自旋弛豫时间 τ_2。

顺磁离子的磁矩与总角动量 $\boldsymbol{J}$ 的关系为 $\boldsymbol{\mu}_J=g\gamma_L\boldsymbol{J}$（$\gamma_L$ 为磁旋比）。在外磁场 $\boldsymbol{B}$ 的作用下，$\boldsymbol{J}$ 将受到力矩 $\boldsymbol{\mu}_J\times\boldsymbol{B}$ 的作用。根据经典力学，总角动量 $\boldsymbol{J}$ 的变化速率等于力矩

$$\frac{\mathrm{d}\boldsymbol{J}}{\mathrm{d}t}=\boldsymbol{\mu}_J\times\boldsymbol{B} \tag{8-31}$$

结合磁矩与总角动量的关系式可得

$$\frac{\mathrm{d}\boldsymbol{\mu}_J}{\mathrm{d}t}=g\gamma_L(\boldsymbol{\mu}_J\times\boldsymbol{B}) \tag{8-32}$$

假设 $\boldsymbol{\mu}_J$ 沿 $\boldsymbol{B}$ 方向的分量为 μ_{Jl}，垂直 $\boldsymbol{B}$ 方向的分量为 μ_{Jt}，则可以把式(8-32)的解写成

$$\mu_{Jt}=\mu_{Jt}^0\exp(i\omega_0 t) \tag{8-33}$$

$$\mu_{Jl}=\mu_{Jl}^0 \tag{8-34}$$

其中

$$\omega_0=-g\gamma_L B=g\mu_B B/\hbar \tag{8-35}$$

式中，μ_{Jt}^0、μ_{Jl}^0 均为常数，由初始条件决定。所以从半经典图像来看，在外磁场 $\boldsymbol{B}$ 作用下，磁矩 $\boldsymbol{\mu}_J$ 绕 $\boldsymbol{B}$ 发生进动，如图 8-9(a) 所示。磁矩 $\boldsymbol{\mu}_J$ 绕 $\boldsymbol{B}$ 的旋转频率（即进动频率）$\omega_0=\dfrac{g\mu_B B}{\hbar}$。如果这时对顺磁体再施加交变的电磁场，并使其磁场分量 $\boldsymbol{b}$ 的方向与 $\boldsymbol{B}$ 垂直，且

$$\boldsymbol{b}=\boldsymbol{b}_0\exp(i\omega t) \tag{8-36}$$

则 $\boldsymbol{\mu}_J$ 将按照交变电磁场的频率 ω 作振动。当交变电磁场的频率 ω 与 $\boldsymbol{\mu}_J$ 的进动频率 ω_0 相等

时发生共振，$\boldsymbol{\mu}_J$ 的横向（垂直 B 的）分量 μ_{Jt} 将变得无穷大。但实际上由于 $\boldsymbol{\mu}_J$ 在绕 $\boldsymbol{B}$ 运动过程中存在阻尼，如自旋-晶格相互作用及自旋-自旋相互作用，即使在共振的情况下横向分量 μ_{Jt} 也不会无穷大。

如前面所述，通过自旋-晶格相互作用，$\boldsymbol{\mu}_J$ 在磁场中得到的能量传递给晶格，变成晶格热能。$\boldsymbol{\mu}_J$ 在磁场 $\boldsymbol{B}$ 中的能量为 $-\boldsymbol{\mu}_J \cdot \boldsymbol{B}=-\mu_{Jl}B$，仅与纵向（$\boldsymbol{B}$ 的方向）分量 μ_{Jl} 有关。因为 $\boldsymbol{\mu}_J$ 与磁场 $\boldsymbol{B}$ 方向一致时，系统的能量最低，所以通常情况下磁矩通过自旋-晶格相互作用把能量传递给晶格，从而使 $\boldsymbol{\mu}_J$ 的方向逐渐与磁场 $\boldsymbol{B}$ 方向相一致。当达到平衡态时，如果不考虑热扰动效应，$\boldsymbol{\mu}_J$ 的方向是与 $\boldsymbol{B}$ 方向相同的，即 $\mu_{Jl}=|\boldsymbol{\mu}_J|$。当施加交变电磁场后，$\boldsymbol{\mu}_J$ 的方向偏离 $\boldsymbol{B}$ 的方向，$\boldsymbol{\mu}_{Jl}$ 将发生变化。撤去交变电磁场后，系统又通过自旋-晶格相互作用，使 μ_{Jl} 恢复到平衡态的值 $|\boldsymbol{\mu}_J|$，所需的时间即为自旋-晶格弛豫时间 τ_1。经过弛豫时间 τ_1，顺磁体的磁化强度 $M=N\mu_{Jl}$ 也逐渐恢复到平衡值 $M_0=N|\boldsymbol{\mu}_J|$，其中 N 是顺磁离子密度。图 8-9(b) 所示为撤掉交变电磁场后 $\boldsymbol{M}$ 的弛豫情况，$\boldsymbol{M}$ 将在 τ_1 时间内螺旋式逼近平衡值 M_0。因为 τ_1 是纵向分量 μ_{Jl} 恢复平衡值所需时间，故 τ_1 也称为纵向弛豫时间。

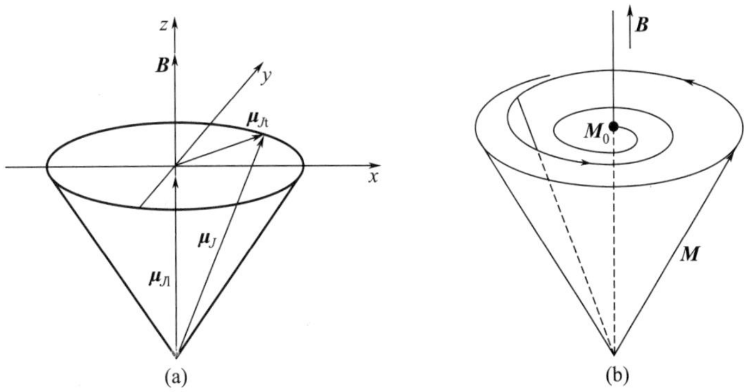

图 8-9　磁矩 $\boldsymbol{\mu}_J$ 在外磁场 $\boldsymbol{B}$ 作用下的运动

(a) 磁矩 $\boldsymbol{\mu}_J$ 绕外磁场 $\boldsymbol{B}$ 进动；(b) 撤掉交变电磁场后 $\boldsymbol{M}$ 的弛豫

考虑到自旋-自旋相互作用，不同位置的顺磁离子受到周围其他磁矩的作用各不相同，因此各个顺磁离子磁矩取向变得杂乱无章。如图 8-10(a) 所示，假设有三个离子磁矩在交变电磁场撤去前取向是一致的，其磁化强度有一定的横向（垂直 $\boldsymbol{B}$ 方向）分量 $\boldsymbol{M}_{11}$。当撤掉交变电磁场，在自旋-自旋相互作用下，三个离子磁矩的方向逐渐分散开，直到最后磁化强度横向分量 $\boldsymbol{M}_{11}$ 为零，如图 8-10(b) 所示。从撤掉交变电磁场到磁化强度横向分量变成零所需的时间就是自旋-自旋弛豫时间 τ_2，因为它是横向分量 $\boldsymbol{M}_{11}$ 达到平衡态所需的时间，故 τ_2 也称为横向弛豫时间。通常纵向弛豫时间 τ_1 与温度有关，温度越高，晶格振动越剧烈，顺磁离子与晶格原子相互作用越强，因此过渡到平衡态所需的弛豫时间 τ_1 越短。在液氦温度（4K）下，$\tau_1 \approx 10^{-6}$s。横向弛豫时间 τ_2 与温度无关，与顺磁离子数密度 N 有关，N 越大，τ_2 越短。此外，横向弛豫不像纵向弛豫那样涉及能量转换。在纵向弛豫过程中，磁性能转换成晶格振动能量，相当于发射声子。这个过程需要同时满足准动量守恒和能量守恒定律，因此发生的概率较小，即纵向弛豫时间较长。一般情况下 τ_2 要比 τ_1 小很多，τ_2 的经典值约为 10^{-10}s。图 8-10(b) 给出了 $\tau_2 < t < \tau_1$ 时的情况，这时横向弛豫已经完成，$\boldsymbol{M}_{11}$ 已经为零，但是纵向弛豫还没完成，即 $\boldsymbol{M}$ 的方向与 $\boldsymbol{B}$ 的方向还没完全一致。当 $t > \tau_1$ 时，纵向弛豫也已经完成了，这时候三个磁矩方向都和 $\boldsymbol{B}$ 的方向一致，因此 $\boldsymbol{M}$ 的方向也与 $\boldsymbol{B}$ 的方向一致，如图 8-10(c) 所示。

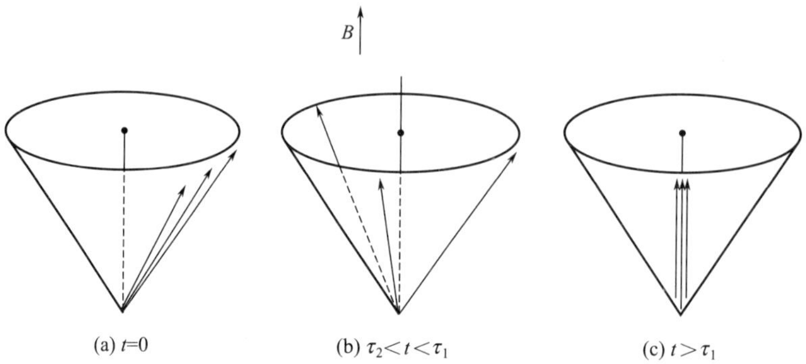

图 8-10　三个磁矩的弛豫过程

按照经典理论，在同时施加直流磁场 $\boldsymbol{B}$ 以及横向交变磁场 $\boldsymbol{b}$ 时，可以把顺磁体在交变磁场中的磁化率写成复数形式

$$\chi(\omega)=\chi'(\omega)+i\chi''(\omega) \tag{8-37}$$

其中实部 $\chi'(\omega)$ 和虚部 $\chi''(\omega)$ 可分别表示成

$$\chi'(\omega)=\frac{\mu_B g_e}{2m}M_0\frac{(\omega_0-\omega)\tau_2^2}{1+(\omega_0-\omega)^2\tau_2^2+\tau_1\tau_2\left(\frac{g_e b_0}{2m}\right)^2} \tag{8-38}$$

$$\chi''(\omega)=\frac{\mu_B g_e}{2m}M_0\frac{\tau_2}{1+(\omega_0-\omega)^2\tau_2^2+\tau_1\tau_2\left(\frac{g_e b_0}{2m}\right)^2} \tag{8-39}$$

式中，M_0 为顺磁体在直流磁场 $\boldsymbol{B}$ 中的磁化强度平衡值；b_0 为交变磁场的幅值；g_e 为电子态密度。

图 8-11 给出了磁化率的实部 $\chi'(\omega)$ 和虚部 $\chi''(\omega)$ 与交变磁场频率 ω 的关系。从图中可以看出，虚部 $\chi''(\omega)$ 在 $\omega=\omega_0$ 处存在一个峰值。由于虚部 $\chi''(\omega)$ 直接与顺磁体对交变磁场的吸收功率成正比，可见在 $\omega=\omega_0$ 处存在一个能量吸收峰。从式(8-28) 可以看到吸收峰的宽度与 τ_2 有关，其宽度约为 $\frac{1}{\tau_2}$。顺磁离子数密度越大，τ_2 越小，因此吸收峰就越宽。实际上，从量子理论分析，由于自旋-自旋相互作用，如图 8-7 所示的塞曼分裂后的各个能级还将进一步分裂成许多稠密的能级，使每一个能级都变成一个具有一定宽度的能带。电子在两个能级之间的跃迁就变成在两个能带之间的跃迁，共振条件式(8-14) 变为

$$\hbar\omega=g\mu_B B\pm\hbar\Delta\omega=\hbar(\omega_0\pm\Delta\omega) \tag{8-40}$$

式中，$\hbar\Delta\omega$ 对应于能带宽度，直接与自旋-自旋相互作用强度有关，这就使吸收峰存在一定的宽度。

顺磁体中原子核也有磁矩，顺磁离子的电子磁矩也会与原子核磁矩发生相互作用，通常把该相互作用称为超精细相互作用，可以用来研究缺陷或杂质的结构及电子状态。下面举例讨论如何利用电子自旋共振研究杂质缺陷结构。

卤化碱晶体中的 F 心是最常见的一种色心，由 F 心束缚的单电子也有自旋磁矩，可利用电子自旋共振探测。这个被负离子空位束缚的电子主要分布于空位附近的 6 个碱离子位置

上，如图 8-12 中的阴影所示。对于 KCl 晶体来说，K^+ 离子具有核磁矩，其核角动量量子数 $I=\frac{3}{2}$，在空位附近的 6 个 K^+ 离子核的总自旋的最大值 $I_{max}=6\times\frac{3}{2}=9$。因此，束缚电子的自旋磁矩与核磁矩相互作用后，每一个能级将进一步分裂成 $2I_{max}+1=19$ 个能级。由于各个能级的间距很小，实验上很难把它们分辨出来。

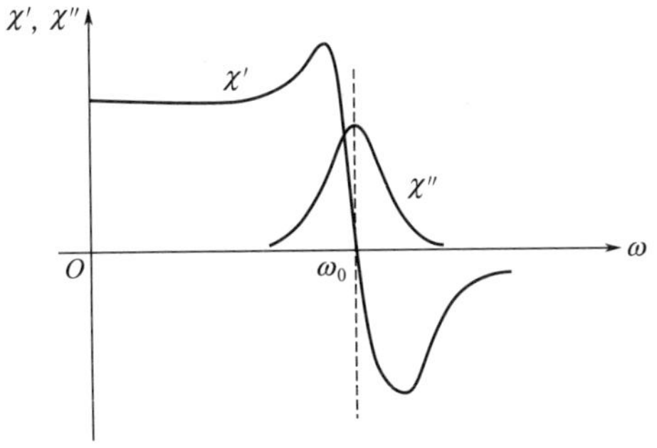

图 8-11 $\chi'(\omega)$ 和 $\chi''(\omega)$ 与 ω 的关系

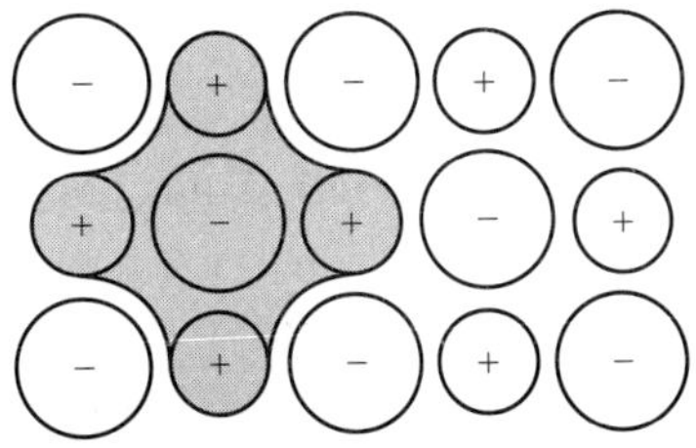

图 8-12 卤化碱晶体中被 F 心束缚的电子主要分布在附近 6 个碱离子上（如阴影所示）

除上面讨论的电子顺磁共振（电子自旋共振）以外，材料中的任何磁矩在磁场中的能级分裂都可以引起磁共振。例如，前面讨论的核磁矩在磁场中的能级分裂，在交变磁场作用下，核磁矩状态在不同能级间的跃迁可以引起核磁共振。

习题

（1）物质磁性可分为哪几类？并简述其区别。

（2）自发磁化的物理本质是什么？材料具有海森堡模型的铁磁性的必要条件是什么？

（3）画出铁磁材料的磁滞回线，并说明外场变化下的磁矩变化过程。

（4）简述核磁共振的基本原理。

（5）简述电子顺磁共振的基本原理

参考文献

[1] 黄昆原著. 固体物理学［M］. 韩汝琦改编. 北京：高等教育出版社，2012.

[2] 阎守胜. 固体物理基础［M］. 北京：北京大学出版社，2011.

[3] 基泰尔著. 固体物理导论［M］. 项金钟，吴兴惠译. 北京：化学工业出版社，2005.

[4] 陆栋，蒋平，徐至中. 固体物理学［M］. 上海：上海科学技术出版社，2010.

[5] 冯端，金国钧. 凝聚态物理学［M］. 北京：高等教育出版社，2003.

[6] 方容川. 固体光谱学［M］. 合肥：中国科学技术大学出版社，2001.

[7] 沈学础. 半导体光谱和光学性质［M］. 北京：科学出版社，2001.

[8] 刘恩科，朱秉升，罗晋升. 半导体物理学［M］. 北京：电子工业出版社，2017.

[9] 施敏，伍国钰 著. 半导体器件物理［M］. 耿莉，张瑞智 译. 西安：西安交通大学出版社，2008.

[10] 戴道生. 物质磁性基础［M］. 北京：北京大学出版社，2016.

[11] 姜寿亭，李卫. 凝聚态磁性物理［M］. 北京：科学出版社，2003.

[12] Xiao J，Yan B. First-principles calculations for topological quantum materials［J］. Nature Reviews Physics，2021，3(4)：283-297.

[13] Das Sarma S，Adam S，Hwang E H，et al. Electronic transport in two-dimensional graphene［J］. Reviews of Modern Physics，2011，83(2)：407-470.

[14] Cocker T L，Jelic V，Gupta M，et al. An ultrafast terahertz scanning tunnelling microscope［J］. Nature Photonics，2013，7(8)：620-625.

[15] Hapala P，Kichin G，Wagner C，et al. Mechanism of high-resolution STM/AFM imaging with functionalized tips［J］. Physical Review B，2014，90(8)，085421.

[16] Li S Y，Zhang Y，Yin L J，et al. Scanning tunneling microscope study of quantum Hall isospin ferromagnetic states in the zero Landau level in a graphene monolayer［J］. Physical Review B，2019，100(8)：085437.

[17] Zhao W，Huang Y，Shen C，et al. Electronic structure of exfoliated millimeter-sized monolayer WSe_2 on silicon wafer［J］. Nano Research，2019，12(12)：3095-3100.

[18] Wang R，Zobeiri H，Xie Y，et al. Distinguishing optical and acoustic phonon temperatures and their energy coupling factor under photon excitation in nm 2D materials［J］. Advanced Science，2020，7(13)：2000097.